数字人才培育
机制与路径

马　杰　肖忠海
陈耿宣　张蓉蓉　著

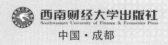

西南财经大学出版社
Southwestern University of Finance & Economics Press

中国·成都

图书在版编目(CIP)数据

数字人才培育:机制与路径/马杰等著.--成都:
西南财经大学出版社,2025.1.--ISBN 978-7-5504-6530-5

Ⅰ.TP3

中国国家版本馆 CIP 数据核字第 2024UJ7371 号

数字人才培育:机制与路径

SHUZI RENCAI PEIYU:JIZHI YU LUJING

马 杰 肖忠海 陈耿宣 张蓉蓉 著

策划编辑:何春梅
责任编辑:肖 翀
责任校对:周晓琬
封面设计:星柏传媒
责任印制:朱曼丽

出版发行	西南财经大学出版社(四川省成都市光华村街 55 号)
网 址	http://cbs.swufe.edu.cn
电子邮件	bookcj@swufe.edu.cn
邮政编码	610074
电 话	028-87353785
照 排	四川胜翔数码印务设计有限公司
印 刷	四川煤田地质制图印务有限责任公司
成品尺寸	170 mm×240 mm
印 张	19
字 数	355 千字
版 次	2025 年 1 月第 1 版
印 次	2025 年 1 月第 1 次印刷
书 号	ISBN 978-7-5504-6530-5
定 价	68.00 元

前言

在数字化浪潮的推动下，全球经济正经历着前所未有的转型。《数字人才培养：机制与路径》一书，正是在这样的大背景下应运而生。本书由四川省人力资源和社会保障科学研究所马杰、成都理工大学肖忠海、四川省社会科学院陈耿宣以及四川商务职业学院张蓉蓉等专家学者联袂撰写，他们凭借丰富的学术积累和行业经验，深入探讨了数字经济时代数字人才培养的理论基础、实践路径及未来展望。

随着数字经济的蓬勃发展，数字技术如人工智能、大数据、云计算等，已成为推动社会进步和经济增长的新引擎。在此过程中，数字人才成为关键的驱动力。如何培养适应数字经济发展的高素质人才，成为各国面临的重要课题。本书正是基于这样的时代背景，对数字人才培养进行了系统性的研究和探索。

本书共分为八章，首章绪论阐述了研究的背景、意义以及国内外研究现状，为全书奠定了研究基调。接下来的章节，从数字经济的定义与特征、数字人才的培育理论、历史经验与国际借鉴、培育机制、实施路径，到对未来展望的深入讨论，内容层层递进，逻辑严密。书中系统梳理了劳动经济理论、人力资本理论以及人力资源产业理论，提出了数字人才培育的具体措施和行动方案，如数字技术工程师培育项目、数字技能提升行动等，具有很高的实践指导价值。

本书的作者团队的专业背景涵盖了人力资源管理、数字经济、产业政策等多个领域，确保了研究成果的深度与广度。本书分工如下：整体框架与写作思路由陈耿宣、肖忠海共同确定，第一章由肖忠海撰写，第四、五章由张蓉蓉撰写，第二、三章及第六、七、八章由马杰撰写，全书由张蓉蓉统稿润色，由肖忠海完成定稿。另外，四川省社会科学院李珊珊参与了本书的资料收集、研讨及部分前期研究材料的撰写工作。

本书旨在为政府部门、教育机构、企业决策者以及对数字经济和人才培养感兴趣的学者和研究人员提供参考。对于政府部门和教育机构而言，书中关于数字人才培养的政策建议和实施路径具有重要的指导意义；对于企业决策者而言，书中关于数字人才需求的分析和预测能够帮助他们更好地规划人才战略；对于学术界而言，本书则提供了全面的研究视角和丰富的理论资源。

《数字人才培养：机制与路径》一书，以其全面的理论框架、深入的实证分析、前瞻性的政策建议，为数字经济时代的人才培养提供了宝贵的思想资源和行动指南。我们期待本书的研究成果能够为推动数字经济发展贡献绵薄之力。

作者
2024 年 8 月

CONTENTS 目录

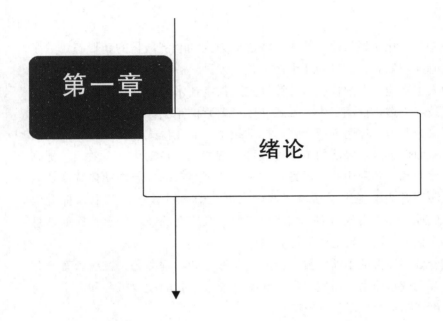

第一章

绪论

▷ 第一节 研究背景

随着数字化转型加速，数字经济已成为推动经济增长的新形态。数字经济的崛起与发展，促进新质生产力蓬勃发展。一方面，数字经济中涌现出来的人工智能、大数据、云计算等先进数字技术为新质生产力纵深发展提供了技术支撑，推动了生产方式和生产要素的革新。同时，在数字经济环境下，企业纷纷加速创新步伐，推动技术、商业模式、管理方式等全面创新，从而促进数字经济的生产过程更加智能化、自动化和高效化，提高了生产效率和资源利用效率。另一方面，数字经济的兴起推动传统产业向数字化转型升级，促进了新兴产业的发展，即通过数字化转型来提升效率、降低成本和提高竞争力。数字化转型涉及广泛的技术需求，比如信息技术、大数据、人工智能、云计算等。

随着数字经济的不断发展，新的就业形态如远程办公、在线教育、共享经济等也应运而生。新质生产力的崛起催生了新的就业机会和需求，对劳动力市场结构产生了深远影响。

伴随着数字化转型在各行各业的深入推进，数字技术会实现更加广泛的应用，这将对就业生态产生持续、深远的影响。一方面，数字技术将改变诸多传统行业的商业逻辑，为大量新兴领域带来就业机会；另一方面，数字技术的发展也将威胁到一些容易被机器取代的传统职位。尽管目前这两种影响的具体程度尚难以准确预测，但已有大量就业者开始因数字技能的缺乏而感到焦虑。

波士顿咨询公司（BCG）在 2017 年发布的数字经济下的就业与人才研究报告——《迈向 2035：4 亿数字经济就业的未来》及《迈向 2035：攻克数字经济下的人才战》中，从就业人群、就业领域和就业方式三个维度，深入分析了数字技术可能对就业生态产生的影响和变革。该报告指出：在数字经济背景下，拥有"特定专业技能"（尤其是数字技术相关技能）对获取中高端就业机会至关重要。同时报告还预测到 2035 年，中国整体数字经济规模将接近 16 万亿美元，总就业容量将达到 4.15 亿个工作岗位。如果不实施有效的人才战略，届时可能出现巨大的人才缺口，这种缺口不仅体现在数量上，更体现在技能方面。

人瑞人才与德勤中国于 2023 年 3 月 17 日发布的《产业数字人才研究与发展报告（2023）》显示，我国数字化人才缺口在 2 500 万至 3 000 万人左右，且这一规模还在不断扩大。尤其是在人工智能、智能制造、半导体、大数据等相关领域，人才需求量激增。此外，工业互联网领域的核心人才需求主要集中在复合型技术岗位，这些岗位对专业技术、企业管理等多层次、多维度的人才的需求量较大①。该报告进一步指出，2022 年从事信息传输、软件和信息技术服务相关工作的人数约有 1 350 万。但是，其中拥有中高级专业技能的数字人才的比例并不高，拥有人工智能、深度分析、虚拟现实和智能制造等前沿技术的数字人才则更是少之又少。

中国劳动力市场的数字人才短缺主要表现在三个方面。一是数字顶尖人才供不应求。数字顶尖人才是推动数字技术进步的原动力。目前，在国际和国内，一线城市和二、三线城市，互联网科技公司和传统行业公司之间，甚至是企业与高校之间，都正在展开激烈的人才竞争。二是跨界人才，即同时具备数字技术和行业经验的人才，供不应求。例如，信息与通信技术（ICT）在传统行业中的融合发展需要这样的人才，这些人才不仅拥有深厚的行业经验，还对"互联网+"的运作方式有着深刻理解。然而，目前具备这种素质的人才的数量远远无法满足 ICT 融合产业的发展需求。三是目前还存在着拥有初级技能数字人才的培养跟不上需求增长的问题。一方面，大学生在校期间的数字技能培养存在诸多不足，导致大学生毕业后的技能水平难以符合企业的要求；另一方面，许多科技企业缺乏对职场新人的耐心培养，使得初级技能人才难以顺利成长为高级技能人才。

这些问题揭示了我国数字人才战略布局亟须完善，人才培养机制有待优化。现有文献研究主要集中在宏观描述和预测上，对数字人才的系统性研究有限。因此，本研究将填补这一空白，从宏观、中观和微观多个角度探究数字人才的现状和需求，深入剖析我国数字人才培养的内在机制及有效实现途径，为科学制订数字人才培养方案提供理论支持。

---

① 张莫，王璐，祁航."数字人才"需求旺盛［N/OL］.经济参考报，2023-06-09［2024-05-01］. http://www.jjckb.cn/2023-06/09/c_1310725849.htm.

▶第二节　研究意义

数字人才是一类具备信息技术、数据科学、人工智能等领域的专业知识和技能的复合型人才，其能力可以推动数字经济发展，提高国家竞争力。随着信息技术的广泛应用，数字化能力已成为各行业的基本要求。研究数字人才培育机制具有重要意义。

首先，该研究为个体提升数字化技能和增强就业竞争力提供有效途径。数字人才培育机制不仅关注教授学生或从业者必需的技术知识，而且强调培养他们的实践能力和创新思维——这样的培养方式能提升他们在就业市场上的竞争力。此外，数字人才培育机制还注重培养学生的跨学科能力，帮助他们拓宽视野，提升综合素质——不仅有助于其个人职业发展，还有助于其在未来职业生涯中应对各种挑战。

其次，该研究对于有效培养数字技能人才、优化社会资源配置、促进传统产业的转型升级，以及推动新兴产业的发展有重要意义。数字人才作为产业升级与转型的核心引擎，正引领着传统行业迈向数字化、智能化的新时代。这些人才凭借精湛的信息技术能力，不仅能够显著提升生产效率、减少成本，更能够为传统产业的数字化转型提供有力支撑，从而推动新兴产业蓬勃发展，为社会效益和民生福祉的提升做出积极贡献。

再次，数字人才在新兴产业的崛起中同样扮演着举足轻重的角色。新兴产业因其技术密集、高附加值等特性，对数字人才的需求尤为迫切。通过深入研究数字人才的培养机制，我们可以培育出更多具备数字化技能和创新思维的杰出人才，为新兴产业的发展提供坚实的人才基石。

最后，该研究为政府制定相关政策和规划提供科学依据。政府可根据研究结果了解数字人才的需求现状和未来趋势，制定更精准、有效的政策措施，促进数字人才的培养和发展。政府可了解不同行业和地区对数字人才的需求差异，制定差异化政策措施，满足各地区和行业的实际需求。这些政策包括加强数字技能培训、鼓励企业引进和培养数字人才、优化数字人才发展环境等。这有助于促进数字人才在社会范围内的均衡分布和流动，从而推动数字经济的全面发展。

▶第三节 国内外研究现状

一、全球化视角下的中国数字人才吸引力

根据 2023 年 1 月 7 日由欧洲工商管理学院（Institut Européen d'Administration des Affaires，INSEAD）联合笛卡尔未来研究所（Descartes Institute for the Future）及人力资本领导力研究所（Human Capital Leadership Institute，HCLI）联合发布的《2023 年全球人才竞争力指数》（*Global Talent Competitiveness Index*，GTCI），中国的人才竞争力总指数排在全球第 40 位，中国跻身"人才领先国家"之列。尽管与 2022 年的第 36 位相比排位有所下降，但从五年平均值来看，中国人才竞争力呈现稳步提升的趋势，从 2013—2018 年的第 49 位跃升至 2019—2023 年的第 40 位（见图 1-1）。这一显著进步不仅彰显了中国在人才培养和人才引进方面的卓越成就，也凸显了教育体系持续完善与创新能力提升的核心作用。

在数字人才的吸引和培养上，中国同样表现出色。《全球数字人才发展年度报告（2022）》指出，中国主要城市中 ICT 行业的数字人才占比增加，增速远超传统 ICT 人才聚集地如印度的班加罗尔和美国的旧金山，这反映出中国对高新技术创新发展的持续投入和人才培养力度都在持续加大。此外，中国的数字人才规模超过 500 万人，其中北京、广东、上海、江苏的数字人才占比过半，这进一步证明了中国在吸引和培养数字人才方面的强大能力。

图 1-1   2013—2018 年与 2019—2023 年全球人才竞争力指数（GTCI）排名

（数据来源：INSEAD & Descartes Institute for the Future & HCLI）

中国在全球范围内的人才竞争地位正在稳步提升。在数字人才领域，中国通过持续的教育体系改进、创新能力提升以及对高新技术产业的战略投资，已成功打造了一个具有全球吸引力的数字人才高地。这些因素共同作用，不仅提升了中国的国际形象，也为全球数字化发展贡献了重要力量。

二、中国数字人才培养政策实施效果

在数字化转型的大背景下，中国政府加强数字人才培育，推出了一系列政策支持与行动方案。这些举措旨在提升数字人才的自主创新能力，激发其创新创业活力，从而满足数字经济高质量发展的需求。

（一）数字人才培育实践

中国数字人才培养政策的具体内容包括优化培养政策、完善分配制度等方面，如全面推行工学一体化技能人才培养模式，深入推进产教融合，支持行业企业、职业院校（含技工院校）、职业培训机构、公共实训基地、技能大师工作室等。在实施效果方面，其通过推动职业教育办学模式、教育形式、教学方式和人才培养等各个方面的数字化转型，实现了从大规模标准化培养向大规模个性化培养的跃升，培养了具有数字化思维和能力的技术技能人才。此外，打造数字技能人才的"成长摇篮"已成为中国高技术人才队伍建设中的重要一环。

政府制定全面的数字人才培育政策，明确了培育目标，细化了实施方案。政府加大了数字人才培育的财政投入，为相关项目和计划提供了有力的资金支持。这些政策覆盖了数字人才培养的各个环节，包括教育、培训、实践以及创新创业等。

（二）行动方案的实施与推进

政府发布了《加快数字人才培育支撑数字经济发展行动方案（2024—2026年）》等文件，这些文件从顶层设计出发，明确了数字人才培育目标，规划了具体的实施路径，提出了具体的行动方案，全方位保障数字人才的育、引、留、用流程。这些方案包括以下三种：①实施数字技术工程师培育项目，重点围绕大数据、人工智能等数字领域新职业，制定国家职业标准，开发培训教程，并开展规范化培训和社会化评价。②推进数字技能提升行动；适应数字产业发展和企业转型升级需求，大力培养数字技能人才；通过开发数字职业培训包、教材课程等，并依托互联网平台加大数字培训资源的开放共享力度来提升数字技能人才的素质和能力。③开展数字人才国际交流活动；加大对数字人才的引进力度，包括引进海外高层次数字人才和支持留学回国数字人才创新创业。这些举措有助于拓宽数字人才的国际视野，提升其跨文化交流能力。

（三）政策与方案的成效与影响

这些政策和行动方案已经取得显著的成效，推动了数字经济的快速发展，为中国的数字化转型提供了有力的人才支撑。同时，数字人才队伍不断壮大，其素质和能力得到了全面提升。然而，虽然政策框架已经建立并且取得了一定的进展，但在实际执行过程中仍存在一些挑战和困难亟待解决。

三、中国数字人才缺口的影响

数字人才缺口对中国数字经济发展产生了多维度的影响。

一是就业机会的增加。随着数字经济的发展，新的就业模式和职业岗位不断涌现，如对互联网营销师、网约配送员等新职业从业人员的需求增加①。这表明数字化人才缺口虽然是一个挑战，但也为就业市场带来了新的机遇。

二是产业数字化转型受阻。《产业数字人才研究与发展报告（2023）》显示：由于数字人才缺口，在智能制造等领域，未来三年内数字人才供需比预计将从1∶2.2扩大至1∶2.6；到2025年，产业数字人才缺口达550万人，这种供需不平衡限制了产业数字化转型，影响了产业升级和经济结构的优化。

三是人才培养体系和职业标准滞后。当前，中国数字人才培养体系和职业标准尚未完善，这影响了数字人才的有效供给，无法满足现实需求。这种结构性问题加剧了人才缺口的扩大。

四是区域和行业分布不均。数字人才的区域和行业分布不均，为农业现代化和制造业数字化转型带来了不利影响，导致某些地区或行业在数字化转型过程中面临更大的挑战，从而导致资源利用效率低下，影响整体经济发展的均衡性。

五是结构性供求矛盾突出。数字化转型中的人才紧缺问题表现为结构性供求矛盾突出，产业领军型、复合型人才稀缺，应用型、操作型技工供不应求②。这种矛盾不仅限制了数字经济的深度发展，也影响了相关行业的竞争力。

六是数字化转型与人才需求变化。数字化转型正在加速推进，不仅改变了企业的运营模式，而且产生了深远影响。在数字化转型的过程中，企业需要具备数字化思维、数字化技能和创新能力的人才来支撑其发展。国内的研究和实践开始关注如何培养具备数字化思维、数字化技能和创新能

---

① 高乔. 中国数字人才缺口去年接近1 100万，人才供给待提升[N/OL].人民日报海外版，2021-11-19[2024-04-30]. https://www.chinanews.com.cn/gn/2021/11-19/9612081. shtml.

② 邵江梅.【地评线】飞天网评：为数字经济发展提供数字人才支撑[EB/OL].（2022-07-23）[2024-07-01].http://opinion.gscn.com.cn/system/2022/07/23/012798227. shtml.

力的复合型人才。这包括加强跨学科教育、推动实践教学、加强与国际的交流与合作等方面。

总之，数字人才缺口对中国数字经济发展的具体影响包括增加就业机会、阻碍产业数字化转型、人才培养体系和职业标准滞后、区域和行业分布不均以及结构性供求矛盾突出等方面。这些影响将共同作用于中国数字经济的发展路径。

四、国外数字人才培育机制

（一）德国高等教育软技能课程体系数字化

为满足数字时代的需求，德国积极推进高等教育软技能课程体系数字化。首先，采用跨学科的方法，纳入软技能培训课程。德国职业学校重视培养学生的软技能——模拟职业环境中获得项目管理、团体动力、创业精神和口语交流等软技能的综合培训，这些技能被视为适应数字化时代的职业教育领域的关键。其次，教学数字化转型是教育变革的核心部分。数字媒体、创新的教学方式、现代化学习工具以及虚拟的数据交流平台，有助于促进学生间的互动，塑造德国的教育新形象。教学方式数字化变革包括课程内容、教学方法和途径，以及学习方式的全方位改变[1]，旨在实现个性化教育、师生互动以及教学资源的多样化，如在线课程、电子学习资料和互动教具等。德国高等教育教学，关注法律框架和教学方式，提升教师的数字化能力，致力于创造包容性环境，满足少数群体的学习需求，这种转型突出培养软技能。再次，重视 STEM 领域人才培养。德国 STEM（科学、技术、工程和数学）领域面临青年人才严重短缺问题。根据 2022 年 4 月的数据，德国的劳动力短缺达到了历史最高水平。2022 年德国有 130 万个岗位需要专业技工。但根据德国经济研究所（Deutsches Institut für Wirtschaftsforschung，Berlin，DIW）的一项研究，满足应聘条件的技术人员仅有约 67 万人。这意味着，随着经济的逐渐复苏，德国仍有接近 50% 的技术职位空缺，大约 63 万个岗位无法招聘到具备相应资格和经验的专业工人。这就要求更多的人掌握 STEM 技能，同时也间接反映了德国重视高等教育软技能（如创新思维和问题解决能力）培养。最后，"博洛尼亚进程"对德国高等教育产生了深远影响[2]。"博洛尼亚进程"是 29 个欧洲国家于

---

① 李志民. 教育数字化转型：转什么与怎么转［J］. 中国教育信息化，2024（1）：71-75.

② 孙进，付惠. "博洛尼亚进程"下的德国高等教育改革动向［EB/OL］.（2023-08-18）［2024-05-01］.http://www.jyb.cn/rmtzcg/xwy/wzxw/202308/t20230818_2111081313.html.

1999 年在意大利博洛尼亚共同提出的一个高等教育改革计划，旨在整合欧盟的高教资源，打通教育体制，建立统一的欧洲高等教育区，其核心内容包括推动高等教育学制的国际化。"博洛尼亚进程"重塑了德国高等教育，推动了德国高等教育学制的国际化，特别是引入学士和硕士两层学位体系，改变了教育结构，促进了教育内容和方法的更新。德国联邦教研部和各州文教部部长等官员认为，"博洛尼亚进程"对德国高等教育的发展至关重要，尤其是在促进学生海外学习方面，据统计，有 30% 的德国高年级大学生拥有海外学习经历。这一进程推动了德国高等教育内部的改革，提升了欧洲高等教育系统的国际地位。

德国通过跨学科方法、数字化改革、综合培训、教学数字化转型、提升教师教育质量以及重视 STEM 领域的策略等，将软技能纳入高等教育课程，以满足数字时代的需求。

（二）美国的数字人才策略

美国作为数字科技人才流动活跃的国家，采取多种策略吸引和保留关键数字化人才。

首先，通过政策便利和提供优质的教育资源吸引人才。这包括简化签证申请流程，缩短处理时间，确保相关人员及时获得签证。此外，美国教育与科技体系面临的时代性抉择，也促使美国不断探索新型人才培养路径，以形成有益探索和创新实践。

其次，充分利用国际平台和人才流动机制，全球配置优秀人才资源。美国每年吸引约 90 万名国际留学生，其中近一半集中在科学、技术、工程和数学领域（STEM）。为了弥补网络安全人才缺口，美国通过"国家网络人才与教育战略"为留学生提供优厚的福利待遇和广阔的发展空间，为高层次人才在科技巨头（如谷歌、微软、IBM 等）和科研机构提供充分的发展机会，从而有效吸引和留住了网络安全人才。

最后，前沿技术领域人才培养。面对新兴和关键技术突破，美国不断探索新型人才培养路径，以适应前沿技术研究与创新发展需要，包括更新美国国务院交流访问者技能名单上的国家和技能列表，创新培养机制，探索前沿技术领域新型人才培养。

美国吸引和保留关键数字人才的策略涵盖了政策便利、教育资源、福利待遇与发展空间、国际平台与人才流动合理利用以及前沿技术领域人才培养等多个方面。

随着数字人才需求的增长，全球数字人才竞争也日趋激烈。跨国企业和创新型企业成为人才争夺的焦点。为了吸引和留住优秀的数字人才，各国政府和企业都在积极优化人才引进政策、提高薪资待遇、提供良好的工作环境等。在这个过程中，国际交流与合作也显得尤为重要。加强与国际的交流与合作，可以吸引更多的优秀人才来本国发展，同时也可以学习借鉴其他国家的先进经验和技术。

五、数字人才培育的变化趋势

一是政策执行的挑战与机遇。虽然中国政府发布了多项支持数字人才培育的政策和行动方案，但在实际执行过程中可能会遇到各种挑战，如资金分配不均、教育资源分配不均、地域发展差异等。但同时，这些政策也为各地区、各行业提供了巨大的发展机遇，特别是在推动地方经济转型升级、促进产业创新发展等方面。

二是数字人才教育与培训的创新。在应对数字人才缺口的问题时，我们需要关注如何创新数字人才的教育与培训模式。这包括探索在线学习、远程教育等新型教育模式，以及推动跨学科、跨领域的融合教育，培养具备多元化技能和思维的人才。

三是数字化转型与人才需求的动态匹配。随着数字化转型的深入，企业对数字化人才的需求也在不断变化。如何建立动态的人才需求预测机制，如何预测数字化转型对人才结构、人才流动趋势，以及如何通过教育和培训来快速响应这些变化，变得至关重要。

四是国际数字人才流动与竞争。全球数字化进程的加速，使得国际数字人才流动和竞争变得日益激烈。如何加强国际交流与合作、吸引和留住优秀的国际数字人才，如何保障国际数字人才流动背景下的国家安全、经济安全，是一项重要研究课题。

五是数字化教育与培训的国际化趋势。如何结合各国数字化教育与培训的优势，追踪国际最新趋势和成功案例（如MOOCs、微学位等新型教育模式，以及产教融合、校企合作等先进做法），并借鉴这些国际先进经验，为我国数字人才培养实践提供服务，成为当下数字人才培育的重点。

六是数字技能认证与评价体系。数字技能认证和评价体系对于保障人才质量、促进人才流动具有重要意义。关注国际数字技能认证和评价体系的最新进展，包括基于大数据和人工智能的技能评估系统、行业认可证书等。建立符合我国国情的数字技能认证和评价体系是数字人才培育机制的重要一环。

　　七是跨学科融合和创新能力培养日益成为人才培育的关键方向。促进不同学科间的交叉融合，推动跨学科研究与合作，培养学生的创新能力和创业精神，鼓励他们积极参与创新创业实践，是当下数字人才培育的重要创新点之一。

▷ 第四节　研究内容

　　本书致力于深入探讨数字经济时代数字人才的培养机制与路径。通过对数字人才需求与培养现状进行调研，把握当前数字人才培养的问题与挑战，分析数字经济对人才的新要求，厘清数字经济下的人才特征，梳理国内外在数字人才培养方面的成功案例和先进经验；综合应用劳动经济理论、人力资本理论和人力资源产业理论，优化数字人才培育机制，构建数字人才关键能力，为数字人才的培养提供理论支撑；提出切实可行的政策建议和实践指导，旨在推动数字人才培养的高效和可持续发展。

第二章

数字经济时代的到来

▷第一节　数字经济的定义与特征

今天，我们处在技术迭代日新月异、经济发展一日千里的时代，创造新词汇描述新变化，有助于我们理解正在发生的变革。被频频提及的新词汇，吸引着人们的注意力，凝聚着社会变迁的价值信息，展现着经济形态的变化，逐渐融入人们的观念体系，成为认识复杂多变新世界的窗口。数字经济中孕育着社会经济的未来走向，揭示了当下经济形态的深刻变革。数字经济作为增长新引擎，已成为战略发展方向。

一、数字经济

什么是数字经济呢？要理解这个概念的含义，首先要厘清数字经济中的"数字"至少包括两方面含义。

（一）"数字"的含义

一方面，数字指不断发展的信息网络与信息技术，它们促进了新质生产力的涌现。这些技术包括大数据、云计算、人工智能、区块链、物联网、增强现实（AR）、虚拟现实（VR）、无人机、自动驾驶等。特别是人工智能技术，已经深入到经济生活的各个环节，实现了对人脑力的极大解放，与传统工业经济时代对体力的解放形成了鲜明对比。这些数字技术的应用推动了生产力的提升和经济结构的变革。大数据的分析和利用使企业能够更准确地预测市场需求、优化生产流程；云计算降低了 IT 成本；人工智能技术提高了生产效率和产品质量；区块链技术确保了数据安全和可追溯性；物联网实现了设备之间的智能互联；增强现实和虚拟现实为用户提供了沉浸式体验；无人机和自动驾驶技术改变了传统行业的运作方式。

因此，数字技术的不断进步和应用，为新质生产力的涌现提供了强大动力，推动着经济向数字化、智能化、高效化的方向发展。这些技术的普及和应用不仅改变了生产方式和商业模式，也为人类社会带来了全新的发展机遇和挑战，推动着经济社会的持续进步和创新发展。

另一方面，数字即数据，特别指大数据，其既是新的生产要素，也是新的消费品。大数据作为新的生产要素，不仅提高了劳动、资本等传统生产要素的使用效率，还改变了生产函数，重构了经济活动的组织方式。大数据通过平台化方式重新组织资源，提升了全要素生产率，推动了经济增长。另外，作为消费品的数字，如信息、知识、数字内容和数字产品，已经形成了规模庞大的市场，成为新的财富载体。直播、短视频、数字音乐、新闻推送等产业展现出极大的创造力。这些数字消费品不仅满足了人们日常生活和娱乐的需求，也促进了数字经济的快速发展。数字化的消费品市场不断扩大，为创新和商业发展提供了广阔的空间，推动了经济结构的优化和产业的升级转型。

因此，具有生产要素和消费品双重属性的数字，对经济发展和社会进步发挥着重要作用。大数据作为新的生产要素推动了经济增长和生产效率的提升。数字消费品为经济注入了新的活力和动力，促进了产业创新和商业模式的变革。数字经济的持续繁荣与数字消费品市场的蓬勃发展相互交织，共同推动着经济的数字化转型和发展。

总而言之，数字经济，一般作为整体，是指以数字化知识和信息作为关键生产要素、以现代信息网络作为重要载体，有效使用信息通信技术提升效率、优化经济结构的一系列经济活动。

（二）数字经济的六大支柱

数字经济体现为传统产业的数字经济化和新兴的智能化经济形态。前者代表了现有经济的存量，是对现有经济活动和环节的优化，体现了"互联网+"带来的整个社会经济的变化。通过优化已有经济活动，传统产业的数字经济化推动了存量经济的发展。而后者则基于大数据、云计算和人工智能，反映了新的经济增量，代表着未来经济发展的方向。

数字经济快速发展得益于六大支柱的支撑：数字基础设施、大数据、人工智能、云计算、区块链技术和网络安全。这些支柱共同构成了数字经济发展的基础，推动了传统产业向数字化转型和新兴智能化经济形态的崛起。数字经济正在成为经济发展的新引擎，为经济结构升级和创新发展注入了强大动力，推动着经济向着更加数字化、智能化和高效化的方向发展。

第一，数字基础设施。数字基础设施是数字经济运行的基石，包括高速互联网、强大的算力和海量数据存储。这些基础设施的完善能够快速传递和处理各种信息，为各种数字应用场景提供支持。根据中国互联网络信息中心（CNNIC）发布的第53次《中国互联网络发展状况统计报告》，截至2023年年底，中国已建成337.7万个5G基站，同比增长46.1%。同时，网民规模达到10.92亿人，互联网普及率达到77.5%。我国的算力基础设施综合水平稳居全球第二，算力总规模超过230EFLOPS，为数字经济发展奠定了坚实的基础。这些数字基础设施的建设和发展加速了数字化转型的进程，推动了数字经济的蓬勃发展。

第二，大数据。大数据作为数字经济的重要资源，在数字化时代发挥着关键作用。通过收集、分析和利用大数据，人们可以获取丰富的信息，帮助企业了解市场需求、优化运营流程、提升服务质量，并实现精准决策与创新。持续不断的数据生产、存储和开发能力为智慧城市建设、运行和工业互联网等数字化应用提供了丰富的"原料"。以人工智能为例，行业大模型深度赋能电子信息、医疗、交通等领域，形成了各种应用模式，推动了传统产业的转型升级。大数据的应用不仅提升了企业的竞争力，也促进了产业的创新与发展。通过大数据的分析和应用，企业可以更好地了解市场趋势、消费者需求，从而更加精准地制定战略和决策，实现持续增长和可持续发展。

第三，人工智能。人工智能技术的不断发展正在改变着各行各业的生态，从智能客服到自动驾驶，智能化和自动化的应用正在各个领域蓬勃发展。中华人民共和国工业和信息化部数据显示，截至2023年年底，5G和千兆光网已融入71个国民经济大类，超过9.4万个应用案例涌现，同时300家5G工厂建成。在制造业方面，关键工序的数控化率和数字化研发设计工具的普及率分别达到了62.2%和79.6%。此外，具备行业和区域影响力的工业互联网平台数量超过340个，连接的工业设备数量超过9 600万台（套），有效推动了制造业的降本增效，为新型工业化的发展奠定了坚实基础。随着人工智能技术的不断进步和应用，数字经济将迎来更多的创新和发展机遇，推动各行业向着智能化、数字化的方向迈进，助力经济持续增长和转型升级。

第四，云计算。云计算作为提供灵活、高效计算资源和服务的技术，能够使企业以低成本部署和扩展各种算力，促进了数据的共享并加速了创新步伐。在数字经济中，云计算扮演着重要角色，推动着企业的数字化转型和创新发展。数字政府建设也受益于云计算技术的应用。从实现一网通办、一网通管、一网协同，到高效办理事务，在线公共服务变得更加便捷可及。智慧出行、智慧医疗等领域的发展不断提高了人民群众的幸福感。第 53 次《中国互联网络发展状况统计报告》显示，网约车和互联网医疗用户规模在 2023 年同比增长率分别达到了 20.7% 和 14.2%。

第五，区块链技术。区块链技术具有去中心化、不可篡改和安全可靠等特点，被广泛应用于金融、供应链、物联网等领域。这种技术的应用提升了交易效率、降低了交易成本，并增强了数据的安全性，为数字经济的运行带来了信任和透明度。在数字经济中，以区块链技术为基础的沉浸式旅游等新型消费增长点正逐渐崭露头角。第 53 次《中国互联网络发展状况统计报告》显示，截至 2023 年 12 月，在线旅行预订用户规模已经达到了 5.09 亿人，为扩大消费新动能注入了更加强劲的动力。同时，"数商兴农"的政策措施取得了显著成效。中华人民共和国商务部报告，2023 年农村网络零售额达到了 2.49 万亿元，为农村经济发展注入了新的活力。区块链技术的发展和应用正在改变着各个领域的商业模式和经济格局，为数字经济的发展开辟了新的可能性。

第六，网络安全。随着数字经济的蓬勃发展，网络安全的重要性日益凸显。企业和个人面临着网络攻击和数据泄露等风险，对其利益构成了严重威胁。因此，建立强大的网络安全防护体系，确保数字资产和个人隐私信息的安全，成为数字经济持续发展的关键所在。在数字经济环境中，网络安全问题不容忽视。保护企业和个人免受网络犯罪和数据泄露的影响，需要采取有效的网络安全措施，包括加强网络防御、加密通信、建立安全的数据存储和处理机制等。只有建立起全面的网络安全防护体系，才能有效抵御各种网络威胁，确保数字经济运行的安全稳定。

这六大支柱相互融合、相互促进，共同构建数字经济的繁荣生态。在数字经济的浪潮中，企业和个人不断提升自身的数字素养和竞争力，以适应日新月异的市场环境。同时，政府和社会也应加强对数字经济的规范和引导，以营造良好的发展环境，推动数字经济健康发展，让数字经济为人类带来更多的福利和机遇。

二、数字经济催生新产业和新业态

第一，数字技术在人工智能、大数据、电子信息等领域得到了广泛应用，发挥着溢出效应和网络协同效应，推动着建设具有国际竞争力的数字产业集群。

第二，产业数字化成为重要趋势。数字技术的应用促进了智能制造、智能家电、数字安防等传统产业链上下游全要素的数字化转型、升级和再造。这种深度融合加强了产品研发、生产、销售等环节，提升了数字产业链关键环节的竞争力，推动了传统产业特别是制造业的数字化转型和智能化升级，优化了市场的供需匹配机制提升了资源配置效率，为产业发展注入了新的动能和优势。

第三，推动现有业态与数字业态的跨界融合，探索新的生产消费环节、新的价值链、新的商业模式，加速发展智慧零售、智慧交通、智慧家居、智慧教育等新业态。这种跨界融合促进了新质生产力和新业态的发展，更好地满足和创造了新的需求。通过促进各领域之间的融合与创新，数字经济将继续引领产业发展的新潮流，为经济增长和社会进步注入新的活力和动力。

夯实新质生产力要素支撑，关键在于优化数据要素供给。完善数据要素市场至关重要。这包括推进数据确权，明晰国家、地方、政府部门和个人之间的数据权属边界，界定各方在数据利用中的权利范围。支持各类经营主体探索数据利用模式，并完善数据交易流通、开放共享、安全认证、工业数据资产登记等制度。这一系列举措将激活数据要素市场，促进数据流通，为产业发展提供更多动力和支持。

建立健全数据要素市场，不仅可以提升数据资源的有效利用率，还能促进产业创新和发展。清晰的数据权属边界和完善的数据交易制度将为各类经营主体提供更大的探索空间，推动数据要素流通和共享，从而为产业发展赋能，推动经济的数字化转型。这种优化数据要素供给的举措将为新时代的产业发展奠定坚实的基础，助力经济的持续增长和创新驱动。

▷第二节　数字经济的人才特征

一、数字人才画像

不同企业对数字人才的定义存在差异，缺乏统一认知和具体描述。然而，市场普遍认为数字人才具备"数据""思维""业务"和"分析"等共性特征，如图2-1所示。可以从以下四个方面界定数字人才类型及其边界。

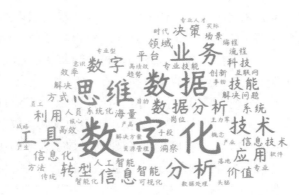

图2-1　数字人才特征描述

一是数据技能。数字人才应具备处理和分析数据的能力，包括数据收集、清洗、分析和可视化等方面的技能。这种能力涵盖了对各种数据类型的理解和应用。

二是思维能力。数字人才需要具备创新思维和问题解决能力，能够运用数据驱动的方法和工具来解决复杂的业务问题，同时具备跨学科的思维能力。

三是业务理解。数字人才应当深入了解所处行业的业务特点和需求，能够将数字技术与业务实践相结合，为企业提供有效的数字化解决方案。

四是分析能力。数字人才需要具备数据分析和解读能力，能够从大量数据中提炼出有价值的信息，并据此进行决策和行动。

强调这些核心特征，能够帮助企业更清晰地界定数字人才的类型和边界，从而更好地吸引、培养和管理这些人才，推动企业的数字化转型和发展。这有助于提升和扩大企业对数字人才的认知和需求，促进数字化人才的培养和发展，为企业在数字化时代保持竞争力提供有力支持。

企业对数字人才的画像具有相当大的共性，体现在数据思维和业务的数字化洞察能力上，如数据分析能力、使用数字化系统/工具的能力、理解业务逻辑的能力等。

二、数字人才的认知差异

企业对数字人才的需求可以从外因和内因两个角度来认识。从外因角度看，市场上的大多数企业通过聘用数字人才来加速其数字化转型进程。这是因为数字人才具备处理数据、推动创新和应对数字化挑战的能力，能够帮助企业更好地适应数字化时代的需求和变革。从内因角度看，更多的企业通过招聘数字人才来匹配实际业务需求。企业家们意识到数字人才的重要性，因为这些人才能够帮助企业更好地应对市场竞争、提升效率和创造更多价值。因此，企业招聘数字人才的动机在于解决实际业务需求，提升企业的数字化程度，推动业务的发展和创新。

总体来看，大部分企业聘用数字人才的目的在于提升企业自身的数字化程度，解决实际业务需求，推动企业的数字化转型和发展。数字人才的需求源于企业的数字化转型战略，这种需求不仅驱动着数字人才的培养，也最终确定了数字人才培养的方向和重点。因此，企业在数字人才的招聘和培养过程中应该充分考虑企业的战略需求和业务实际，以实现数字人才与企业发展的良性互动和共同成长。图2-2为数字人才认知差异形成的原因。

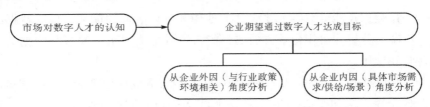

图2-2　数字人才认知差异形成的原因

三、数字人才的能力特征

我们可以将数字人才划分为数字专业人才、数字应用人才和数字管理人才。

（一）数字专业人才

数字专业人才是具备技术理论和业务实践能力的人才群体，他们的主要特点包括如下四种。①技术理论与业务实践能力。数字专业人才具有将技术理论与业务实践相结合的能力，能够理解并应用先进的数字化技术来解决实际业务问题。②搭建或部署数字化平台或系统。数字专业人才具备搭建或部署数字化平台或系统的技能，能够设计、开发和实施数字化解决方案，以满足企业在数字化转型过程中的需求。③数字专业人才具备专业知识和实践经验。数字专业人才在数字化技术领域拥有丰富的专业知识和实践经验，能够熟练应用各类数字化工具和技术，为企业提供有效的技术支持和解决方案。④数字专业人才能够支持企业数字化转型和发展。他们能够有效地应用技术来支持企业的数字化转型和发展，通过搭建数字化平台或系统，为企业创造更高效、智能和创新的业务模式和运营方式。图2-3为数字化人才画像过程。

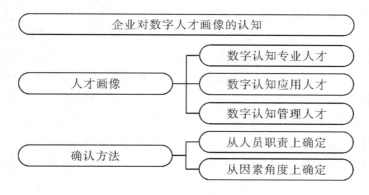

图2-3　数字人才画像过程

数字专业人才承担着搭建数字化基础设施、优化业务流程、提升效率和创新能力的重要责任，能够促进企业实现数字化战略目标并保持竞争优势。企业在聘用和培养数字化专业人才时，应注重对其技术能力、实践经验和业务理解能力进行综合培养，以确保其能够在数字化领域发挥最大的作用和价值。

（二）数字应用人才

数字应用人才是具备数字化思维、数字化系统使用能力和数字化洞察力的人才群体，其重点能力可分为四类。①数字化思维。数字应用人才具备数字化业务洞察，能够运用数字化思维来解决业务问题，通过数据分析和洞察为企业提供有价值的见解和决策支持。②数字化执行力。数字应用人才具有使用数字化工具的能力，他们能够熟练操作各类数字化系统和工具，在日常工作流程中运用数字化思维开展工作，提高工作效率和质量。③数字化战略的制定和执行能力。数字应用人才具备在数字化环境下制定和执行战略的能力，能够帮助企业实现数字化转型和持续发展。④适应并推动变革。数字应用人才具备适应性和变革推动能力，能够积极应对数字化环境的变化，推动组织在数字化转型过程中取得成功，并持续创新和发展。

（三）数字管理人才

数字管理人才是一类具备重要能力和特质的人才，其主要包括以下能力和思维。①数据驱动决策能力。这类人才具备通过数据做出决策的能力，能够利用数据分析和洞察来指导企业的战略制定和执行，从而助力企业做出更加明智和有效的决策。②数字化思维和数字化战略思维。数字管理人才拥有数字化思维和数字化战略思维，能够理解和应用数字化技术、工具和方法论，以帮助实现企业数字化转型的战略目标。③数据报表阅读和决策能力。数字管理人才能够准确理解数字化报表所呈现的数据信息，从中提炼关键内容，为决策提供有力支持，推动企业业务的持续优化和发展。④团队领导力。数字管理人才具有领导力，能够带领团队不断提升和增加数字化技能和知识，推动整个组织在数字化转型方面取得成功。

综上所述，数字人才不仅仅要掌握基础的数字技能，更要具备创新思维和解决问题的能力。要能够融合技术与业务，应对日益复杂的数字化挑战，推动公司和社会的发展。

▷第三节　数字化转型的新职业机遇

一、国家政策支持

国家政策支持数字人才培养。中华人民共和国人力资源和社会保障部（以下简称"人力资源和社会保障部"）等九个部门联合发布了《加快数字人才培育支撑数字经济发展行动方案（2024—2026 年）》，旨在贴近数字产业化和产业数字化的需求。这一行动方案要求在约 3 年时间内，着力开展数字人才培育、引进、留用等专项行动，以增加数字人才的有效供给，进而形成数字人才的集聚效应。

该方案特别规划了六个重点项目，其中包括数字技术工程师培育项目和数字技能提升行动，旨在明确支持行业企业、职业院校（包括技工院校）、职业培训机构、公共实训基地和技能大师工作室等，从而加强创新型、实用型数字技能人才培训。同时，该方案鼓励企业根据发展需求开设订单、定制和定向培训班，以确保培养出"稳、准、狠"的数字人才。

这一系列举措的目的是弥补当前发展中的制约短板，紧跟数字经济蓬勃发展的实际需求。数字经济发展的现实形势要求迅速增加数字人才储备，因此这种做法既务实又迫在眉睫。这些举措着眼于现实挑战，旨在加速数字人才的培养和储备，以支持数字经济的持续发展和壮大。

为培育新型数字经济劳动者队伍，政府强调产教融合的重要性，以促进数字人才培养与产业需求之间的有效对接。通过构建基于企业实际需求的数字人才培育方案，支持数字经济核心企业与高校院所、高端人才联合开展基础研究和关键技术攻关。具体措施包括共建现代产业学院、开展技术研发合作、实施委托订单培养和技术技能培训等，以确保数字人才培养与实际产业需求的紧密结合。此外，政府鼓励并引导更多企业开展人工智能、大数据、区块链等技术相关的培训课程，以推动社会人力资源的数字化升级，促进数字经济的健康发展。这些举措旨在搭建产学合作桥梁，推动数字人才培养与实际产业发展的有机结合，为数字经济的持续发展提供有力支持。

二、市场缺口巨大

我国数字经济迅猛发展，成为经济增长的重要引擎，数字人才培养面临着日益扩大的市场需求缺口。截至 2022 年年底，我国数字经济规模已达50.2 万亿元，占 GDP 比重达 41.5%，数字技术已广泛应用于各领域。然而，数字人才作为推动数字经济转型发展的核心要素，其储备一直无法满足发展的迫切需求。《产业数字人才研究与发展报告（2023）》显示，我国数字人才缺口约在 2 500 万至 3 000 万人左右，并且这一缺口仍在不断扩大，尤其是人工智能、智能制造、半导体、大数据等领域，对人才的需求量急剧增加。

猎聘大数据研究院的数据显示，数字化转型相关热门岗位包括：Java开发、产品经理、电商运营、运营经理以及新媒体运营等职位。其中，产品经理、电商运营、数据分析师等职位同比增长均超过 40%（增长分别为56.5%、48.4%、76.8%）。预计以下相关岗位将在未来成为热门求职方向：数据科学家和分析师、人工智能专家、数字营销专家、信息安全专家、网络和系统管理员、数字化产品经理、虚拟现实（VR）和增强现实（AR）开发者、智能物联网工程师、变革管理顾问等。

企业对数字专业人才、数字应用人才、数字管理人才有不同的侧重和重视程度。普遍来讲，这三类人才企业都需要，因为急需比例均在 50% 以上，但是企业会更聚焦在专业和应用人才上。其原因在于企业需要数字人才的最主要目的就是加速数字化转型或解决业务的某个实际问题，即需要数字专业和应用人才来执行。

为了应对这一挑战，数字劳动资料的迭代升级需要加快，这包括加强人工智能、大数据、物联网、工业互联网等数字技术的融合应用，推广数字化、网络化、智能化生产工具的应用，加速建设数字化车间和智能制造示范工厂。这些举措可以有效提升生产效率、推动产业升级，满足数字经济快速发展对人才和技术的迫切需求，从而推动我国数字经济的持续繁荣和创新发展。

三、数字人力资本分布不均

在数字经济时代，数字人力资本的分布存在不均衡现象。技能需求呈现出哑铃型两级分布，要么是高端复合型数字技术人才，要么是从事初级数字化相关工作的人员，处于中间层级的劳动岗位往往容易被数字技术所替代。

随着数字经济的深入渗透，可能在不久的将来，大多数工作都将会涉及信息与通信技能，届时所有人才都将默认具备数字技能，不再需要特别强调"数字"。然而，在当前新旧职业转换过程中，劳动者需要提升相关数字技能，以增强就业竞争力。对于一个国家而言，推进数字人才队伍建设，提高数字经济劳动力供给水平，是必要举措。这有助于促进人才与市场需求的有效对接，推动经济持续健康发展。

▶第四节 数字经济带来的职业挑战

一、新旧职业交替

随着数字经济的迅猛发展和技术的持续进步，劳动力市场正经历着巨大的变革。这种变革催生了对新技能的需求，同时也导致了许多传统劳动力被淘汰。在这一背景下，人们开始追求职业生涯的稳定和可持续发展。新旧职业交替的现象凸显了职场中对技能更新和适应能力的紧迫需求，同时也凸显了个体在职业生涯规划中需要不断学习和提升的重要性。随着劳动力市场的不断演变，职业发展的关键在于适应新技能需求，以确保个体在职场中的竞争力和可持续发展。

过去，由于技术发展相对缓慢、职场环境相对稳定，员工通常能够预期自己的职业发展路径，甚至期望在一家企业中长期工作。然而，如今情况截然不同。技术的快速革新、经济增速的下滑以及人口结构的变化，使得职场变得愈发复杂和模糊。这种变化给员工带来了更大的不确定性和挑战，要求他们具备更强的适应能力和灵活性，以应对快速变化的职场环境。在这样的背景下，个体需要不断学习、提升技能，灵活调整职业规划，以适应当下和未来的职场需求，确保自身在竞争激烈的劳动力市场中保持竞争力和持续发展。

二、职业稳定性

与以往不同的是，如今个人职业的持续性和稳定性正面临各种挑战。传统职业逐渐淡出舞台，新兴职业不断涌现，这要求从业者具备更新的知识和高级技能。现代职场要求个人不断学习以适应新技术和新环境，持续提升自身能力以迎接未来挑战。在这充满变数的时代，职业生涯规划显得更加关键，个人需要不断调整发展策略，以适应快速变化的职场需求。这种环境要求个人具备灵活性和适应力，积极面对挑战，不断追求个人成长和发展。

随着技术的不断发展，许多低技能职业正逐渐淡出。举例来说，企业如今可以通过互联网平台直接与产业链上下游企业或目标客户对接，这种高效便捷的方式直接减少了企业对业务员的需求，对传统业务员职业生涯的可持续性构成了冲击。类似地，自动售卖机、无人超市等新产品和新模式的出现也极大地影响了相关服务类职业，中断了从业者的职业发展。这种现象凸显了技术进步对劳动力市场的深远影响，迫使从业者面对职业转型和技能升级的挑战，以适应新时代的职场需求。

根据美国斯坦福大学人工智能领域专家小组发布的《2030 年的人工智能与生活》报告，随着人工智能的飞速发展，越来越多的职业在未来可能会被人工智能所取代。麦肯锡全球研究院的调研指出，目前只有不到 5% 的工作已完全自动化且无需人力，但其中 60% 的职业中至少有 30% 的工作内容可以被完全自动化。特别是在高度稳定和可预测的环境下，体力劳动和数据的收集与处理是两类最容易受到自动化影响的工作。这种情况在制造业、餐饮旅游业、零售贸易业以及其他技能要求不高的职业中较为常见。

根据剑桥大学教授发布的报告，大数据计算系统分析了 365 种职业被人工智能替代的概率，最容易被替代的工作岗位包括数据输入员、会计、保险业务员、银行柜员等。如果一份工作所需技能不需要特殊天赋，经过简单训练便可掌握，或者主要是大量重复性劳动且工作空间狭小、外界联系极少，那么这些工作很容易被人工智能所取代。在这种情况下，从业者就需要不断提升自身技能，以适应未来职场的变化和挑战。

三、新职业不断涌现

随着数字经济的蓬勃发展，大量新的职业正在不断涌现。自 2015 版《中华人民共和国职业分类大典》颁布起，人力资源和社会保障部等部门陆续发布了五个批次共 74 个新职业。这些新兴职业中，人工智能、大数据等新技术的应用日益普及，预示着未来工作岗位将更多地融入数字化、跨界融合、数据驱动等因素，实现人机融合。企业对数字化和复合型高潜人才的需求也随之增加。因此，员工必须顺应数字化时代的潮流，不断进行技能重塑，掌握新的知识和技能，以免被时代淘汰。

然而，数字经济与传统经济结合形成的新业态和新职业仍处于探索和成长阶段，其发展具有相当大的不确定性，对应的职业培训体系尚不完善，从业者的职业发展路径也并不清晰。以生活服务业为例，2020 年 7 月，智联招聘与美团研究院联合双方资源发放生活服务业新业态和新职业从业者相关情况的调查问卷，共回收 9 190 份问卷，其中有效问卷 4 967 份。调查结果显示：生活服务业新职业从业者面临的主要问题包括"行业处于早期阶段，风险较大"（30.8%）、"行业受到疫情等因素影响，收入受损"（24.7%）、"缺乏相应的培训体系"（23.8%）（见图 2-4）。这些情况要求企业更加关注员工技能更新和素质提升，深入了解员工的职业需求，为他们提供更好的发展平台。

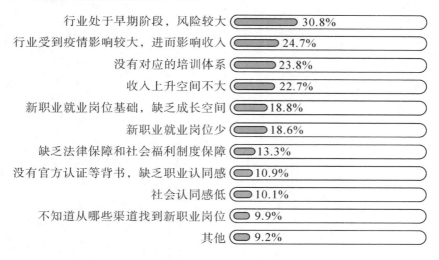

图 2-4　生活服务业新职业从业者面临的问题

（数据来源：智联招聘、美团研究院《2020 年生活服务业新业态和新职业从业者报告》）

第三章

数字人才培育基本理论
与学术探索

▶ 第一节　劳动经济理论

　　劳动经济理论是研究劳动力市场中劳动力供给与需求的影响机理及其相互作用关系的经济学分支。其核心内容包括劳动力供给、劳动力需求、就业与失业、工资、人力资本投资、收入分配等方面。劳动经济学关注劳动关系及其发展规律，以及研究劳动这一生产要素投入的经济效益及相关的社会经济问题。

一、劳动经济理论发展脉络

　　劳动经济学的基本概念和理论方法涵盖了人口特征分析、劳动供给与需求、人力资本、健康与发展、收入与分配等多个方面。通过案例分析，劳动经济学展示了劳动市场的运作机制、劳动力供求关系以及劳动者的决策行为。

　　马克思的劳动观对劳动经济学有着深远的影响[①]。马克思在《1844 年经济学哲学手稿》中提出了"异化劳动"的概念，尽管萨缪尔森等人对其进行了批判，但马克思仍认为劳动是人类获得生存意义的首要前提，并将劳动提升到人类本质的高度[②]。

　　马克思通过分析劳动的异化现象，对资本主义进行了深刻批判，并将人类社会的发展与劳动相联系[③]。他指出，在资本主义体系下，资本家为了无限扩大资本和获取利润，只能雇佣劳动者，使得劳动者与其劳动产品、劳动过程以及其他劳动者产生了异化[④]。马克思的异化劳动理论是在19 世纪初期的资本主义发展浪潮中形成的。当时，随着工业革命和资本主

---

　　① 丁堡骏. 评萨缪尔森对劳动价值论的批判 [J]. 中国社会科学，2012（2）：79-93.

　　② 宗爱东. 马克思的劳动观及其当代价值：基于《1844 年经济学哲学手稿》和《德意志意识形态》的考察 [J]. 马克思主义理论学科研究，2021（2）：19-27.

　　③ 毕照卿. 异化劳动与劳动过程：理论、历史与现实 [M]. 北京：社会科学文献出版社，2023.

　　④ 赵彩灵. 浅谈马克思的异化劳动理论：解读《1844 年经济学哲学手稿》第一手稿 [J]. 哲学进展，2021，10（2）：110-114.

义生产方式的兴起，劳动过程经历了显著变化，这些变化带来了劳动者的异化问题。马克思通过对这一时期资本与劳动的历史性关系的分析，揭示了资本主义制度下劳动者的多维异化现象①。

现代劳动经济学吸纳了经典研究成果，运用了大量政策实例和案例研究方法，揭示了劳动经济理论在实践中的应用。例如，奥利·阿申费尔特在劳动力市场制度结构、社会项目定量评价以及劳动供给理论方面做出了卓越贡献②。

马克思的劳动价值论揭示了资本主义商品经济的基本矛盾和一般规律，对于理解和分析现代市场经济具有重要的理论指导意义。特别是在中国特色社会主义市场经济体系中，劳动价值论为正确理解和发展社会主义市场经济提供了重要的理论依据③。

随着社会经济的发展，劳动价值论与时俱进，开始适应新的经济现象和研究新的问题。例如，非生产性劳动在当今经济中占据了越来越重要的地位，这种变化对财富的最终发展产生了极大的影响。因此，马克思的劳动价值论需要结合新时代的社会经济发展问题，进行创新和拓展，以保持其理论的生命力和实践的指导性④。

马克思的劳动价值论不仅在国内具有重要影响，对国际经济学也产生了深远的影响。通过对劳动者现实的观察和考察，马克思揭示了资本主义社会中潜藏着的不平等与剥削现象，这一理论对于国际社会主义运动和全球经济政策的制定都有着重要的启示作用⑤。

劳动价值论还可以用来解释和解决各种经济学理论问题和实际问题，特别是那些传统政治经济学难以解决的问题。通过应用劳动价值论，可以为政府制定更加合理的经济政策提供理论支持。

在劳动力市场制度结构研究方面，奥利·阿申费尔特对劳动经济学领域进行了深入研究和理论发展⑥，其在劳动力市场制度结构、社会项目定

---

① 毕照卿. 资本、机器与劳动：《1857—1858 年经济学手稿》异化理论的核心问题 [J]. 思想教育研究，2019（5）：65-70.

② 苏治，李媛，谭蕊. 奥利·阿申费尔特劳动经济学思想述评 [J]. 经济学动态. 2012（10）：95-99.

③ 张啸尘. 劳动价值论的基本内涵和当代启示 [J]. 中国社会科学报，2022（4）：17-23.

④ 林贤明. 马克思劳动价值论回应时代诉求 [J]. 中国社会科学报，2021（5）：32-38.

⑤ 季燕，朱逸渲. 马克思劳动价值论的哲学意蕴研究 [J]. 哲学进展，2022，11（4）：789-792.

⑥ 苏治，李媛，谭蕊. 奥利·阿申费尔特劳动经济学思想述评 [J]. 经济学动态，2012（10）：95-99.

量评价以及劳动供给理论方面做出了卓越贡献。他的工作涉及研究劳动力市场的基本理论，撰写工人经济学专著（尝试为劳动者和工人权益提供经济学依据）等。此外，阿申费尔特还参与编写了《劳动经济学手册》，该书涵盖了美国工资结构的变化、劳动力市场租金和劳动力市场制度等多个方面。

阿申费尔特的研究不仅限于理论层面，他还与艾伦·B.克鲁格一起发现了许多主流品牌特许经营公司要求员工遵守禁止挖人协议，这一发现揭示了劳动力市场中的实际问题。此外，他的研究还涉及内部劳动力市场理论在政府组织中的适用性，探讨了劳动力市场的长期雇佣关系、工资制度和内部晋升机制等特征[1]。

阿申费尔特在劳动力市场制度结构研究方面的主要贡献体现在他对劳动经济学理论的深入研究、对工人经济学的贡献，以及实际应用和对政策分析方面。

二、劳动力市场的新变化再审视

劳动力市场的新变化，是当代社会经济转型和技术进步的直观反映。这些变化重塑了就业市场的格局，改变了劳动者的生活方式、工作方式和未来职业规划发展方向。

一是就业市场出现结构性变革。近年来，自动化、人工智能和大数据等技术的迅猛发展，催生就业市场出现结构性变革：越来越多的传统行业开始与科技融合。在新兴岗位如数据分析师、AI工程师、用户体验设计师等不断涌现的同时，传统岗位逐渐减少甚至消失，这种"新旧更替"的劳动力市场变化特点，深刻影响着就业市场结构。

二是就业结构开始加速调整。近十年来，中国的就业结构发生了显著变化：第一产业就业比例急剧下降，第二产业就业比例在略有上升后逐渐下降，第三产业就业比例则显著增长[2]。这种就业结构调整，反映了技术进步对各产业的影响程度不一[3]。技术进步既创造了新的工作机会，又带

---

① 靳学法. 内部劳动力市场理论在政府组织中的适用性 [J]. 湖北社会科学, 2011 (4)：43-46.

② 赖德胜, 孟大虎, 高春雷, 等. 2021 中国劳动力市场发展报告 [M]. 北京：北京师范大学出版社, 2023.

③ 干春晖, 姜宏. 资本偏向型技术进步新特征及其对劳动力市场的影响机制研究 [J]. 财经研究, 2022（5）：34-48.

来了技术性失业现象①。举例来说，自动化和人工智能技术的广泛应用可能导致一些低技能工作被机器替代，但同时也会创造出新的高技能职位。我国劳动力市场出现了极化现象，表现为市场格局呈现南北差异、就业岗位创造能力异质化、"时"和"空"边界不断变化、地域空间逐渐重构、城乡劳动力市场融合度提高、回旋空间扩大以及国际空间不断扩展②。

三是技术进步、经济增长放缓等将影响未来5年全球就业形势。技术应用和数字化发展，可能引发劳动力市场的剧烈波动，但整体上对创造就业岗位产生积极影响。信息技术正在重塑传统产业格局，导致就业需求激烈变化。到2030年，生成式人工智能将协助美国和欧洲近三分之一的工作实现自动化。

四是职业规划越来越重要。在快速变化的就业环境中，明确职业规划显得尤为重要。展望未来，我们要了解行业发展趋势和职业需求，制定出符合兴趣和能力的职业目标，通过不断学习和实践，提高自己的专业能力和竞争力，为实现梦想做好准备。

劳动力市场的新变化不仅体现在技术进步对就业结构的影响，还包括全球就业形势的波动、产业变革对就业需求的影响、劳动力市场的极化现象以及灵活就业群体的增加等多个方面。

三、数字经济时代的劳动力市场供需机制

数字经济深刻影响劳动力市场供需结构及其变化趋势。

首先，数字经济的快速发展催生大量新兴职业，带来充足就业机会。智联招聘发布的《2023雇佣关系趋势报告——新功能驱动下的新职场》指出，新制造、新能源、新消费等新兴领域释放了海量用人需求，产业变迁引领了就业新方向。数字经济通过数字产业化和产业数字化两种路径，催生出许多新产业、新业态和新商业模式，带动新就业岗位和新就业形态快速增长。

其次，数字技术正在以前所未有的速度改变企业的运营方式，不仅提升了生产效率，还开创了新的市场机会和工作形式③。这些变革不仅为劳

---

① 王苗苗. 技术进步如何影响未来就业［N/OL］. 光明网，2023-07-20［2024-05-20］.https://news.gmw.cn/2023-07/20/content_36708840. htm.

② 赖德胜，孟大虎，高春雷，等. 2021中国劳动力市场发展报告［M］. 北京：北京师范大学出版社，2023.

③ 王俊美. 有效应对数字化对劳动力市场影响［N］. 中国社会科学报，2023-02-15（002）.

动力市场带来了机遇，也带来了挑战，企业需要不断适应数字化变革。随着数字技术的广泛应用，高技能人才需求持续增加。沿着产业数字化与数字产业化变革路径，数字化人才来源虽然变得多元化，但数字化人才需求缺口依然持续扩大。根据《数字经济就业影响研究报告》相关数据，2020年中国数字化人才缺口接近1 100万人，而《产业数字人才研究与发展报告（2023）》显示，我国数字化人才缺口已上升到2 500万至3 000万人。这表明，数字化不仅创造新的就业机会，而且引导现有劳动力的技能结构契合劳动力市场需求。

再次，智能技术的发展和广泛应用将重塑劳动力市场的职业结构和技能需求，促进劳动力在不同行业和地区之间流动，进而优化资源配置，缓解一些地区或行业所面临的人才短缺问题①。人工智能技术的迅速普导致劳动力市场呈现两极分化趋势。一方面，高技能和高薪岗位难以匹配合适的人才；另一方面，低技能岗位被自动化技术所替代。这种分化现象进一步加剧了劳动力市场的供需结构矛盾。

最后，新兴劳动形态，如零工经济（gig economy）和数字员工，发展了传统劳动经济学理论。传统劳动经济学理论通常假设员工与企业的雇佣关系稳定，存在长期合同关系。然而，在零工经济中，自由职业者通过互联网进行短期、灵活的工作匹配，打破了传统的雇佣关系，导致劳动者与企业之间缺乏长期稳定联系。

零工经济强调时间和空间的灵活性。自由职业者根据自己的时间安排选择工作，企业则根据需求快速匹配劳动力。自由职业者缺乏传统雇佣关系中的社会保障和福利待遇。这种灵活就业方式使劳动者不需要固定的上班时间和地点，因此无法融入传统社会保障制度体系，背离了传统劳动经济学基本假设。数字员工通过人工智能和机器学习等技术实现自动化、智能化工作，这种新型的劳动形态突破了传统的劳动价值观念——劳动是创造物质财富的主要手段。数字员工提高工作效率、降低成本，但其劳动过程并非由人类直接控制②。

零工经济和数字员工的出现使劳动力市场复杂多变。企业招聘综合更多变量如技术发展、市场需求等因素，使劳动力供需关系频繁波动且不确

---

① 王广慧，吴琦. 智能技术时代中国劳动力市场就业趋势分析［J］. 通化师范学院学报. 2021（5）：62-67.

② 余少祥. 智能时代对劳动价值的影响与重塑［J］. 人民论坛·学术前沿，2022（8）：24-32.

定，这异于传统劳动经济学理论的市场需求相对稳定性假设，因此，新兴劳动形态对传统劳动经济学理论提出了多方面的挑战。这些挑战涵盖了劳动关系的变化、劳动市场的灵活性、劳动价值的重塑、社会保障和福利问题以及劳动市场的不确定性等方面。

综上，数字化技术创造了新兴职业、派生了新兴劳动形态、改变了技能需求、加剧了市场两极分化、提高了劳动力流动性以及提升了生产率和市场机会，深刻地改变了劳动力市场的供需关系。

四、数字人才的劳动收入份额变化机理

企业数字化转型显著增加了劳动收入份额，这主要是通过提高平均工资而非显著提升劳动生产率[①]。这种转型不仅提升了劳动者的市场价值，还改善了劳动条件和工作环境。数字化转型与劳动力之间存在互补效应，该效应经过了稳健性检验验证。

数字化转型对不同类型企业的影响存在异质性，并非所有企业都能从中受益，一些非国企、服务业企业和高融资约束企业可能会面临劳动收入份额减少的风险。但是，在高度数字化的行业、资本密集型企业、非国有企业、市场集中度高的行业以及大型企业中，数字化转型对员工工资的提升作用更为显著[②]，数字化转型显著提升了企业的工资水平。研究显示，数字化进程显著降低了企业的人工成本总规模、人工成本所占份额，但通过提高生产率效应改善了企业绩效，提高了劳动报酬的整体水平[③]。这显示出数字化转型对企业类型和行业特性的影响的差异。

数字技术的发展改变了企业的雇佣结构。偏好雇佣高技能员工，导致整体劳动力工资水平上涨。这种趋势在高度数字化的行业、资本密集型企业、市场集中度高的行业以及大型企业中尤为显著[④]。数字化转型通过生产率效应和市场竞争效应提高工资水平，进而影响企业间的收入差距。尽管数字化转型可能引发收入分配问题，但其主要作用是通过提升生产效率

---

① 赵春明，班元浩，李宏兵，等. 企业数字化转型与劳动收入份额 [J]. 财经研究，2023，49（6）：49-63，93.

② 张鲜华，秦东升，杨阳. 数字化转型对企业收入分配的影响研究 [J]. 西部论坛，2024，34（1）：63-80.

③ 贺梅，王燕梅. 制造业企业数字化转型如何影响员工工资 [J]. 财贸经济，2023，44（4）：123-139.

④ 杨烨军，石华安，余华银. 企业数字化转型对人工成本影响效应研究：来自中国沪深 A 股上市企业的经验证据 [J]. 工业技术经济，2023，42（8）：70-79.

和市场竞争力来提高劳动者的工资水平。完成数字化转型的"灯塔工厂"对周边企业产生了行业引导效应，进而推动了整个行业的工资水平的提升①。

企业数字化转型通过多种机制提升了劳动者的平均工资和市场价值，尤其在高技能和技术密集型行业中更为显著。考虑到这一现象，劳动经济学需要深入研究数字化转型对劳动收入分配的影响机理，探索通过政策调整来优化收入分配的路径。例如，可以通过财政补贴、税收减免和创业培训等方式支持数字经济创新创业活动，拓宽劳动者收入来源，实现更合理和公平的收入分配格局。

尽管存在一些争议，但总体而言，企业数字化转型对劳动收入份额具有显著的正向影响。这一结论在理论模型中得到了支持，并在实证分析中得到了验证。

五、数字化转型与劳动力互补效应的机制

一是高技能劳动力的互补效应。数字化转型能够显著提高企业的全要素生产率（TFP），高技能劳动力参与的互补效应尤为明显②。高等技能劳动力适应和利用数字技术，提升企业的生产效率和创新能力。

二是劳动力配置效率提升。数字化转型通过优化劳动力配置，提高了企业的运营效率。这不仅涉及对现有员工进行再培训，以提升他们的专业技能，而且还包括应用自动化和智能化技术，减少对低技能劳动力的依赖。因此高技能劳动力在企业中的作用更加凸显。

三是产业内部效应。数字化转型通过非对称地改变要素生产效率，从而影响产业内的要素收入分配③。具体来说，有偏技术进步改变了资本和劳动相互替代的程度，从而影响了它们在生产过程中的相对重要性，进而影响了劳动收入份额。

这种机制影响劳动收入分配。首先，劳动收入份额提升。数字化转型通过与高技能劳动力的互补效应以及劳动力配置效率的提升，显著增加了企业的劳动收入份额。特别是在信息透明度较低的企业、议价能力较强的

---

① 陈东，郭文光.数字化转型、工资增长与企业间收入差距：兼论"灯塔工厂"的行业引导效应［J］.财经研究，2023，50（4）：50-64.

② 杨天山等.数字化转型、劳动力技能结构与企业全要素生产率［J］.统计与决策，2023（15）：17-26.

③ 刘亚琳，申广军，姚洋.我国劳动收入份额：新变化与再考察［J］.经济学（季刊），2022（5）：56-62.

地区、高技术行业以及制造业中，这种提升效果更加显著。其次，异质性影响。数字化转型对不同类型企业的影响存在异质性。例如，对于规模较小、工业类及竞争力较强的上市公司而言，数字化转型对劳动收入份额的增加作用更大。最后，替代效应。虽然数字化转型在很多情况下能够增加劳动收入份额，但也存在替代效应，即某些低技能工作可能会被自动化和智能化技术所取代，从而对这部分劳动力的收入产生负面影响①。

▶第二节　人力资本理论

人力资本理论自 20 世纪中叶以来，已经成为经济学、管理学、教育学等多个学科研究的重要领域。该理论的发展经历了早期萌芽阶段、现代人力资本理论形成阶段，以及知识经济时代下的人力资本理论的迅速发展和深化阶段。

一、人力资本理论形成脉络

人力资本理论的形成可以追溯到 20 世纪 50 年代末至 60 年代初，当时的社会经济条件促使学者们关注教育、培训等的方式与个人未来收入和消费行为的关系。舒尔茨和贝克尔是该理论早期的主要代表人物，他们的研究成果厘清了教育投资和健康投资深层次影响劳动生产率和经济增长的内在机理，并聚焦于人力资本投资决策、人力资本与经济增长之间的关系，以及人力资本与收入分配的关系等方面。

人力资本理论随着时间的推移不断扩展和深化。一方面，理论研究开始关注人力资本的内涵扩展，包括将非认知能力纳入人力资本考量范围；另一方面，理论对人力资本形成机制的认识更加全面，不仅考虑个体的决策和努力，还强调经济载体和制度环境对人力资本形成的影响。此外，人力资本理论还开始关注人力资本的产权、投资与收益等更为复杂的议题。

---

① 胡拥军，关乐宁. 数字经济的就业创造效应与就业替代效应探究 [J]. 改革，2022（4）：33-42.

尽管人力资本理论已经取得显著进展，但仍面临一些挑战。在数字经济时代背景下，数字化人才面临着如何适应快速变化的技术环境、有效利用人力资本促进经济社会发展等紧迫问题。同时，值得关注的是，未来人力资本与知识资本之间的关系，以及人力资本在新型生产力中的作用机制，可能包括进一步探索基于能力的人力资本理论及其对个体经济社会表现的影响。

二、数字经济时代的人力资本理论发展趋势

数字经济时代，人力资本理论发展呈现新趋势。

一是重视创新与创造能力。随着数字经济时代的到来，人的创新和创造能力成为推动经济发展的关键因素。这些构成了生产力的核心部分，是企业竞争力的关键所在①。

二是智力资本理论的提出与发展。智力资本理论的提出标志着人力资本理论的深化。该理论强调了智力投资的重要性，促使企业从重视传统的人工成本转变为更加注重智力资本的积累和利用②。

三是对人力资本积累机制的探索。在知识经济的背景下，企业需要建立适应其特点的人力资本积累机制，以解决人力资本匮乏的问题。这涉及更新教育观念以促进有效的人力资本积累③。

研究人力资本、知识资本和智力资本之间的关系为企业更好地投入相关资本提供了借鉴。

四是企业人力资源管理的变化。知识经济的兴起改变了企业的生存环境，对企业人力资源管理产生了重大影响④。企业需要适应这些变化，包括重视核心员工和客户，并重新思考企业管理目标。

五是全球化与人力资本的价值提升。在全球化背景下，人力资本成为国家竞争力的核心驱动力⑤。例如，欧盟成员国通过增加对教育、科学和技术开发的投资，提升人力资本的价值，以实现竞争目标。

---

① 高春梅. 论知识经济时代人力资本的管理、开发和利用 [J]. 经济问题，2001 (4)：15-17.

② 朱华，周玉霞. 智力资本理论：人力资本在知识经济时代的新发展 [J]. 武汉大学学报（哲学社会科学版），2009，62 (5)：673-677.

③ 唐松林，赵书阁. 论知识经济条件下的人力资本 [J]. 黑龙江高教研究，2000 (5)：26-28.

④ 刘永安. 知识经济条件下企业人力资源管理变化的趋势 [J]. 江西社会科学，2003 (6)：115-116.

⑤ PELINESCU E, CRACIUN E. The human capital in the knowledge society: theoretical and empirical approach [J]. Manager Journal，2014，20 (1)：7-18.

在知识经济时代，人力资本理论的发展趋势主要集中在以下几个方面：强化创新与创造能力的培养，推动智力资本理论的深化与应用，探索适应新经济特点的人力资本积累机制，以及调整企业人力资源管理策略以适应新的经济环境。

三、人力资本有效促进经济社会发展的作用机制

根据卢卡斯和罗默的理论，人力资本积累和技术进步是推动经济增长的关键因素。提升人力资本的质量和效率、加强技术创新，是实现经济社会发展的重要途径。

一是促进技术创新与树立企业家精神[①]。要通过政策激励、资金支持和创业孵化等方式鼓励和支持技术创新，尤其是在高科技领域，这样做有助于形成良性循环，推动技术进步和经济增长[②]。此外，还要提高信息获取和处理能力。教育和经验有助于减少采纳新技术的成本和不确定性，进而增加早期采纳新技术的机会[③]。与此同时，数字化转型和远程工作的兴起为灵活运用人力资本提供了新的机遇。

二是优化人力资源管理方式。随着技术创新的不断发展，传统的人力资源管理方式需要进行相应调整。利用互联网和社交网络改进人才招聘和选拔过程，能更有效地吸引和留住有价值的人才[④]。

三是加强教育和培训。提升劳动者的教育水平和专业技能是提升人力资本价值的基础。除了传统的学术教育外，还应增加职业技能培训和提供终身学习的机会，以使劳动者能够适应快速变化的技术环境[⑤]。

四是强化人力资本投资。国家和企业不仅应在教育和培训领域增加对人力资本的投资，还应关注人才的创新和适应新技术的能力，提供必要的

---

① WRIGHT M, HMIELESKI K M, SIEGEL D S, et al. The role of human capital in technological entrepreneurship [J]. Entrepreneurship Theory and Practice, 2007, 31 (5): 791-806.

② 靳卫东，何丽. 实现技术进步型经济增长的条件、路径和策略研究：基于人力资本投资的视角 [J]. 当代财经，2011，323 (10)：15-25.

③ WOZNIAK G D. Human capital, information, and the early adoption of new technology [J]. Journal of Human Resources, 1987 (22): 101-112.

④ RODRÍGUEZ-SÁNCHEZ J L, MONTERO-NAVARRO A, GALLEGO-LOSADA R. The opportunity presented by technological innovation to attract valuable human resources [J]. Sustainability, 2019, 11 (20): 1-17.

⑤ 何菊莲，罗能生. 人力资本价值提升与加快经济发展方式转变 [J]. 财经理论与实践，2012，33 (2)：85-88.

资源和支持，同时建立鼓励创新和持续学习的文化①。人力资本通常涵盖员工的技能、知识、经验和健康等方面，这些是员工为企业创造价值的基础②。相比之下，知识资本更注重于组织层面，包括企业的技术、专利、商标等无形资产。

人力资本与知识资本之间存在着密切的相互作用关系。人力资本是知识资本形成的基础，而有效管理和利用知识资本又能进一步提升人力资本的价值，实现双赢。从互动机制的角度来看，人力资本是知识资本形成和发展的关键因素。员工的个人能力和专业知识是推动企业创新和提高组织绩效的重要资源③。通过教育培训和职业发展，企业可以有效地增加员工的人力资本，增强其在组织中的作用，从而促进知识的积累和创新④。此外，知识资本的构建也依赖于人力资本的支持。员工不仅需要具备必要的专业技能，还需要具备知识的创造和转移能力，例如通过社会化、外部化、组合和内化等过程，将个人知识转化为组织可利用的形式⑤。这种知识的转换不仅有利于个人的职业发展，也能提高整个组织的竞争力，强化其市场表现。然而，人力资本与知识资本之间的关系并非总是呈现线性的正向关系。在不同的环境和企业情境下，这种关系可能受到挑战，呈现出复杂性和动态变化⑥。举例来说，在快速变化的技术环境中，员工可能需要不断更新其技能以适应新的工作要求，这就要求企业持续投资于人力资本的发展。

四、非认知能力与人力资本理论

非认知能力与人力资本理论的角色管理及其对经济增长的影响是复杂而多维的。非认知能力，包括自我效能、责任感、情绪稳定性、社会交往和信任等人格特质，其在影响个人的教育选择、职业选择、就业稳定性、

---

① 冯光明. 人力资本投资与经济增长方式转变 [J]. 中国人口科学, 1999 (1)：53-56.

② LAROCHE M, MÉRETTE M, RUGGERI G C. On the concept and dimension of human capital in a knowledge-based [J]. Canadian Public Policy-analyse De Politiques, 1999, 25 (1)：87-100.

③ 刘晔，彭正龙. 人力资本对企业能力的作用机制研究：基于知识视角的分析 [J]. 科学管理研究, 2006 (4)：90-92, 102.

④ 钟庆才，朱翊敏. 人力资本在知识经济中的作用及形成途径 [J]. 广东经济, 2003 (7)：37-40.

⑤ KETUT K I, ASTUTI P. The linkage between individual value and knowledge creation in human capital [J]. Business：Theory and Practice, 2023 (2)：23-34.

⑥ 刘妓. 知识资本与组织绩效关系的研究 [J]. 科技情报开发与经济, 2009, 19 (17)：128-129.

收入水平和职业晋升的同时，通过教育结果间接影响经济行为表现①。因此，非认知能力可能直接或间接影响劳动力市场供求结构变化。

从经济增长的角度来看，非认知能力在提高国民经济生产效率和促进经济增长方面发挥着重要作用。研究表明，非认知能力与经济成功和福祉之间存在着显著的正相关关系，即通过培养和强化非认知能力，可以有效地强化个体和集体的经济表现。此外，非认知能力的积累和发展对于数字经济的发展尤为重要，因为它不仅丰富了非认知人力资本的测量手段，还为其积累创造了技术条件和经济社会环境。

然而，非认知能力的培养和提升并非没有挑战。首先，关于非认知能力的定义和测量存在一定的争议，这使得在研究经济增长时使用非认知能力作为一个变量变得更加困难。其次，非认知能力的形成受到家庭背景和早期教育的影响，这意味着不同群体之间在非认知能力方面可能存在显著差异②。这种差异可能会影响到非认知能力对经济增长的贡献程度。

证据表明，尽管存在挑战，非认知能力对劳动者收入也有显著的促进作用，其影响作用接近于传统人力资本关注的核心——教育年限。这表明，非认知能力在人力资本理论中占有重要的地位，并对经济增长产生重要影响。因此，为了进一步增强劳动力市场的核心竞争力，全面提高劳动者的非认知能力的政策建议被提出。

非认知能力在人力资本理论中扮演着多重角色，对经济增长产生广泛影响。它不仅直接影响劳动力市场的各个方面，还通过教育结果间接影响经济行为表现。

五、数字人才与人力资本理论

基于数字经济的发展，数字人才培育与人力资本理论的未来发展方向密切相关。人力资本理论模型的未来发展方向，是进一步深化和完善多层次模型，以更好地理解人力资本资源在不同层面（微观、中观、宏观）上的创造价值，并探讨个体心理属性转化为战略性的人力资本资源的主要途径③。这种多层次模型有助于揭示人力资本资源的内在机制。

随着工业4.0、零工经济、共享经济等经济形态的兴起，数字人才培

---

① 王雪松. 非认知能力对劳动力市场的影响研究综述 [J]. 中国物价, 2021, 385 (5)：99-101.

② 胡博文. 非认知能力对劳动者收入的影响：机制探讨和实证分析 [D]. 杭州：浙江大学, 2017.

③ PLOYHART R E, MOLITERNO T P. Emergence of the human capital resource：a multilevel model [J]. Academy of Management Review, 2011, 36 (1)：127-150.

育的重要性日益凸显。因此，推动人力资本发展模式本土化、职能智慧化、效率精准化、实践体验化、数字人才培育模式的创新和优化是未来的发展方向①。这需要政府提供政策支持，企业充分发挥人力资本的潜力，同时也需要员工不断努力提升自身的人力资本价值。

从全球化的角度来看，人力资本流动是一个不可逆转的趋势。这意味着数字人才培育的发展方向之一是加强国际合作，促进跨国人力资本流动和交流，以适应全球化经济的需求②。此外，还需要关注人力资本流动中的文化差异、法律法规以及国际劳动力市场的变化，以确保人力资本流动的顺畅和高效。

从理论与政策路径结合的角度来看，未来的发展方向之一是探索人力要素资本化的理论核心与政策路径。这包括如何通过优化组合生产要素、配套解决就地城镇化等问题，从而促进区域经济发展和社会稳定③。这要求我们关注企业内部的人力资源管理，还要关注宏观政策层面的路径选择和实施。

面对全球化和知识经济的挑战，人力资本理论未来的发展方向包括但不限于：深化多层次模型、创新人力资源管理模式、本土化与全球化并重，以及探索人力要素资本化的理论与政策路径。

① 魏丹霞，赵宜萱，赵曙明. 人力资本视角下的中国企业人力资源管理的未来发展趋势[J]. 管理学报，2021，18（2）：171-179.

② 赵宏瑞，孟繁东. "人力要素资本化"的理论核心与政策路径 [J]. 中国人力资源开发，2014，303（9）：94-100.

③ 林道立，刘正良，郑群. 现代人力资本理论的形成与演化 [J]. 淮海工学院学报（人文社会科学版），2012，10（6）：107-111.

▶**第三节 人力资源产业理论**

一、人力资源产业理论回顾

人力资源产业理论涉及多维度多学科领域的交叉融合，包括理论研究、实践应用以及与经济、社会变迁的相互作用。

战略性人力资源管理（SHRM）的关键在于将人力资源视为企业获取竞争优势的重要资源之一，而不仅仅是一项支持性的功能。SHRM 通过匹配企业战略目标，将资源基础理论与战略人力资源管理相结合，包括人力资源管理战略制定和高绩效工作实践，旨在确保企业拥有高效、高素质的员工队伍，从而提高企业核心竞争力[①]。在 SHRM 理论框架下，人力资源被视为一项战略性资源，其管理不仅仅涉及招聘、培训和福利，而且是将人力资源与企业战略有效结合，以实现长期竞争优势。

高绩效工作实践是 SHRM 的关键组成部分，其通过激励、培训、发展和有效的绩效评估来激发员工潜力，提升员工的工作满意度和忠诚度，进而提高员工绩效和企业竞争力，实现组织的长期成功。

人力资源开发（HRD）专注于培养和发展人才，涵盖技能培训、职业规划和组织发展等全方位内容，旨在满足组织和社会的需求[②]。有效的人力资源开发被视为提高劳动生产率和工作绩效的关键手段。

一是理论建构与多范式研究。在人力资源发展领域，理论建构和多范式研究变得越来越重要。这种趋势不断丰富和完善人力资源管理的理论体系，推动人力资源管理实践的创新和改进[③]。

---

① HUSELID M A. The impact of human resource management practices on turnover, productivity, and corporate financial performance [J]. Academy of Management Journal, 1995, 38 (3): 635-672.

② 潘思维，杨明亨. 人力资源开发理论的演进 [J]. 西南民族大学学报（人文社科版），2006 (12): 244-247.

③ LYNHAM S. Theory building in the human resource development profession [J]. Journal of Human Resource Development, 2000: 3 (2): 159-178.

二是人力资源管理的新趋势。随着数字技术的发展和新质生产力的涌现，人力资源管理不仅需要关注传统的人才招聘、培训和评估，还要关注员工敬业度、工作—家庭冲突、雇佣关系以及跨文化管理等新热点问题①。与此同时，人力资源管理的实践与理论的相互作用也成为一个重要的研究方向②。

人力资源产业的发展涵盖了战略人力资源管理、人力资源开发、应对新趋势变化，以及理论建构与多范式研究等。这些理论成果不仅为人力资源管理提供了丰富的知识基础，同时也为人力资源管理决策提供了重要指导。

二、资源基础理论（RBV）在人力资源产业中的应用

资源基础观点（RBV）在人力资源管理领域占据了核心地位。该观点强调企业的独特资源是获取和保持竞争优势的关键，其中人力资源价值不仅表现在直接的经济贡献上，而且通过企业创新和提高生产效率等间接方式为企业创造价值。因此，企业需要辨识并利用其独特的人力资本，以实现持续的竞争优势。

MICK-4FI（material，information，capital，and knowledge 4 flows integration）资源运营模式基于资源基础观点，通过整合物质、信息、资本和知识四种资源流，帮助企业快速应对市场需求的变化③。该模式通过资源分类与整合的多种方式、组织结构的敏捷性设计，支持资源的运营，以此提高企业的竞争力和市场适应性。

动态能力框架被视为企业在技术复杂多变的环境中创造和捕获财富的关键环节，包括指导资源整合、配置、获取以及释放的全过程④。例如，产品开发过程与开发联盟都是动态能力的实际应用，旨在帮助企业在不断变化的市场中保持竞争优势。

将复杂性原理与战略人力资源管理（SHRM）融合，有助于更好地理

---

① 赵曙明. 人力资源管理理论研究新进展评析与未来展望［J］. 外国经济与管理，2011，33（1）：1-10.

② 刘大卫. 人力资源管理实践与理论发展的相互作用和影响［J］. 求索，2007，174（2）：70-72.

③ 孙建勇. 基于 RBV 的 MICK-4FI 资源运营模式研究［D］. 天津：天津大学，2007.

④ EISENHARDT K M，MARTIN J A. Dynamic capabilities：what are they？［J］. Strategic Management Journal，2000：21（10-11）：1105-1121.

解和实施基于资源的企业发展战略①。这种融合涉及抽象层次的复杂性原理运用，能够解决人力资源系统中关键但困难的问题，如员工行为的不可预测性和多样性。

三、战略性人力资源管理（SHRM）作用于企业绩效影响机制

战略人力资源管理（SHRM）从多个角度作用于企业绩效的影响机制。

SHRM 通过营造强大的组织氛围，确保员工行为与组织目标保持一致，促进员工共享期望行为，共同建立奖励机制，以提高组织效能，提升整体组织绩效②。

从高层管理团队（TMT）的视角来看，SHRM 提高了 TMT 的社会整合能力，增强行动积极效果，间接提升了企业绩效③。SHRM 不仅专注于内部的人力资源管理实践，而且关注这些实践影响企业竞争的方式。

此外，SHRM 通过职业发展规划、员工培训计划、绩效工资和临时员工管理等具体实践，促进员工参与企业管理决策④。这些实践能够提升员工的能力，增强员工对企业目标的认同感和其归属感，直接影响企业绩效⑤。

SHRM 系统的结构及其与组织绩效之间的关系是影响企业绩效的重要机制。通过优化员工行为、运营绩效、财务绩效和市场绩效之间的相互作用，SHRM 能够有效地提升组织的整体绩效水平。

根据 SHRM 理论可知，人力资源管理（HRM）的关键在于通过强化员工个人表现来提升业务部门的绩效，最终影响企业的整体绩效。这一观点强调了员工个人绩效是连接 SHRM 实践与企业绩效的关键桥梁。

研究显示，高绩效工作实践涉及多个关键因素，显著影响员工流失率和生产效率。某种程度上，服务导向的组织公民行为（OCB）是高绩效人力资源实践与生产效率以及员工流失率之间的中介，不同时期的业务策略

---

① COLBERT B A. The complex resource-based view: implications for theory and practice in strategic human resource management. Academy of Management Review, 2004: 29（3）: 517-549.

② BOWEN D E, OSTROFF C. Understanding HRM-firm performance linkages: the role of the "strength" of the HRM system [J]. Academy of Management Review, 2004, 29（2）: 203-221.

③ LIN H C, SHIH C T. How executive SHRM system links to firm performance: the perspectives of upper echelon and competitive dynamics [J]. Human Resource Management, 2008, 47（3）: 853-881.

④ 马刚. 战略性人力资源管理系统及其与组织绩效间关系分析 [J]. 生产力研究，2011，227（6）: 182-184.

⑤ 李玉蕾，袁乐平. 战略人力资源管理对企业绩效的影响研究 [J]. 统计研究，2013，30（10）: 92-96.

（如服务质量）会调节这种中介关系①。此外，员工满意度和参与度、业务单位的客户满意度、生产力、利润、员工流失率和事故率之间存在广泛且具有实用价值的关系②。

进一步研究表明，员工对高绩效人力资源实践的感知、情感和组织承诺等因素在员工缺勤、留任意向以及组织公民行为之间发挥着中介作用③。特别是，组织通过投入能力发展要素来降低员工流失率时，将薪酬激励与绩效挂钩，同时将参与机会要素、能力发展要素与动机激发要素相结合，以有效降低员工流失率④。

工作环境和管理支持对工作表现有显著影响，而适应性和内在动机则直接影响工作深层表现⑤。此外，高绩效人力资源实践对员工感知到的胜任特征、角色内绩效和组织公民行为产生显著积极影响，这些胜任特征在高绩效人力资源实践与员工角色内绩效和组织公民行为之间起到部分中介作用⑥。

职业发展因素被认为是影响关键员工流失的重要因素，而管理水平、人际关系和能力素质因素是导致关键员工流失的关键因素⑦。然而，研究也指出，增加员工参与可以提升公司生产力，但激励系统并不总能促进生产力的提升。员工对高绩效工作系统的感知与离职倾向显著负相关，而工作倦怠及其子维度情感耗竭和玩世不恭与离职倾向呈显著正相关⑧。

---

① SUN L Y, ARYEE S, et al. High-performance human resource practices, citizenship behavior, and organizational performance: a relational perspective. Academy of Management Journal, 2007, 50 (3): 436-449.

② HARTER J K, SCHMIDT F L, et al. Business-unit-level relationship between employee satisfaction, employee engagement, and business outcomes: a meta-analysis [J]. Journal of Applied Psychology, 2002, 87 (2): 268-279.

③ KEHOE R R, WRIGHT P. The Impact of high-performance human resource practices on employees' attitudes and behaviors [J]. Journal of Management, 2013, 39 (7): 366-391.

④ 彭娟, 张光磊, 刘善仕. 高绩效人力资源实践活动对员工流失率的协同与互补效应研究 [J]. 管理评论, 2016, 28 (5): 175-185.

⑤ DIAMANTIDIS A D, CHATZOGLOU P. Factors affecting employee performance: an empirical approach [J]. International Journal of Productivity and Performance Management, 2019, 68 (1): 171-193.

⑥ 仲理峰. 高绩效人力资源实践对员工工作绩效的影响 [J]. 管理学报, 2013, 10 (7): 993-999, 1033.

⑦ 张明亲. 高科技企业关键员工流失的影响因素研究 [J]. 科技管理研究, 2008, 28 (12): 372-373, 376.

⑧ 颜爱民, 赵德岭, 余丹. 高绩效工作系统、工作倦怠对员工离职倾向的影响研究 [J]. 工业技术经济, 2017, 36 (7): 90-99.

高绩效工作实践的关键因素包括：服务导向的组织公民行为、员工满意度和参与度、情感组织承诺、能力发展与动机激发要素的综合实施、良好的工作环境和管理支持、职业发展机会以及减少工作倦怠等因素。这些因素共同构成高绩效工作实践的基础，对于提升员工表现、增强组织绩效而言至关重要。

四、人力资源管理产业数字化新趋势

一是能力导向的人力资源管理。随着数字经济的发展和新质生产力的涌现，以能力为中心的人力资源管理方法逐渐取代了以工作为基础的传统人力资源管理方式。这种趋势要求企业在报酬系统、人员选拔系统以及组织结构上做出相应调整，以更好地适应全球经济竞争的挑战。能力导向的人力资源管理强调个体的能力和潜力，使组织能够更灵活地应对快速变化的市场环境和技术发展，从而提高竞争力，实现持续发展①。

二是利用现代信息技术。随着互联网、大数据等现代信息技术的迅猛发展，人力资源管理领域也必须不断创新，积极利用这些新技术提升管理效率。这涵盖了利用社交网络、互联网应用程序等工具来寻找、培训和评估员工②。通过现代信息技术的应用，人力资源管理能够更高效地匹配人才需求，提升招聘流程的效率，实现更精准的员工培训和绩效评估，从而为组织的持续发展提供有力支持。

三是强化专业人才培训。在知识经济时代，企业面临着快速变化的市场需求，因此需要不断提升员工的专业技能和综合素质。企业需要加大对员工培训的投入，尤其要加大新兴领域和高科技领域的专业人才培养力度③。通过持续的培训和发展计划，企业可以确保员工具备最新的知识和技能，从而促进企业的持续创新和发展。

四是构建人才激励机制。为了吸引和留住优秀人才，企业应建立有效的人才激励机制，包括提升薪酬福利、增加职业发展机会和改善工作环境等。企业通过提供具有竞争力的薪酬福利、清晰的职业发展路径以及良好

① 宋合义，尚玉钒. 人力资源管理的发展新趋势：从基于工作的人力资源管理到基于能力的人力资源管理 [J]. 系统工程理论与实践，2001（1）：83-87.
② MUSHKUDIANI Z, GECHBAIA B, et al. Global, economic and technological trends in human resource management development [J]. Journal of Management and Organization，2020，26（5）：53-60.
③ 朱熠晟，吕柳. 新时代背景下人力资源管理的特点与趋势 [J]. 经济研究导刊，2019，392（6）：119-122，146.

的工作环境，能够提升员工的满意度和忠诚度，激励他们投入工作，提升绩效①，从而为企业的长期发展做出贡献。

五是适应瞬息变化。在全球化的背景下，企业人力资源管理应快速适应国际市场的变化，了解不同文化背景下的工作习惯、法律法规、跨文化沟通技巧等②。人力资源管理只有具备跨文化交流与合作能力，才能促进不同国家和地区之间的合作与协调，确保员工在全球化环境中的工作效率和团队凝聚力，帮助企业在国际市场上取得竞争优势，实现可持续发展。

六是完善人力资源管理制度。为了更好地适应知识经济时代的要求，企业要持续完善人力资源管理制度，建立更加灵活和开放的管理体系，加强人力资源战略管理，确保人力资源管理与企业整体战略目标的一致性③，将人力资源管理纳入企业战略规划，确保人力资源的有效配置，实现人力资源与企业战略目标的有机结合，推动企业持续发展和实现优势竞争。

① SHEN J. Principles and applications of multilevel modeling in human resource management research [J]. Human Resource Management, 2016 (55): 951-965.

② 熊伟，熊淑萍. 论知识经济时代对人力资源管理的挑战 [J]. 企业经济, 2004 (1): 78-79.

③ 李隽，李新建，王玉姣. 人力资源管理角色发展动因的多视角分析与研究展望 [J]. 外国经济与管理, 2014, 36 (5): 40-49, 80.

第四章

数字人才培育的
重要意义

在全球数字化转型的浪潮中，数字人才成为推动经济发展的核心力量。随着信息技术的迅猛发展和广泛应用，数字人才的培育已不仅仅是一个国家竞争力的关键，更是实现社会全面进步的基础。本章将深入探讨数字人才培育的重要意义，分析其在推动技术创新、提升产业竞争力、保障网络安全、促进经济增长和社会进步等方面的重要作用，旨在强调数字人才培育的战略地位，为构建完善的数字人才培育机制与路径提供理论支撑和实践指导。

▶ 第一节　数字人才培育的紧迫性

一、数字经济成为新的增长范式

随着信息技术的飞速发展，数字经济已成为全球经济增长的新引擎，深刻改变着传统经济形态和产业格局。中国作为世界第二大经济体，正积极推进数字经济的战略布局，力求在全球数字化竞争中占据有利地位。然而，数字经济的迅猛发展也对数字人才的需求提出了前所未有的挑战，数字人才短缺成为制约数字经济发展的关键瓶颈。

第一，数字经济的崛起与迅猛发展。当今世界，数字经济已成为全球经济的重要组成部分和增长引擎。随着信息技术的飞速发展，特别是互联网、大数据、人工智能、云计算、区块链等技术的广泛应用，数字经济正以前所未有的速度在全球范围内蓬勃发展，深刻改变着传统经济的运行模式和人类社会的生产生活方式。

第二，数字经济总量的快速增长。根据《全球数字经济白皮书（2024年）》的数据，2023年全球数字经济总量接近33万亿美元，同比增长超过8%，这一增长速度远超同期全球GDP的增长率。数字经济占全球GDP的比重已高达60%，较2019年提升了约8个百分点，充分显示了数字经济在全球经济中的重要性和日益增强的影响力。在美国、中国、德国、日本、韩国等数字经济强国中，这一趋势尤为明显，这些国家占据了全球数字经济的主导地位。

2024 年 6 月 30 日，国家数据局正式发布的《数字中国发展报告（2023 年）》指出，中国数字经济核心产业增加值在 2023 年预计将超过 12 万亿元，占 GDP 比重达到 10% 左右，有望提前完成"十四五"规划目标。这一成就不仅体现了中国数字经济的蓬勃生机，也彰显了中国在推动数字经济发展方面的决心和成效。特别是在云计算、大数据、物联网等新兴业务领域，中国的收入增长尤为显著，远超传统电信业务（见图 4-1），成为推动数字经济增长的关键力量。

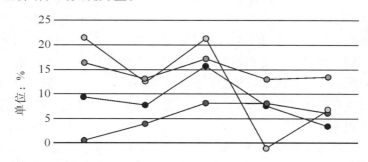

	2019年	2020年	2021年	2022年	2023年
电子信息制造业增加值同比增长	9.3	7.7	15.7	7.6	3.4
电信业务收入同比增长	0.5	3.9	8.1	8	6.2
互联网业务收入同比增长	21.4	12.5	21.2	-1.1	6.8
软件业务收入同比增长	16.4	13.2	17.1	12.9	13.4

图 4-1　2019—2023 年数字经济重点行业同比增速变化情况

（数据来源：工业和信息化部）

第三，数字经济的产业渗透与融合。数字经济的迅猛发展不仅体现在其总量的增长上，更在于其深刻的产业渗透与融合能力。随着数字技术的广泛应用，传统产业的生产方式、运营模式、商业模式都在发生深刻变革。数字经济通过与实体经济的深度融合，推动了产业结构的优化升级，催生了大量新兴业态和就业岗位，为经济社会发展注入了新的活力和动力。

以制造业为例，随着工业互联网、智能制造等技术的推广应用，传统制造业正逐步向数字化、网络化、智能化方向转型。通过引入先进的数字技术和智能设备，企业能够实现生产过程的自动化、智能化，提高生产效率，降低运营成本，增强市场竞争力①。同时，数字技术的应用还推动了制造业与服务业的深度融合，催生了制造业服务化、服务型制造等新业态，为经济发展提供了新的增长点。②

第四，数字技术的创新与迭代。经济的迅猛发展还体现在数字技术的不断创新与迭代上。随着科技的进步和市场需求的变化，数字技术正以前所未有的速度更新换代。从互联网、移动通信到大数据、人工智能、区块链等新兴技术，数字技术的每一次创新和突破都极大地推动了数字经济的发展和应用场景的拓展。

作为数字技术的代表之一，人工智能技术正在全球范围内掀起一场新的技术革命。通过模拟人类的智能行为，人工智能技术在语音识别、图像识别、自然语言处理等领域取得了重大突破，并广泛应用于智能制造、智慧城市、智慧医疗、智慧金融等多个领域。人工智能技术的应用不仅提高了生产效率和服务质量，还为人类社会的可持续发展提供了新的解决方案和思路。

第五，数字经济的全球化趋势。数字经济的飞速发展也体现在其全球化趋势上。随着互联网技术的普及和应用，数字经济已经打破了国界和地域的限制，实现了全球范围内的互联互通。各国之间的数字经济合作日益紧密，数字贸易、数字金融、数字文化等领域的交流与合作不断深化。数字经济的全球化趋势不仅促进了全球资源的优化配置和共享利用，还推动了全球经济的稳定增长和可持续发展。

简而言之，数字经济的崛起已成为不可阻挡的时代趋势。随着数字技术的不断创新和应用场景的不断拓展，数字经济将在全球范围内发挥更加重要的作用。然而，数字经济的快速发展也对人才结构提出了新的挑战和要求。为了适应数字经济的发展需求，我们必须加强数字人才培育工作，优化人才资源配置，为数字经济的持续健康发展提供坚实的人才支撑。

二、数字人才需求的激增

第一，数字人才需求激增与技术迭代的新要求。随着全球数字经济的蓬勃发展，数字人才已成为推动这一新型经济形态发展的核心力量。数字

---

① 陈再齐，李德情. 数字化转型对中国企业国际化发展的影响 [J]. 华南师范大学学报（社会科学版），2023（4）：81-95，206.

② 郝凤霞，黄含. 投入服务化对制造业全球价值链参与程度及分工地位的影响 [J]. 产经评论，2019，10（6）：58-69.

人才是指拥有数字化专业技能及补充技能，能够胜任数字经济领域各类工作的高素质人力资源，对其的需求正以前所未有的速度激增。这一趋势不仅体现了数字经济对各行业渗透力的增强，也凸显了技术迭代对数字人才素质提出的新要求与挑战。

第二，技术迭代对数字人才的新要求。数字技术的快速迭代是推动数字经济持续繁荣的关键。从云计算、大数据、人工智能到区块链等新兴技术，每一项技术突破都深刻改变了产业格局与就业结构。然而，技术的日新月异也对数字人才的能力结构提出了更高要求。相较于传统行业，数字领域的知识体系更新速度更快、技术门槛更高，要求从业者不仅具备扎实的专业基础，还需拥有敏锐的洞察力、强大的学习能力和持续的创新思维。

首先，数字人才必须具备持续学习的能力。技术的不断进步要求他们保持学习热情，紧跟技术发展趋势，不断提升自己的专业素养。只有通过不断学习，数字人才才能适应知识更新的快节奏，保持自身的竞争力。

其次，跨学科融合的能力同样不可或缺。数字技术的应用往往跨越了计算机科学、数学、经济学、管理学等多个学科领域。数字人才需要具备跨学科的知识背景和融合能力，这不仅能帮助他们更全面地理解问题，还能促进他们在复杂情境中提出创新的解决方案。

再次，数字人才需要具备解决复杂问题的能力。数字技术的应用场景复杂多变，要求从业者能够综合运用所学知识，提出切实可行的解决方案。这种能力要求数字人才不仅要有深厚的专业知识，还要有实际操作和问题解决的经验。

最后，创新思维是数字经济时代推动发展的重要动力。数字人才需要勇于尝试新技术、新方法，不断探索未知领域。创新思维不仅能帮助他们对现有技术进行改进和优化，还能在全新的领域中寻找突破口和机遇。

数字化转型的重心正从消费领域转向生产领域，因此，对掌握数字化专业技术的高技能人才的需求变得尤为迫切。这些人才不仅需要具备扎实的专业技术功底，还应拥有跨学科知识背景和创新能力。这在网络安全领域尤为明显。层出不穷的网络攻击手段使对网络安全人才的需求激增，而具备丰富经验和专业技能的人才却供不应求，导致网络安全领域面临严峻的人才短缺问题。同时，数字化转型还需要既懂行业知识又懂数字技术的复合型人才。这些人才能够在传统产业与数字技术之间架起桥梁，推动传统产业的数字化转型升级。以制造业为例，智能制造的兴起使企业迫切需要既懂生产流程又懂信息技术的复合型人才来推动智能化改造和升级。但目前市场上这类人才的供给不足，难以满足企业的需求，这成为制约制造业数字化转型的重要因素。

新兴领域如人工智能、大数据、区块链等对数字人才的需求同样旺盛。区块链技术的应用在全球范围内迅速落地，但专业人才却极为匮乏。当前，区块链行业从业人员多由互联网、游戏和软件行业从业人员转型而来，他们通常缺乏专业的知识结构和实践经验。这一现象凸显了技术迭代对数字人才素质的新要求，以及加强数字人才培育的紧迫性。

数字人才的培育不仅需要关注量的增加，更需注重质的提升。培养具有深厚专业技术功底、跨学科知识背景、创新能力的高技能人才，以及既懂行业知识又懂数字技术的复合型人才，对于推动数字经济的持续健康发展具有重要意义。教育机构和企业应加强合作，优化人才培养策略，以满足数字经济时代对人才的多元化需求。

三、数字人才短缺的成因分析

数字人才短缺源于供给与需求两侧的多重矛盾，以及配套资源分配的不均衡。这些因素相互作用，共同构成了当前数字人才市场的困境。

第一，人才培养体系滞后。数字技术的迭代速度远快于传统学科，其对人才培养的周期性和系统性要求极高。然而，我国当前的数字人才培养体系尚未能完全适应这一快速变化的需求。课程设置与内容更新滞后于技术发展，导致教育产出与市场需求之间产生显著的时间差。具体而言，高校和职业院校在数字人才培养方面面临诸多挑战。一方面是师资力量薄弱，具备前沿数字技术知识与实践经验的教师资源稀缺，难以满足高质量教学的需求。另一方面是实践教学环节缺失，理论教学与实践操作的脱节，使得学生只掌握了理论知识，而缺乏必要的实战经验和技能。教育资源的滞后性，直接导致了数字人才供给的时效性问题和质量问题。

第二，人才供给与市场需求错位。在数字经济快速发展的背景下，数字技术的迅猛进步使新兴领域和岗位激增，这些岗位对数字人才的需求具有高度个性化和多样化的特点。然而，当前市场上的数字人才供给结构与这些新兴需求之间存在显著的错位现象。一方面，市场上存在大量的低技能劳动力，这些人才往往缺乏必要的专业技能和实践经验，难以满足高技能岗位的实际需求。这种低技能劳动力的过剩，不仅限制了他们自身的职业发展，也对企业的人才选拔和培养带来了挑战。另一方面，对于企业迫切需求的高技能人才，如网络安全专家、人工智能工程师等，市场上却出现了供给不足的情况。这些岗位通常要求从业人员具备深厚的专业知识、丰富的实践经验以及持续的学习能力，而现有的教育体系和人才培养机制往往难以迅速响应这种需求变化。

这种供需错位现象不仅加剧了数字人才短缺的问题，还导致了人力资源的浪费和就业市场的结构性矛盾。

第三，配套资源分配不均衡。数字人才是数字经济的核心竞争力，对地区经济的繁荣至关重要。然而，当前不同地区在数字人才配套资源方面存在显著差异，这种不均衡性在一定程度上加剧了数字人才短缺的问题。

第四，区域资源有差异也是一个突出问题。一线城市拥有资源丰富的人才库、资金支持和有利的政策环境，对数字人才具有强大的吸引力。相比之下，二三线城市则因资源相对匮乏，面临吸引和留住人才的挑战。这种差异不仅体现在经济机会上，还涉及生活质量和职业发展的潜力。

第五，公共服务不足。一些地区在教育、医疗、交通和居住环境等公共服务方面存在欠缺，这些因素都可能成为影响数字人才决策的障碍。

根据链上数字产业研究院联合猎聘大数据、广州番禺职业技术院发布的《2023 中国数字人才发展报告》：上海、北京、深圳和杭州四个一线城市吸纳了超过 43% 的数字化人才，而二三线城市则面临严重的人才流失问题（见图 4-2）。这种资源分配的不均衡性，不仅限制了数字人才的流动和聚集，还制约了地区经济的均衡发展。

总体而言，数字人才短缺的成因是多方面的，涉及人才培养体系、供需错位以及配套资源分配等多个层面。要有效解决这一问题，需要从完善教育体系、优化供需结构、提升配套资源等多个方面入手，构建适应数字经济时代需求的人才培养和流动机制。

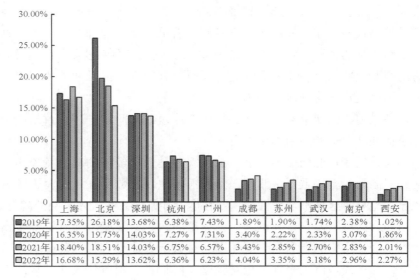

图 4-2　2019—2022 年数字人才城市分布（TOP10）

（数据来源：链上数字产业研究院）

▶ 第二节　数字人才已成为国家竞争力的关键

一、数字人才与国家战略的实施

国家战略的实施离不开高素质人才的支撑。数字人才作为新一代生产力的代表，是推动国家数字化战略落地的核心力量。各国政府纷纷出台政策，加大对数字教育的投入，优化人才培养体系，旨在通过培养高质量的数字人才来增强国家竞争力。

中国政府高度重视数字人才的培养工作。《"十四五"数字经济发展规划》明确提出，要加快数字人才队伍建设，提升全民数字素养和技能，培养造就高水平数字人才队伍。这充分体现了数字人才在国家战略中的核心地位。培养数字人才，可以确保国家战略在数字经济领域得到有效执行，从而推动经济社会高质量发展。例如，2024 年 4 月，人力资源和社会保障部连同其他相关部门共同发布了《加快数字人才培育支撑数字经济发展行动方案（2024—2026 年）》。此外，各省市也发布了"关于加快数字经济高质量发展的意见"等重要文件，都明确强调了数字人才在数字经济发展中的核心地位。

二、数字人才与经济发展的动力

数字经济的崛起无疑为全球经济注入了新的活力，成为推动全球经济增长的新动力。而数字人才作为数字经济发展的核心要素，其数量和质量直接影响着经济发展高质量发展。

首先，数字人才是传统产业数字化转型的关键驱动力。通过引入先进的数字化技术与管理理念，数字人才能够引领企业实现生产流程的智能化改造，从而显著提升产品质量与生产效率。以制造业为例，根据麦肯锡全球研究院（McKinsey Global Institute）的研究，数字化技术的运用可以将制造业的生产效率提高至 25%。此外，数字人才还能通过数据分析和智能化决策，加快企业的市场响应速度、增强创新能力，从而使企业在激烈的市场竞争中占据有利地位。

其次，数字人才在新兴产业的发展中扮演着至关重要的角色。在大数据、云计算、人工智能等新兴领域，数字人才通过技术研发与应用推广，不断推动技术创新和商业模式革新。这表明，数字人才的创新活动将直接影响这些领域的增长潜力和经济价值的创造。

未来，随着数字经济的进一步发展，数字人才对经济发展的推动作用将变得更加显著与不可替代。他们不仅能够促进产业升级和结构优化，还将通过跨界融合和创新思维，开拓新的市场和业务领域。比方说，数字化人才在金融科技（FinTech）领域的应用，已经推动了传统金融服务的转型，为用户提供了更加便捷、个性化的金融产品和服务。

三、数字人才的国际竞争优势

在全球竞争日益激烈的背景下，数字人才已成为衡量一个国家综合竞争力的重要指标。拥有规模庞大的数字人才队伍意味着能够更快地吸收和转化新技术，推动产业升级和创新发展。因此，数字人才作为国际竞争的重要资源，已成为各国争夺的焦点。

首先，数字人才的质量和数量直接影响一个国家在国际舞台上的竞争力。根据 2020 年世界经济论坛的报告，数字技能是未来劳动力市场中最需要的技能之一。拥有高素质的数字人才，不仅可以加速本国数字经济的发展和产业升级，而且能够通过技术创新和模式创新引领全球产业变革。例如，中国在人工智能、5G、区块链等领域取得的重大突破，正是得益于数字人才的卓越贡献。这些领域的进展不仅提升了中国的国际地位，还为国家在全球产业竞争中赢得了主动权。

其次，数字人才的培养和引进是提升国家竞争力的战略举措。《全球数字经济竞争力发展报告（2023）》显示，数字人才的培养和引进与国家的数字竞争力正相关。这意味着，通过进行教育体系改革和开展国际人才合作项目，可以有效增加国家的数字人才储备，从而增强国家的国际竞争力。

最后，数字人才的国际流动也对国家竞争力产生影响。在全球化的今天，数字人才往往跨越国界，为不同国家和地区的创新和发展做出贡献。因此，国家需要制定开放和包容的人才政策吸引全球优秀数字人才，同时为本国人才提供国际化的发展平台。

▶第三节　数字人才推动社会经济结构转型

数字技术的广泛应用正逐步推动社会经济结构的深刻转型。传统产业通过数字化转型实现提质增效，新兴产业则依托数字技术迅速崛起。在这一过程中，数字人才作为连接技术与产业的纽带，发挥着至关重要的作用。他们不仅推动了技术的创新与应用，还促进了产业间的融合与升级，为经济的高质量发展注入了强劲动力[①]。数字人才的培育与发展对于促进社会经济结构转型具有不可估量的价值。

一、数字人才引领产业升级与重塑

数字人才以其先进的技术和创新能力，成为推动产业结构优化的关键

---

① 万诗婕，高文书. 数字化对企业劳动收入占比的影响研究 [J]. 贵州社会科学，2023 (2)：131-143.

力量。在传统产业领域，数字人才通过引入工业互联网、智能制造等先进技术，实现了生产流程的数字化、智能化改造，显著提升了生产效率和产品质量。

以制造业为例，根据国家数据局发布的《数字中国发展报告（2023年）》，截至 2023 年年底，中国制造业的数字化转型取得了显著成效，并持续深化。智能制造装备产业规模已超过 3.2 万亿元人民币，培育出主营业务收入超过 10 亿元人民币的智能制造系统解决方案供应商超过 150 家。中国累计建成 62 家"灯塔工厂"，占全球总数的 40%，全年新增 11 家，占全球新增总数的 52.4%。此外，还累计培育了 421 家国家级智能制造示范工厂。这些成就不仅展示了数字人才的技术实力，而且为中国制造业的高质量发展奠定了坚实的基础。

数字人才还推动了制造业信息化水平的提升。2023 年，中国关键工序数控化率和数字化研发设计工具普及率分别达到 62.2% 和 79.6%，与 2019年相比分别提高了 12.1 和 9.4 个百分点。如图 4-3 所示，这一趋势也反映了数字人才在推动技术应用和创新方面的重要作用。

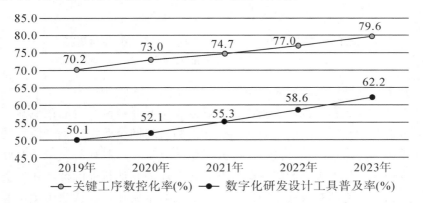

图 4-3　全国工业企业关键工序数控化率、数字化研发设计工具普及率

（数据来源：国家数据局）

在新兴产业领域，数字人才更是创新浪潮的主力军。他们深刻理解和熟练运用人工智能、大数据、云计算等前沿技术，不断突破技术瓶颈，催生出具有全球竞争力的新兴产业。以人工智能为例，在图像识别、自然语言处理等关键技术领域，中国已经取得了显著突破，展现出强大的创新实力和发展潜力。

为了进一步深化数字人才在产业升级中的作用，中国积极实施工业互联网创新发展战略。通过加强网络、平台、安全等体系建设，推动企业上云上平台，加速工业互联网在各行业的渗透和融合。截至2023年年底，中国已累计建成开通5G基站数达337.7万个，同比增长46.1%；平均每万人拥有5G基站24个，较2022年末提高7.6个百分点；5G移动电话用户数达8.05亿人，在移动电话用户中占比46.6%；5G虚拟专网数量超3万个（见图4-4）。这些为工业互联网的发展提供了坚实的网络基础。同时，国家工业互联网大数据中心体系的建设也在稳步推进。

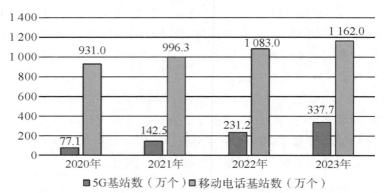

图4-4 2020—2023年5G基站和移动电话基站发展情况
（数据来源：工业和信息化部）

在工业互联网创新发展战略的引领下，数字人才积极参与工业互联网平台的开发和运营，推动了制造业企业应用工业互联网平台的比例显著提升。他们利用对平台的数据分析和优化能力，帮助企业实现生产流程的精细化管理和智能化决策，进一步提升了生产效率和产品质量。工业互联网的广泛应用不仅促进了制造业的转型升级，还为其他行业的数字化改造提供了可借鉴的经验和模式。通过这些努力，数字人才正在成为中国产业升级和经济高质量发展的重要支撑。他们的技术专长和创新精神，将继续增强中国在全球经济中的竞争力和影响力。

二、数字人才促进就业与创业

在数字经济的浪潮中，数字人才不仅成为传统产业转型升级的关键驱动力，更是市场活力的源泉和新兴就业机会的创造者。数字产业及其相关领域以其高成长性和创新性，正在成为吸纳就业的主要渠道，为劳动力市场注入了前所未有的活力。

工业和信息化部数据显示，我国软件和信息技术服务业在吸纳就业方面呈现出强劲的增长趋势（见图4-5）。

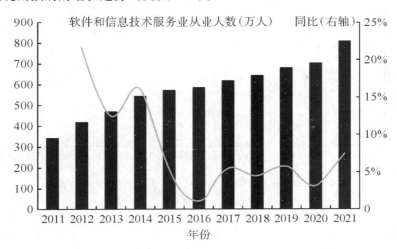

图 4-5　2013—2021 年软件从业人员数量变化情况

（数据来源：工业和信息化部）

2018 年，我国软件和信息技术服务业从业人员的年末就业人数达到了645 万人，与 2013 年相比实现了显著的增长，这充分展示了数字产业在扩大就业规模方面的潜力。

2021 年，软件和信息技术服务业从业人员的平均人数达到了 809 万人，同比增长 7.4%，这一数字不仅反映了行业规模的持续扩大，也预示了就业机会的显著增加。

特别值得注意的是，该行业在工资总额方面也呈现出加速增长的趋势，两年复合增长率达到了 10.8%（见图 4-6）。这不仅体现了数字人才的经济价值，也进一步证实了其对经济发展的重要贡献。

预计到 2025 年，随着数字经济的持续深化发展，数字经济领域的就业岗位需求将持续增长，为求职者提供更加多元化的职业选择和更大的发展空间。

数字人才作为数字经济时代的佼佼者，不仅掌握着丰富的专业知识和先进技能，更具备强烈的创新精神和卓越的创业能力。他们敢于突破传统束缚，勇于探索未知领域，通过创办新企业、开发新产品、提供新服务等方式，不断开拓数字经济的新领域。

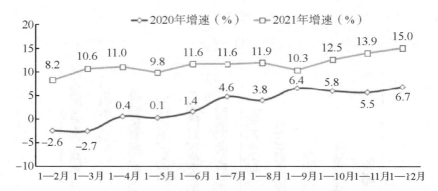

图 4-6　2020—2021 年软件业从业人员工资总额增长情况

（数据来源：工业和信息化部）

以杭州为例，其作为全国数字经济领先城市，凭借在云计算、大数据、电子商务等领域的深厚积累，吸引了大量数字人才汇聚。这些人才以其敏锐的洞察力、前瞻性的思维和不懈的努力，成功创办了一批具有行业影响力的创新型企业，不仅推动了当地经济的飞速发展，还通过产业链的延伸和辐射效应，带动了周边地区的就业增长和经济发展。

数字人才的集聚，不仅促进了企业的诞生与成长，更催生了创新创业生态的蓬勃发展。在杭州等数字经济高地，政府、企业、高校及科研机构等多方力量紧密合作，共同构建了完善的创新创业服务体系。这一体系通过提供政策扶持、资金支持、技术转移、人才培训等全方位服务，为数字人才提供了广阔的成长平台和发展空间。同时，创新创业生态的形成还促进了知识共享、技术交流与合作创新，进一步激发了数字人才的创新潜能和创业热情。在这样一个充满机遇与挑战的环境中，数字人才得以不断突破自我，实现个人价值，为社会经济的发展贡献重要力量。

三、数字人才助力智能制造

数字人才通过运用先进的数字技术和工具，实现了生产流程的智能化管理和精准控制，显著提升了生产效率和降低了运营成本。他们利用大数据、人工智能等技术对生产数据进行深度挖掘和分析，实现了生产过程的可视化、可预测和可优化。例如，在智能制造领域，数字人才通过引入智能控制系统和传感器网络，实现了生产设备的远程监控和故障预警，大幅缩短了设备停机时间，减少了维护成本。

同时，数字人才还推动了产品和服务的数字化转型与智能化升级。他们利用云计算、物联网等技术，实现了产品和服务的个性化定制和远程运维，提升了产品的附加值和市场竞争力。这些变化不仅促进了企业的可持续发展，还推动了整个社会经济结构的转型升级。以零售业为例，随着线上线下的深度融合和智能零售系统的广泛应用，传统零售业的生产效率和顾客体验得到了显著提升，为行业的转型升级提供了有力支撑。

▶第四节 数字人才培育的重要价值与作用

随着数字经济的迅猛发展，技术创新已成为推动社会进步和经济发展的核心驱动力。数字人才，作为掌握数字技术、具备数字化思维和创新能力等方面的专业人才，对推动技术创新具有举足轻重的作用。

数字人才是技术创新、数据分析与决策、网络安全与风险管理等核心领域的重要支撑。通过加强数字人才的培育，我们不仅可以为数字经济的持续发展提供坚实的人才保障，更能为提升我国在全球数字经济领域的竞争力奠定坚实基础。

一、数字人才培育助推技术创新与发展

随着数字经济的迅猛发展，技术创新已成为推动社会进步和经济发展的核心驱动力。数字人才，作为掌握数字技术、具备数字化思维和创新能力等方面的专业人才，对推动技术创新具有举足轻重的作用。

（一）技术创新是数字经济发展的核心动力

习近平总书记在庆祝改革开放40周年大会上强调：创新是引领发展的第一动力，是建设现代化经济体系的战略支撑[1]。在数字经济飞速发展的今天，技术创新已经成为这股发展潮流中的核心驱动力，它不仅为数字经济的持续增长提供了源源不断的动力，还是推动经济高质量发展的关键要素。

---

① 习近平. 在庆祝改革开放40周年大会上的讲话［EB/OL］.（2018-12-18）［2024-06-01］.http://politics.people.com.cn/n1/2018/1218/c1024-30474793.html.

在数字化时代，技术创新正逐步改变着我们的产业面貌，不断催生出新的业态和模式，给经济领域带来新的生机与活力。

首先，技术创新在数字经济领域发挥着至关重要的作用，对数字基础设施的赋能作用尤为明显。数字基础设施作为数字经济发展的基石①，其建设和优化离不开技术创新的支持。例如，5G 技术的广泛应用，不仅极大提升了网络传输速度，更为远程医疗、在线教育等新业态的发展提供了有力支撑。这些新业态的涌现，都是技术创新在数字经济中大展身手的生动体现。

其次，技术创新是数字经济与实体经济深度融合的"黏合剂"。在数字化浪潮中，传统产业面临着转型升级的迫切需求。技术创新通过数字化、智能化手段，为传统产业注入了新的活力，推动了新旧动能转换，提升了产业链水平。例如，工业互联网技术的发展，使得制造业企业能够实时收集和分析生产数据，实现精准制造和柔性生产，从而大大提高了生产效率和质量。这种深度融合不仅促进了传统产业的转型升级，也为数字经济的发展奠定了坚实的产业基础。

最后，技术创新在提升数字治理能力上也发挥着不可替代的作用。随着数字经济的不断发展，数据安全问题愈发凸显。技术创新通过应用区块链、隐私计算等先进技术，有效提升了数据保护能力和安全水平，为数字经济的健康发展提供了有力保障。同时，技术创新也推动了政府治理方式的数字化转型，提高了治理效率和透明度，为数字经济的可持续发展创造了良好的治理环境。

总的来说，技术创新在数字经济发展中扮演着至关重要的角色。它是推动数字经济持续健康发展的核心动力，也是推动经济高质量发展的关键支撑。

（二）数字人才是技术创新的关键驱动力

随着大数据、云计算、人工智能等技术的快速发展，数字经济已成为全球经济增长的新引擎。数字人才不仅具备扎实的技术基础，还拥有敏锐的市场洞察力和创新思维，是推动技术创新不可或缺的力量。正如乔布斯所言："创新是区别领导者和追随者的唯一标准。"数字人才正是通过持续的创新实践，引领着技术的发展潮流。

---

① 姜文辉.数字化投入能否提升中国全球价值链参与：基于我国 33 个产业的实证分析［J］.汕头大学学报（人文社会科学版），2021, 37（4）：82-91.

第一，数字人才是创新技术研发和应用的主力军。在大数据、云计算、物联网等前沿科技领域，数字人才队伍凭借其深厚的专业知识和精湛的技能，持续创新技术解决方案，有力推动了技术的迭代升级。数字人才队伍的努力不仅展现了数字时代的无限潜能，更为技术创新奠定了基础。

第二，数字人才是技术创新的引领者。数字人才对市场需求具有敏锐的洞察力，能够迅速捕捉并响应行业变化。他们发现并开拓新的技术应用场景，精准地引领技术的发展潮流。以智能制造为例，数字人才通过引入先进技术和创新理念，推动了传统制造业的转型升级。这种前瞻性视野使得数字人才成为技术创新不可或缺的引领者。

与此同时，数字技术如互联网、大数据、人工智能等也正深度融合于实体经济，推动对产业数字化的探索。数字人才在技术创新进程中从"创造者"转变为"使用者"。

第三，数字人才是技术创新成果转化的重要推动者。数字人才不仅致力于科研探索，更擅长将研究成果转化为实际应用。他们积极推动科技成果产业化，确保创新技术能够真正落地并服务于经济社会发展。例如，在智慧城市建设中，数字人才将大数据、物联网等技术应用于城市管理、交通出行等领域，提高了城市运行效率和居民生活质量。数字人才成为连接学术与产业的桥梁，为社会的进步注入了源源不断的动力。

总之，在数字经济领域，数字人才的价值不言而喻。他们不仅是技术创新的重要推手，更是行业发展的宝贵财富。随着数字经济的深入发展，对数字人才的需求将愈发旺盛。数字人才的专业素养和创新能力将为数字经济的未来发展提供源源不断的动力，从而推动整个行业迈上新的高度。

（三）数字人才培育对技术创新的推动作用

数字人才培育在技术创新中具有举足轻重的地位。系统化的人才培育，不仅能够显著提升数字人才个体的技术水平和创新能力，更为技术的持续进步和产业的升级换代注入了强大的动力。

第一，提升技术创新能力。技术创新是数字经济发展的基石。随着智能制造、智慧物流等行业的迅猛发展，技术创新正成为行业升级的主要驱动力。数字人才培育是提升技术创新能力的关键。通过系统的课程学习和实践操作，数字人才能够熟练掌握并灵活运用前沿技术，进而助力企业掌握核心技术，开发出具有市场竞争力的创新性的产品和服务。如在人工智能领域，数字人才的深度学习和机器学习技能不断优化算法、改进模型，显著提升和扩大了 AI 技术的性能和应用范围。

第二，加速技术成果转化。数字人才培育在加速技术成果转化方面发挥着不可替代的作用。彼得·德鲁克曾说过："创新的最终目标是创造价值。"① 数字人才培育不仅强调技术的研发和创新，更注重技术成果的转化和应用。通过培养具备市场洞察力和商业思维的数字人才，我们可以更有效地将科技成果转化为实际生产力，从而推动经济的发展和国家竞争力的提升。在这一过程中，数字人才不仅推动了技术的革新，更实现了科技与经济的深度融合。

第三，赋能技术研发团队。数字人才培育对于提升技术研发团队的综合素质和创新能力至关重要。通过专业培训和实践锻炼，数字人才能够深入掌握前沿技术知识，培养创新思维和解决问题的能力。这种能力的提升使得技术研发团队在面对技术难题时能够迅速找到突破口，推动技术不断革新。同时，数字人才培育还注重跨学科知识和团队协作精神，这有助于技术研发团队成员之间形成更加紧密的合作关系，从而提高项目执行效率和质量。

现实中很多实际案例也充分证明了数字人才培育对技术研发团队的积极影响。那些注重数字人才培育的企业或团队，在技术研发项目中往往能够取得更加显著的成果，推动产业的持续升级和转型。

第四，构建创新生态体系。数字人才培育对于构建完善的创新生态体系具有至关重要的作用。通过培育具备跨学科知识、出色团队协作能力和创新精神的数字人才，能够形成多元化、精力充沛的创新主体和创新网络。这种生态体系有助于打破学科壁垒，促进不同领域之间的深度融合与创新发展，从而推动技术的全面进步和产业的持续升级。

第五，提升国际竞争力。高素质的数字人才队伍是国家科技创新的基石。通过系统化的培育，数字人才能够为国家科技事业贡献国际化的思维和前瞻性的技术解决方案，进而提升国家在全球科技领域的竞争力。竞争力的提升不仅体现在科技创新成果的产出方面，更体现在对全球科技趋势的引领和对未来科技发展的深度参与方面。

二、数字人才培育助力数据分析与决策支持

《"十四五"数字经济发展规划》中明确指出，数字经济是以数据资源

---

① 德鲁克. 德鲁克管理思想精要 [M]. 李维安，王世权，刘金岩，译. 北京：机械工业出版社，2007.

为关键要素，依托现代信息网络，通过信息通信技术的深度融合与全要素数字化转型，实现公平与效率更加统一的新经济形态①。数据的海量、便捷搜索及低边际成本等特点，不仅揭示了消费者的潜在需求，更引领了技术、资本和人才的高效流动，优化了资源配置，为企业战略决策提供了有力支撑。

在这一进程中，数字人才的作用日益凸显。他们凭借专业的数据分析能力和前瞻性的商业洞察力，将数据转化为切实的商业价值，推动了新商业模式的创新和产品服务的升级。因此，加强数字人才的培育，不仅关乎企业竞争力的提升，更是国家经济发展的重要驱动力。

（一）数字经济时代下数据分析与决策支持的关键性

随着数字技术的不断革新和普及，数据已逐渐成为数字经济最核心的资源和要素，而数据分析与决策支持则是挖掘数据价值、指导决策的重要手段。

首先，数据分析与决策支持在精准把握市场需求和消费者行为方面具有显著作用。通过对海量数据的收集、整理和分析，企业可以更加深入地了解消费者的需求、偏好和行为模式，进而制定更加精准的市场策略和产品服务策略。这不仅有助于提升企业的竞争力，更能为消费者带来更加优质、个性化的产品和服务体验。

其次，数据分析与决策支持在优化资源配置、提高生产效率方面也发挥着重要作用。通过对生产、管理、销售等各个环节的数据进行深度挖掘和分析，企业可以更加精准地识别资源瓶颈和浪费环节，从而制订更加合理的资源配置和生产计划。这不仅可以降低生产成本、提高生产效率，更能推动企业的可持续发展。

再次，数据分析与决策支持还有助于提升政府的治理能力和公共服务水平。通过对社会、经济、环境等各个领域的数据进行收集和分析，政府可以更加准确地把握社会发展趋势和民生需求，从而制定更加科学、合理的政策和规划。这不仅可以提升政府的治理效能和公信力，更能为民众带来更加便捷、高效的公共服务。

此外，数据分析与决策支持的应用场景还广泛涉及医疗、教育、交通等各个领域。在这些领域中，数据分析同样发挥着不可或缺的作用，为决

---

① 孟望生，杜子欣，张扬.数字经济发展对服务业结构升级的影响：基于"宽带中国"战略的准自然实验［J］.开发研究，2023（1）：77-87.

策提供科学依据，推动行业进步和社会发展。

（二）数字人才对数据分析与决策支持的不可替代性

在数字经济时代，数据分析与决策支持的重要性日益凸显，而数字人才在这一领域中的作用更是不可替代。他们凭借独特的技能和专业知识，以及超强的商业洞察力和决策能力，为数据分析与决策支持提供了强大的智力保障，成为推动数字经济发展的核心力量。这些数字人才不仅是企业竞争力提高的关键，更是国家经济发展的重要驱动力。

首先，数字人才在数据分析与决策支持领域的重要性不言而喻。他们精通数据分析、数据挖掘、数据可视化等专业技能，能够深入挖掘数据价值，为企业决策提供有力支持。同时，他们还具备丰富的行业知识和实践经验，能够将数据分析结果与实际业务场景相结合，为企业提供更加精准、可行的决策建议。

其次，数字人才的独特技能和专业知识使他们在数据分析与决策支持领域不可替代。与其他领域的人才相比，数字人才的数据收集、整理和分析能力，以及基于数据的洞察力和判断力更为突出。这些能力使得数字人才在面对复杂多变的数据环境时，能够迅速找到问题的关键，提出有效的解决方案。

此外，数字人才在决策支持中提供的关键洞察和建议也是他们不可被替代的重要体现。他们能够从海量数据中提炼出有价值的信息，通过深入分析和挖掘，发现数据背后的规律和趋势，为企业战略决策提供有力依据。同时，他们还能够根据企业的实际情况和需求，为企业量身定制个性化的决策支持方案，帮助企业实现精准决策和高效运营。

（三）数字人才培育对数据分析与决策支持的推动作用

在数字经济时代，数据的地位已无可争议地成为新的核心生产要素。数据分析与决策支持能力不仅关乎企业和组织的运营效率，更是企业和组织提升竞争力的关键所在。因此，数字人才培育的战略意义不言而喻，它不仅注重个体数字素养与技能的提升，更关注构建科学决策体系、推动跨学科知识与技能融合以及助力国际竞争力提升等多个层面。

第一，提升个体数字素养。在数字经济时代，个体的数字素养已成为衡量其综合素质的重要指标。数字人才培育不仅关注个体的专业知识与技能，更注重提升其数据素养，包括数据意识、数据能力和数据道德等。这种全面的培育方式，对于提升个体乃至全民的数字素养具有重要意义。

数字人才培育通过培养具备高度数据敏感性和分析能力的数字人才，使企业和组织能够更准确地理解数据、解读数据，从而为科学决策提供有力支撑。在这一过程中，个体的数据素养得到了显著提升，推动了社会的发展和进步。

近年来，我国高度重视数字人才培育工作，出台了一系列相关政策措施。例如，国家明确提出要"加强数字人才培养，提高全民数字素养"，并将数字素养纳入国民教育体系，作为公民必备素质加以强调。这些政策的实施，为数字人才培育提供了有力的制度保障。正如国家发展改革委有关负责人所说："数字经济时代，谁掌握了数据，谁就掌握了发展的主动权。"数字人才培育正是提升个体乃至全民数字素养、掌握发展主动权的关键所在。通过加强数字人才培育，我们不仅能够培养出一批具备高数据素养的优秀人才，还能够推动全民数字素养的普遍提升，为数字经济的发展注入源源不断的动力。

第二，强化数据分析与挖掘能力。在数字经济时代，数据分析与挖掘能力的深化显得至关重要，数字人才培育可以显著提升个体和组织在数据分析与挖掘方面的能力。随着大数据时代的到来，数据分析能力已经成为企业和组织的核心竞争力之一。通过专业的培训和教育，数字人才能够熟练应用数据分析工具和技术，提升在数据采集、清洗、整合及分析等方面的专业技能，从而有效地从海量数据中提取有价值的信息，为决策提供支持。这对于企业来说，就意味着能够更准确地把握市场动态，优化决策流程，为企业战略规划和决策提供强有力的数据支持，从而使企业在激烈的市场竞争中占据先机。比如在电商领域，通过数字人才的专业分析，企业可以深度挖掘用户购买行为的潜在规律，从而优化商品推荐系统，大幅提升销售业绩。

因此，强化数据分析与挖掘能力是数字人才培育中的关键环节，它不仅提升了数据的利用价值，还为企业的科学决策提供了有力保障。通过专业的数字人才培育，我们能够更好地应对复杂多变的市场环境，做出更加明智和高效的决策，为企业和组织创造更大价值。

第三，构建科学的决策支持系统。数字人才培育一直积极倡导数据驱动的决策理念，引导决策者将数据作为决策制定的核心依据。正如前文所述，数字人才培育不仅注重提升个体的数据素养，还致力于强化个体与组织的数据分析能力。数字人才专业素养的提升，使他们能够利用数据驱动的方法，建立基于数据和先进分析技术的决策支持系统，推动企业和组织从传统经验决策模式向更加科学的数据决策模式转变。这种转变不仅增强了企业和组织的竞争优势，还为社会进步贡献了更大的价值。因此，数字人才培育在推动建立科学、高效、透明的决策体系中发挥着不可或缺的作用。

第四，推动跨学科知识与技能的融合。在数字经济时代，跨学科的知识与技能融合已成为创新发展的关键。面对快速变化的市场环境和业务需求，数字人才不仅需要具备深厚的专业知识，更需要拥有跨越多个学科的综合能力。这种跨学科融合不仅有助于数字人才更全面、深入地理解业务需求，提升工作效率，还能为企业注入源源不断的创新活力，帮助企业在激烈的市场竞争中脱颖而出。

数字人才培育特别注重多学科背景的复合型人才的塑造。通过跨学科的教育与培训，数字人才能够掌握不同领域的知识和技能，从而更好地满足数字经济时代的多元化需求。这种融合式的人才培养模式，不仅提升了数字人才个体的综合素质，更为整个数字经济领域打造了一支既懂技术又懂业务，既擅长分析又能创新的复合型人才队伍。跨学科知识与技能的融合对于强化数字人才培育效果具有重要作用。通过塑造多学科背景的复合型人才，我们可以为数字经济领域打造一支高素质、高效率、高创新能力的数字人才队伍，推动数字经济持续健康发展。以蚂蚁集团为例，这家全球领先的金融科技公司非常注重跨学科知识与技能融合在团队建设和产品研发上的应用。该公司积极从计算机科学、数据分析、金融学、人工智能等多个领域引进顶尖人才，通过跨学科合作，实现了技术与金融业务的完美结合。这种融合不仅提升了蚂蚁集团的产品研发效率，更为其在金融科技创新领域取得了显著的竞争优势。

（四）数字人才培育对国际竞争力提升的助力作用

从全球视野来看，数字经济的蓬勃发展已成为推动国家竞争力提升的关键因素。世界各国都在积极布局数字经济，构建数字人才体系。因此，数字人才的培育显得尤为重要，它不仅是数据分析与决策支持的核心驱动力，更是增强国际竞争力的重要手段。

首先，通过提高全民数字素养和组织的数据分析能力，国家能够显著提高数据分析能力，从而更加精准地洞察市场动态和全球趋势。这种深入的数据洞察能力，使国家能够迅速调整战略方向，优化资源配置，进而在激烈的国际经济竞争中占得先机。

其次，数字人才队伍在决策支持中发挥着举足轻重的作用。他们运用专业的数据分析技能，为政策制定者提供科学、准确的决策依据，确保国家能够快速、灵活地应对国际形势的变化。这种基于数据的决策模式，不仅提升了决策的效率和质量，还增强了国家应对全球挑战的能力。

值得一提的是，在近年来的 G20 会议中，数字经济与数字人才的培育多次成为重要议题。各国领导人和专家纷纷强调，数字人才的储备和培育对于推动数字经济发展、提升国家竞争力具有不可替代的作用。事实上，一些国家和地区已经通过实施数字人才战略，在国际竞争中取得了显著优势。

以中国为例，在数字人才的推动下，金融科技领域实现了跨越式发展。数字人才队伍利用先进的数据分析技术，构建了智能风控模型，有效降低了信贷风险；通过广泛运用移动支付技术，提升了金融服务的便捷性与普及率。这些创新实践不仅提升了金融行业的国际竞争力，也为国家经济的持续稳定增长注入了强劲动力。

三、数字人才培育是网络安全与风险防范的基石

数字经济时代，数据成为关键的生产要素，是推动经济社会发展的新动力。然而，数据在收集、存储、处理和传输过程中都存在着安全风险。在数字经济时代，数据已不仅仅是简单的信息载体，它已跃升为关键的生产要素，如同工业时代的石油，驱动着经济社会发展的引擎。随着互联网、大数据、云计算、人工智能、区块链等技术的迅猛发展，数据规模呈爆发式增长，不仅深刻改变了生产方式、生活方式和社会治理方式，还催生了新产业、新业态、新模式，为经济社会发展注入了强劲动力。然而，数据的广泛应用与流通也带来了前所未有的数据安全问题、网络安全问题与风险挑战。因此，培育具备保障网络安全与风险管理能力的数字人才显得尤为重要。数字人才，作为具备专业技术知识和实践经验的群体，在网络安全与风险管理领域不可或缺。

（一）数据安全与网络安全是数字经济高质量发展的基础

在数字经济迅猛发展的今天，数据安全与网络安全已然成为经济高质量发展的基石。这两者不仅关乎个人隐私的保护、企业机密的维护，更在宏观层面对国家经济的稳定与安全起着决定性的作用。

数字经济作为新一轮科技革命的产物，正以前所未有的速度推动中国经济的增长。然而，全球范围内侵犯个人隐私、侵犯知识产权、网络犯罪、网络监听、网络恐怖主义活动等时有发生；关键基础设施遭受攻击、大规模重要数据和个人信息被泄露等各类威胁数字安全的风险持续增加，这从深度、广度上都影响着我国数字经济的高质量发展。2022 年，滴滴公司因存在多项违法违规的数据处理活动，被国家安全机关依法处以 80.26 亿元的巨额罚款。滴滴公司非法收集、过度收集用户信息，以及严重影响国家安全的数据处理活动，给国家关键信息基础设施安全和数据安全带来严重风险。由此可见，统筹数字经济发展和安全，筑牢更高水平的数字安全屏障，坚持数据安全与发展并重，是复杂环境下我国数字经济发展的必经之路。

因此，数据安全与网络安全对数字经济的影响深远。首先，它们直接关乎数字经济的效率。一个安全、稳定的数据环境能够显著提升数据处理和交易的速度，降低因安全问题导致的经济损失。其次，数据安全与网络安全也是数字经济创新的重要驱动力。只有在确保数据安全的前提下，企业才能放心地进行数据共享、挖掘和应用，从而推动商业模式和服务的创新。最后，从国际竞争的角度来看，数据安全与网络安全已成为衡量一个国家数字经济实力的重要指标。在日益严峻的国际网络空间形势下，为了推动数字经济健康发展，各国都在抓紧抢占数据安全和网络安全的制高点，争夺全球数据主权[①]。

（二）数字人才是网络安全与风险管理的中坚力量

在数字经济的浪潮中，网络及各类网络平台的作用越来越重要，然而，当前数据安全与网络安全面临着诸多挑战，如黑客攻击、数据泄露、网络病毒等。网络及各类网络平台的稳定运行，离不开具备高水平专业技能的数字人才队伍。数字人才，作为网络安全与风险管理的中坚力量，凭借专业技术、丰富的实践经验和严谨的管理方法，为网络系统的安全稳定提供了坚实的保障。

在数字经济大潮中，网络与各类网络平台的作用愈发关键，但数据安全与网络安全却面临着黑客攻击、数据泄露、网络病毒等多重挑战。要确保这些平台和系统的稳定运行，离不开具备高水平专业技能的数字人才队伍。作为网络安全与风险管理的核心力量，数字人才凭借其专业技术、丰

---

① 欧阳日辉. 推动网络安全和数据安全产业高质量发展 [J]. 中国经济评论, 2023 (2)：62-65.

富的实践经验和严谨的管理方法，为网络系统的安全稳定构筑了坚实的防线。

习近平总书记强调："网络安全为人民，网络安全靠人民，维护网络安全是全社会的共同责任……"① 数字人才正是这一责任的重要践行者。他们在系统设计与安全防护方面发挥引领作用，从源头上增强网络系统的安全性；在风险评估与应急响应方面扮演守护者角色，有效防范和抵御网络攻击；同时，他们作为法规遵守与建议咨询的引领者，助力企业在复杂的法律环境中稳健发展。

具体而言，数字人才在网络安全与风险管理中的关键作用体现在以下三方面。

第一，是系统设计与安全防护的引领者。数字人才深度参与网络系统规划与设计，掌握最新安全技术和标准，能够合理配置安全策略，降低系统受攻击风险。例如，通过引入先进的数据分类管理技术，电商平台能够实现对用户数据的严密分类和管理，建立完善的权限控制系统，有效防范数据泄露和黑客攻击的风险。

第二，是风险评估与应急响应的守护者。数字人才具备专业的风险评估能力，能够及时发现潜在的安全隐患。数字人才在面临网络攻击时，能够迅速响应，采取有效的措施进行抵御。如北京移动与奇安信网神合作开发的高级持续性威胁防护系统，能够深度调查分析攻击行为，对攻击进行溯源及处置，进一步降低外部威胁对通信业务带来的潜在风险。

第三，是法规遵守与建议咨询的引领者。随着网络安全法规体系的不断完善，企业对网络安全与数据保护方面的合规要求也日益严格。数字人才不仅熟悉相关的法律法规，还能为企业提供专业的法规咨询和建议。他们帮助企业在复杂的法律环境中稳健前行，实现合规经营，为企业的长远发展提供有力的法律保障。

总之，数字人才是网络安全与风险管理中不可或缺的力量，是确保网络系统安全稳定和数据安全传输的关键。

（三）数字人才培育对数据与网络技术创新的助推作用

随着数字技术的日新月异，网络安全威胁也日趋复杂和严峻。在这一背景下，数字人才的培育显得尤为重要，数字人才不仅是网络安全技术的

---

① 习近平. 习近平谈治国理政：第三卷［M］. 北京：外文出版社，2020.

创新者，更是推动网络安全技术持续发展的中坚力量。

首先，数字人才培育为数据安全与网络安全领域输送了大量兼具专业技能和数字化思维的人才。他们理论基础扎实，实践经验丰富，能够有效应对各种数据安全与网络安全挑战，通过不断学习和实践，推动数据与网络安全技术创新，提升网络系统的安全防护能力。正如习近平总书记所言："人才是第一资源。"在数据与网络安全领域，数字人才正是这一宝贵资源的集中体现，为技术的研发与应用提供了有力支撑。

其次，数字人才的培育还极大地促进了数据与网络安全技术的研发与应用。数字人才凭借对数据与网络安全需求和挑战的深刻理解，能够开发出更加贴合实际需求、高效实用的安全技术和产品。这些技术和产品的应用，不仅提升了数据网络系统的安全防护水平，也为数字经济的繁荣发展提供了坚实保障。

最后，全面的数字人才培育还在企业和社会层面构建起了更加完备的数据与网络安全防护体系。这一体系能够有效预防和抵御各种数据与网络攻击，确保数字经济在安全稳定的环境中持续繁荣发展。

以零售行业为例，电子商务的兴起使得线上购物成为消费者的重要选择。然而，随之而来的网络安全问题也十分突出。通过培育专业的数字人才，零售企业能够加强网络安全防护，提升消费者购物的安全性，从而赢得消费者的信任和支持。这一举措不仅有助于企业赢得市场份额，更为行业乃至数字经济的持续健康发展注入了强劲动力。

总之，数字人才培育在推动数据网络安全技术的创新与发展中发挥着举足轻重的作用，为行业提供了源源不断的人才支持，助力技术研发与应用，为数字经济的持续健康发展提供了坚实保障。

四、数字人才培育加速数字产业化与产业数字化的转型升级

当前，我国数字经济建设正在加速推进，产业数字化进程提速升级，数字产业化规模持续发展，数字要素价值正以前所未有的速度被释放。根据《全国数据资源调查报告（2023年）》，全国数据生产总量达32.85 ZB，同比增长22.44%。截至2023年年底，全国数据存储总量为1.73ZB。

在数字经济浪潮中，数字产业化与产业数字化作为推动经济持续健康发展的双轮驱动力，正引领着经济结构的深刻变革与产业升级的加速推进。数字产业化，作为数字技术与传统产业深度融合的产物，将传统产业数字化转型为新兴数字产业，不仅催生了新的经济增长点，更为经济结构优化注入了强劲动力。而产业数字化，则是以数字技术为引擎，对传统产业进行全方位、深层次的改造升级，有效提升生产效率，降低运营成本，优化服务模式，实现传统产业的跨越式发展。

中国工程院院士张军强调：如果数字经济能够脱虚向实，支撑第一产业和第二产业的发展，那就真正把产业数字化带动起来了，这也使得硬件方面的人才需求更为突出。张院士的话深刻揭示了数字人才在驱动数字经济高质量发展、加速产业数字化转型中的核心地位与关键作用。

（一）数字产业化与产业数字化的趋势

数字产业化是将数据作为新的生产要素，通过数字技术创新及其产业化和商业化，催生新产业、新业态、新模式，最终形成数字产业链和产业集群的过程。随着5G、大数据、云计算、人工智能等技术的飞速发展，数字产业化进程不断加速，新产业不断涌现，如云计算服务、大数据分析、人工智能应用等，这些新兴产业的快速成长推动了数字经济的蓬勃发展。

产业数字化则是利用数字技术对传统产业进行全链条改造，提升传统产业基础能力，促进产业链现代化的过程。在数字技术的赋能下，传统产业的生产效率、产品质量、服务水平等方面均得到显著提升，实现了从传统制造向智能制造、从低附加值向高附加值的转变。

在数字经济时代，数字产业化与产业数字化正作为推动经济转型升级的双引擎，展现出前所未有的发展态势。

数字产业化作为数字经济的基础，随着信息技术的持续创新而加速推进。以大数据、云计算、人工智能等核心技术为基础的新兴数字产业蓬勃发展，形成了多元化的数字产业体系，这不仅推动了数字经济的快速增长，也为传统产业的数字化转型提供了技术支撑和市场空间。

产业数字化作为数字经济与实体经济融合的关键路径，正广泛渗透到制造业、服务业、农业等各个领域。通过引入智能制造、工业互联网、电子商务等先进技术手段，传统产业的生产流程、管理模式和商业模式得到了全面优化和升级。这种数字化转型不仅提高了生产效率和产品质量，还催生了大量新业态、新模式，为经济增长注入了新动能。

数字产业化与产业数字化并非孤立发展，而是相互促进、深度融合。数字产业化的发展为产业数字化提供了丰富的技术、产品和服务支持；同时，产业数字化的推进又不断催生新的数字产业需求，推动数字产业化向更高层次发展。这种融合创新的发展模式，正在引领全球经济向数字化、网络化、智能化方向转型。

（二）数字人才是驱动数字产业化和产业数字化发展的核心引擎

在数字经济蓬勃发展的当下，数字人才作为关键要素，对推动数字产业化和产业数字化的发展起着不可替代的作用。他们不仅是技术创新的源泉，更是产业升级与转型的驱动力。

第一，数字人才是创新驱动的核心力量。数字人才凭借其在计算机科学、大数据分析、人工智能等领域的深厚专业知识与技能，成为技术创新的引领者。他们不断探索新技术、新方法，推动数字技术在各个领域的广泛应用与深度融合。国家工业信息安全发展研究中心发布的报告显示，截至 2023 年年底，我国数字经济领域专利申请量持续攀升，其中大部分创新成果源于数字人才的智慧与贡献。例如，华为公司凭借其强大的研发团队，在 5G、云计算等关键技术领域取得了一系列重大突破，成为全球数字产业的领军企业。数字人才的技术创新极大地提升了产业的智能化水平和综合竞争力。

第二，数字人才是产业升级的催化剂。数字人才在推动产业数字化进程中扮演着催化剂的角色。他们通过引入工业互联网、智能制造等先进技术，对传统产业进行全方位、深层次的改造升级，提升生产效率，降低运营成本，优化服务体验。据工业和信息化部统计，目前我国规模以上工业企业关键工序数控化率已达到较高水平，这背后离不开数字人才的辛勤付出与智慧贡献。以三一重工为例，该企业通过引进和培养大量数字人才，成功实现了生产流程的智能化改造，大幅提升了产品质量和市场竞争力。

第三，数字人才是产业融合与协同的桥梁。数字人才在产业融合中还发挥着桥梁作用。他们促进了传统产业与数字技术的深度融合，打破了行业壁垒，跨越不同领域和行业的界限，将数字技术与其他领域的知识和技术相结合，实现资源共享和优势互补，并开发出新的产品和服务，开拓了新的市场领域，为数字经济的发展注入了源源不断的活力。正如阿里巴巴集团创始人马云所言：未来不属于传统企业，也不属于互联网企业，而属于那些能够将互联网技术与传统产业深度融合的企业。数字人才正是这些企业的核心力量。

第四，数字人才是市场需求的挖掘者。数字人才凭借其敏锐的市场洞察力和数据分析能力，能够深入挖掘市场需求，为数字产业化提供方向指引。他们通过大数据分析、市场调研等手段，准确把握消费者的需求变化，为新产品、新服务的开发提供有力支持。

第五，数字人才是政策制定的参与者。数字人才还积极参与政府政策的制定与实施，为数字产业化与产业数字化的发展提供智力支持。他们通过参与政策研讨、提供咨询建议等方式，推动政府出台更加符合市场规律、更加有利于数字经济发展的政策措施。比如在《数字中国建设整体布局规划》的制定过程中，众多数字领域的专家学者和企业代表积极参与讨论，提供了宝贵的意见和建议。

第六，数字人才是生态构建的推动者。数字人才在推动数字经济生态构建方面也发挥着重要作用。他们通过构建开放合作的创新平台、促进产业链上下游的协同联动等方式，推动形成健康、可持续发展的数字经济生态体系。例如，腾讯公司依托其强大的技术实力和丰富的应用场景，构建了开放合作的数字生态体系，吸引了众多开发者和合作伙伴共同参与数字经济建设。

正如中国工程院院士张军所言：数字人才是数字经济的核心资源，是推动数字产业化和产业数字化升级的关键所在。数字人才凭借自身的专业技能与创新精神，在技术创新、产业升级、市场需求挖掘、政策制定以及生态构建等方面发挥着不可替代的作用。未来，随着数字经济的持续深入发展，对数字人才的需求将更加旺盛，其作用也将更加凸显。因此，加强数字人才的培育，对于推动我国数字经济高质量发展具有重要意义。

（三）数字人才培育对数字产业化与产业数字化升级的加速作用

在数字经济时代，培养数字人才已成为推动经济发展的重要战略任务。正如习近平总书记所指出的：要尊重人才成长规律和科研活动自身规律，培养造就一大批具有国际水平的战略科技人才、科技领军人才、创新团队。只有拥有一支高素质的数字人才队伍，我们才能更好地把握数字经济发展的机遇和挑战，推动数字产业化与产业数字化的深入发展。

数字人才的培育与发展对数字产业化具有显著的驱动作用。

首先，数字人才作为数字技术创新的源泉，其培育与发展对于提升数字技术创新与应用能力至关重要。通过系统的人才培养，我们可以有效激发人才的创新思维、提升其研发技能，为数字技术的持续进步提供不竭动力。要培养鼓励数字人才敢于突破传统框架束缚，勇于探索未知领域，使其形成独特的创新视角和思维方式。同时，针对数字技术的核心领域，如人工智能、大数据、云计算等，开展专项培训和实践项目，提升数字人才的研发能力和解决实际问题的能力。

其次，数字人才的合理布局与流动对于优化数字产业结构具有重要意义。通过有针对性的数字人才培育政策，引导人才向战略性新兴产业聚集，形成产业集群效应，推动数字产业的高质量发展。大力倡导鼓励数字人才在跨界融合中探索新的商业模式和产业形态，如结合物联网、区块链等技术来推动智慧城市、数字金融等新兴业态的发展。

最后，在全球化的背景下，数字产业的国际竞争力直接关系到国家的经济安全和长远发展。培育具有国际视野和竞争力的数字人才，可以显著提升我国数字产业在全球价值链中的地位。要通过人才培育鼓励数字人才关注国际前沿动态和技术趋势，使其积极参与国际交流与合作项目，拓宽国际视野和跨文化交流能力。

在数字经济的浪潮中，数字人才的培育对于推动产业数字化升级至关重要。

首先，传统产业数字化转型是当前经济发展的重要趋势。通过培养跨界融合的数字人才，我们可以深化数字技术在传统产业中的应用，助力传统产业实现智能化、网络化升级。具体而言，应针对传统产业与数字技术的融合需求，培养既懂传统产业运营又精通数字技术的复合型人才。同时，引导数字人才深入传统产业一线，了解产业痛点和实际需求，使其提供定制化解决方案和定制化服务。

其次，随着数字技术的广泛应用，产业数字化服务水平已成为衡量产业发展水平的重要指标。加强数字化服务人才的培养和引进力度，可以显著提升产业数字化服务水平。要针对数字化服务领域的需求特点和发展趋势，制订专门的人才培养计划，引导数字化服务人才关注客户需求和市场变化，不断优化服务流程和提升服务体验。

最后，构建开放共享、协同发展的产业数字化生态体系是推动产业数字化升级的重要目标。培育数字化生态的领军人才和打造开放共享的数字化生态平台等，可以加速这一重要目标的实现。要针对数字化生态体系构建的关键环节和重点领域培育一批领军人才和团队；同时，依托云计算、大数据等先进技术手段打造开放共享的数字化生态平台，促进不同系统之间的互联互通和数据共享交换。

五、数字人才培育加速数字治理体系的构建与完善

随着信息技术的飞速发展，数字经济已成为推动全球经济转型的关键力量。数字治理体系的建立和完善显得尤为重要。数字治理不仅关乎国家治理能力的现代化，也直接影响到公共服务的质量与效率。数字人才作为推动这一进程的核心要素，其培育机制与路径研究对于助力数字治理体系的构建与完善具有深远意义。本部分将从数字治理体系的基本概念出发，探讨其在发展过程中面临的挑战，并强调数字人才及培育在其中的重要作用。

（一）数字治理体系在建设中所面临的问题与挑战

数字治理体系是指利用大数据、云计算、人工智能等现代信息技术手段，以数字资源为核心要素，通过跨部门、跨地域的数据共享与业务协同，优化政府治理流程，提升公共服务效率和质量，推动经济社会高质量发展的综合性系统。该体系强调通过数据驱动决策，实现政府治理的精准化、智能化和高效化，促进数字政府、数字经济和数字社会的融合发展。

2022 年 4 月，国务院发布的《国务院关于加强数字政府建设的指导意见》强调：加快数字化发展、建设数字政府，不仅是顺应数字时代发展趋势的必然选择，更是推进国家治理体系和治理能力现代化的内在要求和重要支撑。数字治理体系的构建与完善，对于提升国家竞争力、推动经济社会高质量发展具有重要意义。然而，在这一进程中也存在许多的问题与挑战。

一是技术融合难题。数字治理体系的建设高度依赖于先进的信息技术，包括大数据、云计算、人工智能等。然而，不同技术之间的融合并非易事。技术标准的不统一、系统间的兼容性问题以及数据孤岛现象，严重阻碍了技术的高效整合与应用。《数字政府建设与发展研究报告（2022）》显示，超过 60%的地方政府在推进数字治理过程中遇到了技术融合难题，这直接影响了数字治理体系的整体效能。

二是数据安全与隐私保护问题。随着数字治理体系的深入发展，数据安全与隐私保护问题亟待解决。海量数据的收集、存储、处理与共享，给个人隐私保护带来了巨大挑战。同时，数据泄露、黑客攻击等安全风险也时有发生，严重威胁国家安全和社会稳定。

2022 年 2 月，中国信息通信研究院发布的《中国网络安全产业白皮书（2021 年）》显示，2020 年我国网络安全产业规模达到 1 729.3 亿元，较 2019 年增长 10.6%。2021 年产业规模约为 2 002.5 亿元，增速约为 15.8%（见图 4-7）。这也反映出数据安全与隐私保护需求的迫切性。

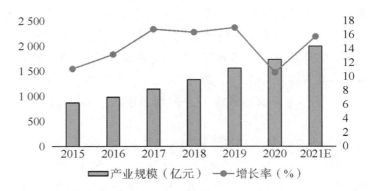

图 4-7　2015—2021 年我国网络安全产业规模增长情况

（数据来源：中国信息通信研究院）

习近平总书记强调："没有网络安全就没有国家安全，就没有经济社会稳定运行，广大人民群众利益也难以得到保障。"① 因此，如何在保障数据安全与隐私的前提下充分发挥数据价值，是数字治理体系建设必须面对的重要课题。

三是跨部门协同障碍。数字治理体系的建设涉及多个政府部门和机构，需要跨部门的高效协同。然而，在实际操作中，由于部门间职责不清、利益冲突以及信息共享机制不健全等原因，跨部门协同往往面临重重障碍。正如黄璜教授指出的："协同是当前比较迫切的建设任务，原来在协同方面存在的问题没有得到解决，而且还在不断出现新的问题。"② 这不仅影响了政府服务的整体效能，也制约了数字治理体系的深入发展。

四是数字鸿沟问题。数字鸿沟是数字治理体系建设中不可忽视的社会问题。不同地区、不同群体在数字技术应用能力和获取数字资源方面存在显著差异，导致数字治理的受益不均衡。特别是偏远地区和弱势群体，在数字治理体系中往往处于边缘地位，难以享受到数字技术带来的便利与福祉。时任国务院总理李克强指出："数字鸿沟不仅存在于城乡之间，也存在于不同群体之间。要努力缩小数字鸿沟，让更多人分享数字经济发展的红利。"2022 年《国务院关于加强数字政府建设的指导意见》也明确提出，要加快消除区域间数字鸿沟，确保数字政府建设成果惠及全体人民。

五是人才短缺与培养滞后问题。数字治理体系的建设离不开高素质的

① 习近平. 习近平谈治国理政：第三卷 [M]. 北京：外文出版社，2020.
② 黄璜. 如何打造协同高效数字政府治理体系 [N]. 南方都市报，2022-04-19（001）.

数字人才队伍的支撑。然而，当前数字人才短缺问题严重，既懂技术又懂业务的复合型人才尤为稀缺。《中国数字人才发展报告》显示，数字治理领域的人才供需矛盾突出，预计未来几年内这一缺口将持续扩大。同时，数字人才的培养体系尚不健全，教育机构与企业需求脱节，导致人才培养滞后于实际需求。因此，加强数字人才培育机制建设，提升人才培养质量和效率，成为数字治理体系建设的重要任务。

六是人才储备与培养在数字化转型阶段面临的挑战。在人工智能驱动的经济数字化转型阶段，中国最大的优势是拥有海量数据资源和丰富的应用场景，数据和商业化应用是中国现阶段数字化转型的主要优势[①]，美国智库数据创新中心（ Center for Data Innovation ）于 2019 年发布的一份人工智能研究报告也证实了这一点。该报告从研究、开发、应用、数据、硬件、人才六个方面对美国、欧盟和中国的人工智能发展现状进行了比较，指出美国的优势表现在 AI 领域的高质量研究、硬件（特别是芯片）的技术领先、AI 初创企业数量多，以及从全球吸引了大量的 AI 人才等方面。欧盟同样在 AI 高质量研究和 AI 人才培养上具有明显优势。中国的优势主要体现在数据和商业化应用，但是在高质量研究、AI 人才培养方面还需加强。该报告还对 AI 人才的培养进行了探讨，分析了 2018 年在 21 个 AI 顶级学术会议发表论文的研究者的教育背景[②]。

七是人工智能领域的人才储备和人才培养问题。据《2023 全球数字科技发展研究报告》，全球数字科技人才总量为 77.5 万人，其中中国有 12.8 万人，占全球总量的 17%，位居第一，是排名第三的日本的 8.3 倍。但是，中国数字科技高层次人才（即 H-index≥20）只有 0.7 万人，仅占全球总量的 9%。这说明虽然中国数字科技人才基数很大，但高层次人才储备不足。进一步看，拥有人工智能、深度分析、虚拟现实和智能制造等前沿技术的数字人才更是少之又少。数字技能人才的短缺将对企业的数字化转型产生很大制约。中国劳动力市场的数字技能人才短缺原因一是顶尖数字人才供不应求。顶尖数字人才是推动数字技术进步的原动力，目前一场针对顶尖数字人才的争夺战已经打响，国际与国内之间、二三线城市与一线城市之间、互联网科技公司与传统行业公司之间，甚至是企业与高校之

---

① 陈煜波. 数字化转型：数字人才与中国数字经济发展 [M]. 北京：中国社会科学出版社，2023.
② 马晔风，蔡跃洲. 基于官方统计和领英平台数据的中国 ICT 劳动力结构与数字经济发展潜力研究 [J]. 贵州社会科学，2019（10）：106-115.

间，都在进行着激烈的人才争夺。二是具备数字技术与行业经验的跨界人才供不应求。推动 ICT 在传统行业的融合发展需要既有行业深耕经验，又对"互联网+"的运作方式有深刻理解的跨界人才，具备这样素质的人才数量远远不能满足当前 ICT 融合产业的发展需求。三是初级数字技能人才的培养跟不上需求的增长。一方面是大学生在校期间的数字技能培养不足，其毕业后的技能水平难以满足企业的要求；另一方面是许多科技企业对初入职场的新人没有培养计划，初级技能人才难以成长为高级技能人才。

随着数字化转型在供给端的推进，各行各业对人才特别是数字人才的需求将会越来越大。从长远发展来看，需要更加完善的机制来评估数字经济领域的人才就业现状和供需结构，不断调整和完善现有的人才培养机制，以"人才为中心"打造中国数字经济的竞争力。

由此可见，数字治理体系在建设中面临着技术融合难题、数据安全与隐私保护、跨部门协同障碍、数字鸿沟问题以及人才短缺与培养滞后等多重挑战。针对这些问题，政府、企业、社会各方需要共同努力，从技术创新、制度建设、人才培养等多个维度入手，推动数字治理体系不断完善和发展。

（二）数字人才在数字治理体系建设中的关键作用

数字治理体系的建设是一个复杂而多维的过程，其中数字人才的作用至关重要。他们不仅是技术创新与应用的引领者，更是制度创新与规则重塑的重要推动者。

首先，数字人才在技术创新与应用方面发挥着核心作用。他们凭借深厚的数字技术背景和丰富的实践经验，不断探索和应用新兴技术，如大数据、人工智能、区块链等，以提升政府治理的智能化水平。根据廖福崇的研究，数字治理体系构建的核心工具是新型信息技术，而数字人才正是这些技术的开发者和应用者[①]。通过他们的努力，政府能够实现数据的高效采集、处理和分析，为决策提供科学依据。

其次，数字人才在数据安全与隐私保护方面扮演着守护者的角色。他们运用先进的数据加密、访问控制等技术手段，确保政府数据的安全性和隐私性。同时，他们具备数据治理的能力，能够对数据进行全生命周期的

---

① 廖福崇.数字治理体系建设：要素、特征与生成机制［J］.公共管理与政策评论，2022，11（4）：84-92.

管理和监控，防止数据泄露和滥用。《国务院关于加强数字政府建设的指导意见》明确要求加强数据安全和个人隐私保护，并树立以人民为中心的发展思想。数字人才在这一过程不可或缺，他们是保障数字治理体系稳健运行的重要力量。

再次，在跨部门协同方面，数字人才推动了不同部门之间的合作。他们具备跨领域的知识和能力，能够理解和协调不同部门之间的需求和利益，推动信息共享和业务协同。数字人才能够运用数字化手段，打破信息壁垒，促进政府各部门之间的无缝对接，提升治理效能。

最后，数字人才也是制度创新与规则重塑的积极参与者。他们具备前瞻性的思维与敏锐的洞察力，能够积极参与制度创新与规则重塑过程；根据数字治理的新需求和新特点，结合实践经验与技术发展趋势，提出科学合理的政策建议与实施方案，推动数字治理体系的不断完善与发展。

此外，数字人才在缩小数字鸿沟方面发挥着桥梁作用。他们通过教育培训、技术支持等方式，帮助偏远地区和弱势群体提升数字技术应用能力，共享数字治理成果。同时，数字人才参与数字公共产品的供给与优化，推动数字资源的均衡分配与有效利用。

在提升公共服务效能方面，数字人才通过设计和优化数字化服务流程，使公共服务更加便捷、高效和个性化。例如，在浙江省嘉兴市海盐县的医疗健康领域数字化改革中，数字人才的智慧和努力显著提升了医疗服务的供给效率和群众满意度。

总之，数字人才在数字治理体系建设中发挥着多方面的关键作用。他们是技术创新与应用的引领者、数据安全与隐私保护的坚守者、跨部门协同的推动者、制度创新与规则重塑的参与者、缩小数字鸿沟的桥梁以及公共服务效能的提升者。因此，加强数字人才培育机制建设，提升人才培养质量与效率，对于推动数字治理体系的完善与发展具有重要意义。

（三）数字人才培育对数字治理体系构建与完善的推动作用

数字人才作为推动数字治理体系创新与发展的核心力量，其培育工作对于提升国家治理能力和公共服务水平具有不可估量的价值。

第一，数字人才培育能为数字治理体系提供坚实的人才基础。随着数字技术的快速发展，数字治理对人才的需求也在不断增加。通过系统的培育机制，可以培养出具备专业素养、创新能力和实践经验的数字人才，为数字治理体系的建设提供源源不断的人才支持。近年来，国家一直高度重视数字人才的培育，2024 年 4 月发布的《加快数字人才培育支撑数字经济发展行动方案（2024—2026 年）》明确要求，通过实施数字技术工程师培育项目、推进数字技能提升行动等措施，构建一支规模壮大、素质优良的数字人才队伍，为数字治理提供人才保障。

第二，数字人才培育推动了数字治理体系的创新与发展。数字治理体系的建设不仅是一个技术过程，更是一个涉及理念、制度、文化等多个层面的复杂系统。通过培育数字人才跨界融合、创新思维等，能够使数字人才为数字治理体系的创新提供更多新的思路和方法。例如，在智慧城市建设中，通过培育具备城市规划、信息技术、数据分析等多领域知识的复合型人才，可以推动智慧城市在交通管理、环境保护、公共服务等多个方面的创新与发展。

第三，数字人才培育还能提升数字治理体系的效能与效率。数字治理体系的高效运行离不开具备高度专业素养和操作技能的人才。通过数字人才培育，可以提升治理主体的数字素养和技能水平，使其能够更好地运用数字技术解决治理难题，提高治理效能。通过数字人才的培育，可以加速人工智能、大数据、云计算、区块链等前沿技术的研发与应用，为数字治理提供强大的技术支持；通过数字人才的培育与实践，可以培养出一批具备高度责任感和专业技能的数字安全人才，有效应对网络安全威胁，保障政府、企业及个人的数据安全与隐私权益，为数字治理营造安全可信的环境。以新加坡为例，该国通过大力培育数字政府人才，使得政府部门在数据共享、业务流程优化等方面取得了显著成效，政府服务效率得到了大幅提升。

总体而言，数字人才培育在助推数字治理体系的建设与完善中发挥着重要作用。它不仅为数字治理提供了坚实的人才基础，还推动了治理体系的创新与发展，并提升了治理体系的效能与效率。因此，各级政府应高度重视数字人才的培育工作，通过完善培育机制、优化培育路径，为数字治理体系的现代化建设提供有力的人才支撑。

六、数字人才培育推动人工智能技术的创新与应用

在数字经济时代，人工智能技术已经崛起成为推动社会与经济进步的核心力量。它不仅改变了传统的生产方式和商业模式，还深刻影响了人们的生活方式和社会结构。然而，人工智能技术的广泛应用和发展也面临着诸多挑战，其中之一便是数字人才的短缺。因此，要推动人工智能技术创

新与发展，培育数字人才成为当前亟待解决的问题。

（一）人工智能技术在数字经济中的广泛应用及其深远影响

"人工智能"这一术语自诞生之日起，便不断引发我们对"智能"本质的思考。从 1997 年 IBM 的深蓝计算机在国际象棋领域战胜人类冠军卡斯帕罗夫，到 2016 年 Google 开发的人工智能围棋机器人 AlphaGo 在世界级比赛中战胜人类顶尖选手李世石[①]，再到 2022 年 OpenAI 公司推出的聊天机器人程序 ChatGPT 以其自然流畅的对话能力和高度精准的回答引爆网络，这些里程碑式的事件不仅展示了人工智能技术的飞速发展，更激发了人们对未来智能世界的无限遐想。

如今，人工智能已经渗透到我们生活的方方面面，其核心特点在于能够根据不同需求处理海量数据，并提供有针对性的建议、预测或决策。在过去的几十年里，人工智能的迅猛发展预示着它将在未来社会中发挥更加重要的作用。

人工智能技术涵盖了机器学习、深度学习、自然语言处理、计算机视觉等多个关键领域，是数字化时代不可或缺的技术支撑。通过模拟人类智能，人工智能技术实现了自动化、智能化的决策与行动，从而极大地提高了生产效率和服务质量。随着技术与算法的不断创新与突破，人工智能正使越来越多的商业和生活场景变得更加智能化和高效化，同时催生出众多新业态和新商业模式。

在金融、零售、制造、医疗、安防、交通等多个领域，人工智能技术的渗透与应用已经对人们的生活和工作产生了深刻的影响。例如，在金融领域，量化交易和智能投顾等应用已经成为行业热点；在零售领域，用户画像、精准营销和智能办公等场景也大量应用了人工智能技术；在制造行业，3D 打印和智能制造等技术的兴起正在改变传统的生产模式；在安防领域，智能摄像头和门禁系统等应用有效提升了安全防范能力；在交通领域，智能交通系统的建设和无人驾驶技术的发展正在为人们提供更加便捷、安全的出行环境。

在数字经济中，人工智能技术的广泛应用还推动了数字经济的创新和发展。例如，共享经济、在线教育、智能家居等新型商业模式和服务形态的出现，不仅改变了人们的消费方式和生活习惯，也为企业提供了新的发

---

① 李括，余南平.美国数字经济治理的特点与中美竞争［J］.国际观察，2021（6）：27-54.

展机会。这些新型商业模式和服务形态的出现，不仅推动了数字经济的创新和发展，也带动了相关产业的繁荣和壮大。

据国际经济合作组织发布的数据，人工智能技术的应用已经在全球范围内创造了大量的就业机会，但同时也带来了数据安全和隐私保护等新的挑战。

随着大数据和人工智能技术的深入应用，个人隐私泄露的风险不断增加，这对现有的法律法规和伦理道德提出了严峻的挑战。如何制定和执行有效的数据保护政策，确保人工智能技术的健康发展，是当前亟待解决的问题。此外，算法偏见和透明度问题也备受关注。算法的不透明性可能导致不公平的决策结果，进而引发社会信任和伦理道德的问题。因此，建立相应的伦理指导原则，提高算法的透明度和公正性，是人工智能技术发展中的重要课题。

同时，人工智能技术的快速发展也在一定程度上改变了就业结构，对传统行业和岗位产生了冲击。为了应对这一挑战，社会需要帮助劳动者进行技能转型，以适应新的就业市场需求。同时，教育体系也需要进行改革，以培养能够适应未来社会的人才。

展望未来，人工智能技术的发展趋势将更加智能化、自主化和协同化。未来的人工智能系统将更加具备自主学习和决策能力，能够更好地适应复杂多变的环境和任务需求。同时，人工智能技术也将更加注重与其他技术的融合和创新，如与物联网、区块链等技术的结合，将推动更多智能化应用场景的实现。

（二）数字人才对人工智能技术发展的关键作用

在数字经济时代，人工智能技术的飞速发展对数字人才的需求也日益迫切。数字人才作为掌握先进数字技术和理念的专业人才，不仅是人工智能技术的创新者，也是推动数字经济转型升级的关键力量。

首先，在技术创新方面，数字人才是推动人工智能技术创新突破的关键力量。以 Google 的 AlphaGo 和 OpenAI 的 GPT 系列为例，这些颠覆性的技术创新背后，都离不开数字人才的深入研究和持续创新。他们通过不断探索新的算法模型、优化技术架构、提升计算效率等方式，推动了人工智能技术在语音识别、图像识别、自然语言处理等领域的重大突破。同时，数字人才还具备敏锐的洞察力和判断力，能够准确把握市场需求和行业趋势，为人工智能技术的创新提供有力的支持。

其次，从产业升级的角度来看，数字人才在推动数字经济与实体经济深度融合中发挥了重要作用。他们利用人工智能技术对传统产业进行数字化改造和智能化升级，提高了生产效率和产品质量，降低了运营成本和资源消耗。例如，在制造业中，数字人才通过引入智能机器人和自动化生产线，实现了生产过程的智能化和自动化。在农业中，他们利用无人机和智能传感器等技术，实现了精准施肥和灌溉，提高了农作物的产量和品质①。在医疗行业中，他们通过人工智能技术辅助医生进行疾病诊断、制订治疗方案，不仅提高了医疗服务的质量和效率，还使得医疗服务更加精准、个性化。

最后，从国际交流与合作来看，数字人才积极参与各类国际技术论坛、研讨会以及合作项目，不仅成功引进了国际前沿的数字技术和管理经验，更通过深度交流与合作，推动了国内数字技术的创新与应用。例如，近年来我国在与硅谷的合作中，大量数字人才参与其中，共同研发了一系列领先的数字技术产品，这些产品在全球市场都取得了显著的成绩，进一步提升了我国在全球数字经济中的竞争力。比如陕西安康高新区生态硅谷创新工场与美国高科技项目合作，双方共同发布了包括高端反渗透膜、纳滤膜技术在内的四个重要合作项目。经过深入研究和精心优化，这些项目凭借先进的涂布技术和生产设备，成功实现了高端反渗透膜和钠滤膜的产业化生产，彻底打破了国外产品的市场垄断，实现了进口替代。此类合作不仅大幅提升了国内相关产业的技术水准，也为国际交流与合作注入了新的活力。在这一过程中，数字人才的作用举足轻重，他们运用先进的数字技术和理念，为项目的顺利推进和实施提供了坚实的支撑。

（三）数字人才培育对人工智能技术创新与发展的推动作用

在数字经济时代，数字人才作为人工智能技术创新与发展的核心驱动力，对其的培育对于推动整个行业乃至全球经济的进步具有不可估量的重要价值。数字人才的培育不仅直接关联到技术层面的突破与革新，更广泛涉及产业应用的深化、社会伦理问题的应对以及国际合作与交流的拓展等多个层面，是构建和完善人工智能生态系统不可或缺的关键环节。

从技术创新层面来看，数字人才的培育能为人工智能技术的持续进步和创新提供源源不断的智力支撑和人才保障。高校、研究机构以及企业通过设立人工智能相关专业、实验室和研发中心，可共同培养大量具备扎实

---

① 余丽生，贾志轩，张梦滟. 外出瓜农产业发展的实践启示 [J]. 当代农村财经，2023 (7)：53-55.

的理论基础、宽广的国际视野和丰富的实践经验的优秀数字人才。这些人才在算法优化、模型改进、算力提升以及新技术探索等方面不断取得突破性进展，为人工智能技术的发展奠定坚实基础，并推动其在实际应用中的广泛普及和深度融合。例如，深度学习框架的不断优化和新型神经网络结构的提出，很大程度上得益于数字人才在学术界的深入研究和在企业界的实践应用。

在产业应用方面，数字人才的培育能加速人工智能技术向各行各业的渗透与融合，为传统产业的数字化转型和智能升级注入强大动力。通过校企合作、产教融合等多元化模式，数字人才能够直接将所学知识和技术应用于解决行业实际问题，推动产业结构的优化升级和经济社会的发展。在智慧城市建设中，数字人才通过大数据挖掘和技术分析，为城市交通管理、环境保护、公共安全等提供智能、高效的解决方案，可以提升城市管理水平和居民生活质量。

同时，数字人才的培育也是有效应对人工智能带来的社会伦理挑战的重要途径。随着人工智能技术的深入应用，数据隐私泄露、算法偏见歧视等问题越来越严重，引发了广泛的社会关注和讨论。数字人才通过跨学科的学习和研究，不仅可以掌握先进的技术知识，还能具备深厚的法律素养和伦理道德观念，能够在技术开发和应用过程中充分考虑社会影响，推动建立更加负责任、可持续的人工智能发展框架。例如，一些数字人才致力于研发更加透明、可解释、可审计的人工智能模型，以增强公众对技术的信任度和接受度，减少误解和担忧。

在国际交流与合作方面，数字人才的培育能促进全球范围内人工智能技术的共享与共进。通过参与国际项目、学术会议等，数字人才不仅可以引进国外先进技术和管理经验，还能积极输出中国的人工智能解决方案，增强我国在全球数字经济中的影响力和话语权。例如，在共建"一带一路"倡议下，许多数字人才参与到沿线国家的数字基础设施建设和技术合作项目中，共同推动全球数字经济的均衡发展。

数字人才的培育对于人工智能技术的创新与发展具有深远影响。它不仅推动了技术层面的不断突破，还促进了人工智能技术在各行业的广泛应用，同时也是解决人工智能带来的社会伦理问题、加强国际合作与交流的关键。因此，持续加大数字人才培育力度、优化人才培养体系，对于构建人工智能发展的良性生态，推动数字经济高质量发展具有重要意义。

第五章

数字人才培育历史
经验及国际借鉴

▷第一节 中国经济的数字化转型的历程

中国经济的数字化转型大致经历了三个重要的阶段（见图5-1）：第一个阶段是计算机和计算机技术兴起以后，由计算机和信息通信技术驱动的信息化发展阶段；第二个阶段是互联网时代以互联网驱动的数字化转型阶段；第三个阶段则是伴随着大数据和人工智能的崛起，以大数据和人工智能驱动的数字化转型阶段。

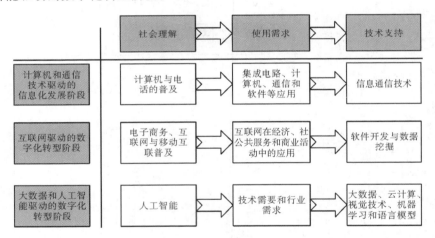

图5-1 中国经济数字化转型的三个阶段

初期阶段，伴随着计算机及信息通信技术的兴起，中国经济正式踏上了信息化建设的征程。在这个阶段，对计算机科学与技术、软件工程等信息技术领域的专业人才的需求日益增长。这类人才通过掌握编程、网络架构等关键技能，为企业信息化和政府管理效率的提升提供了重要支撑。

进入互联网时代，中国经济的数字化转型进一步加速。互联网技术的广泛应用导致了对数字人才需求的转变，新兴领域如互联网营销、电子商务、用户体验设计等开始受到重视。教育体系迅速响应这一变化，强调跨学科知识的融合和创新思维的培养，以使数字人才培育能够引领企业数字化转型的复合型人才。在这一时期，教育不仅重视理论知识的传授，更注重实践技能的培养，以便数字人才适应不断变化的市场环境。

　　当前，随着大数据和人工智能技术的快速发展，中国经济的数字化转型进入了智能化的新阶段。企业和组织对数字人才的要求不再局限于基础的数据管理，而是期望他们能够通过人工智能技术进行数据的深度分析和价值挖掘。这就要求数字人才不仅要有扎实的技术基础，还要掌握数据分析、机器学习、深度学习等先进技能，以解决复杂的实际问题。教育机构和培训体系正在不断升级，以建立一个系统化、多元化的人才培养机制，满足数字经济时代对高端人才的需求。

　　纵观中国经济的数字化转型历程，数字人才的培养与技术进步紧密相连。从信息化的基础建设到互联网的广泛应用，再到智能化的快速发展，每个阶段都伴随着对更高水平人才的需求。展望未来，随着数字经济的不断深化，数字人才的培养将更加重视智能化和创新能力，以使数字人才适应日益复杂和多变的市场环境。教育机构、企业和政府需要共同努力，不断优化人才培养体系，推动数字人才队伍的壮大，为数字经济的繁荣做出贡献。

▶第二节　技术驱动型人才培养的演进

　　随着全球经济向数字化转型迈进，数字人才的培育已成为推动这一变革的关键力量。从最初的探索到如今的成熟，这一演进不仅见证了计算机科学和信息技术的飞速发展，也反映了全球教育体系对新兴技术适应性变革的积极回应。本节将系统性地回顾技术驱动型人才培养的历史轨迹，重点聚焦于计算机科学与信息技术的兴起及其在教育领域的深远影响。

一、计算机科学与信息技术的兴起

　　计算机科学作为一门学科，其起源可追溯至 20 世纪中叶。随着计算机技术的快速发展，对计算机原理、算法和应用的系统研究变得日益重要。最初，计算机科学课程主要在少数大学和科研机构开设，主要涉及硬件和低级编程技术，例如机器语言和汇编语言。然而，随着时间的推移，课程内容逐渐扩展至操作系统、数据库管理、网络通信等。

（一）计算机学科教育的诞生与其在中国的发展

美国斯坦福大学在计算机科学教育与科研领域扮演了先锋角色。自1965年成立计算机科学系以来，斯坦福通过其前沿的研究项目和创新的教育课程，培养了众多对学术界和工业界产生深远影响的科学家和工程师。艾伦·凯在斯坦福大学开发了 Smalltalk 编程语言，提出了图形用户界面（GUI）概念，不仅革新了计算机交互方式，而且为现代软件工程奠定了基础。唐纳德·克努斯的《计算机程序设计艺术》系列，作为计算机科学领域的经典之作，深刻地分析了算法设计与分析的理论精髓，为全球科研工作者提供了宝贵的理论指导与灵感源泉[1]。

在中国，计算机科学教育与研究虽起步较晚，但也取得了较为显著的成就。自20世纪80年代以来，我国开始在北京大学、清华大学、复旦大学等顶尖高校设立计算机科学系，逐步构建起覆盖全国的高等教育网络。在计算机科学兴起的初期阶段，我国高校重点开设了程序设计、数据结构、操作系统等基础课程，成功培养了大批计算机基础人才。通过引进国外先进教材和师资、派遣学生和学者出国深造，并加强与国际顶尖高校和研究机构的合作，中国的计算机科学教育水平显著提高。

中国科学院计算技术研究所等国家级科研机构在并行计算、大数据分析及网络安全等领域进行了基础研究与技术探索，为中国信息技术产业的创新与发展提供了有力的支撑。中国政府还通过举办全国青少年信息学奥林匹克竞赛（NOI）及全国大学生计算机设计大赛（CCDC）等活动，激发了青少年对计算机科学的兴趣，为数字人才的早期培养打下了坚实的基础。

（二）编程课程与培训项目的发展历程及其影响

在20世纪50年代末至60年代初，计算机编程课程与培训项目在美国的大学和科研机构中开始逐步形成，并迅速向企业界与政府部门扩展。个人计算机（PC）的普及极大提升了对编程技能的需求，催生了众多培训项目。

---

[1] KNUTH D E. The art of computer programming, volume 1 ［M］. MA：Addison-Wesley Professional，1997.

麻省理工学院（MIT）在 1961 年推出的 CTSS（compatible time-sharing system），作为首个成功的计算机时间共享系统，不仅为校内师生提供了便捷的计算资源访问途径，还通过互动式学习环境，极大地提升了学生的编程能力与实践应用能力，为全球计算机科学教育树立了典范。

20 世纪 70 年代末至 80 年代初，微软在推动个人计算机操作系统和办公软件的发展中发挥了关键作用，其内部培训项目培养了大量掌握先进技术的软件开发工程师与 IT 专家，为全球计算机技术的普及和应用提供了强劲动力。

苹果公司与谷歌公司等科技巨头在计算机科学教育与培训领域同样扮演着重要角色。苹果公司通过其开发者计划，为全球开发者提供了丰富的开发工具与技术资源，激发了应用开发领域的无限创意与可能；谷歌公司则依托"Google 学术"计划，助力高校与研究机构开展前沿科研探索，推动了计算机科学研究的全球化协作与知识共享[1]。

中国在计算机编程教育和培训项目方面也有比较显著的进展。20 世纪 80 年代初，中国开始引进和发展计算机技术，设立计算机类相关专业并开展了系统的计算机编程教育。

清华大学作为中国顶尖的科技院校，在计算机科学教育方面做出了重要贡献。清华大学计算机系在其早期的编程课程中，不仅教授学生如何使用汇编语言和高级编程语言（如 Fortran 和 C 语言）进行程序设计，还着重培养学生的算法设计能力和问题解决能力。这些课程不仅注重理论知识的传授，更强调实践操作和项目实战，使学生能够在真实的软件开发环境中应用所学知识。

除了传统的大学教育外，中国还推动了计算机编程培训项目的多样化发展。例如，中国科学院计算技术研究所通过其开设的各类研究生课程和技术培训班，为有志于深入研究计算机科学的学生提供了良好的学习平台。这些培训项目不仅注意学生编程技能的提升，还关注计算机系统的整体架构和学生应用开发的实践能力。

二、互联网时代的人才需求

随着互联网技术的飞速发展，信息技术领域经历了前所未有的变革，其对各类信息技术（IT）专业人才的需求激增。特别是在 20 世纪 90 年代

---

① LEVY S. In the plex: how google thinks, works, and shapes our lives ［M］. New York: Simon & Schuster, 2011.

至 21 世纪初，互联网的广泛普及与电子商务的兴起，深刻影响了全球经济结构与社会运行模式。这一时期的经济数字化转型呈现出鲜明的技术驱动特征，主要体现在网络技术、数据库管理、信息安全等关键领域的发展方面，以及高等教育与职业教育体系中 IT 专业设置的持续优化与深化方面，同时伴随着企业内部技术培训体系的不断完善与推广。

（一）网络技术与信息安全领域的人才发展

互联网的普及使得网络技术成为信息技术领域的核心支柱。网络规模的急剧扩张与复杂性的显著提升，对专业网络工程师的需求日益增长。网络技术涵盖从基础的局域网（LAN）、广域网（WAN），到先进的虚拟专用网络（VPN）及软件定义网络（SDN）等。例如，思科（Cisco）作为行业领导者，其推出的 CCNA、CCNP、CCIE 等认证体系为全球网络工程师提供了标准化的职业发展路径与专业成长阶梯。

伴随互联网应用的爆炸性增长，数据量的指数级增长促使数据库管理技术成为保障信息系统高效运行的关键。数据库管理员（DBA）需精通 Oracle、MySQL、SQL Server 等多种数据库系统，以有效应对数据的高效存储、快速检索与安全管理挑战。甲骨文（Oracle）的 OCA、OCP 等认证项目为数据库专业人才提供了系统化的学习框架与职业认证，助力其在激烈的市场竞争中占据优势地位。

互联网的发展亦使信息安全问题日益凸显，网络攻击、数据泄露与信息窃取事件频发，使得信息安全技术成为企业与政府机构关注的焦点。信息安全工程师需具备防火墙配置、入侵检测、数据加密等多元化技能，以构建坚不可摧的信息安全防线[①]。国际信息系统安全认证联合会（ISC）颁发的 CISSP（certified information systems security professional）认证，作为信息安全领域的权威认证，广受行业内外认可，成为衡量信息安全专业人才能力的重要标尺。

（二）高校 ICT 专业的发展与人才培养

面对互联网技术日新月异的变革，全球范围内的高等院校与职业学校积极调整与优化 IT 专业布局，旨在培养适应市场需求的高素质信息技术人才。在我国，人工智能（AI）与信息通信技术（ICT）相关专业的快速发展尤为显著，不仅开设于知名高等学府，更延伸至广大职业学校与各类培

---

① 皮普金. 拦截黑客：计算机安全入门 [M]. 2 版. 朱崇高，译. 北京：清华大学出版社，2003.

训机构，形成了多层次、全方位的人才培养体系。

根据中国大学排行榜官网（CNUR）正式发布的 2024 年 ABC 中国大学计算机科学与技术专业排名相关数据：截至 2023 年年底，全国共有 962 所本科院校设立了计算机类相关专业，其中包括计算机科学与技术、软件工程、网络工程、信息安全、物联网工程、数字媒体技术、智能科学与技术、空间信息与数字技术、电子与计算机工程等 18 个专业。每年吸纳近 10 万余名学生入学。这些专业紧跟技术前沿，课程设置涵盖人工智能、云计算、大数据、物联网、网络安全等多个热点领域，确保学生掌握最前沿的知识与技能。同时，高校积极寻求与国内外知名企业的深度合作，共同寻找和开发课程资源与实验项目，通过设立企业联合实验室与实训基地，为学生提供宝贵的实践机会与真实的项目经验。

此外，职业技术学院在 ICT 人才培养中的作用亦不容忽视。截至 2023 年年底，全国已有超过 1 000 所职业技术学院开设了计算机及其相关专业，每年为社会输送约 30 万名具备扎实实践技能的毕业生。这些学校通过构建校企合作平台，引入企业专家参与教学，确保教学内容与市场需求紧密对接，有效缩短了教育与就业之间的距离。

在师资力量方面，国内许多高校的计算机类专业都拥有比较雄厚的师资力量，教师团队中不乏国家级专家和学术带头人。例如，清华大学、北京大学和浙江大学等顶尖高校的计算机科学与技术系，设有多个国家级重点实验室和研究中心，科研成果丰硕，推动了相关领域的技术进步。职业学校的师资力量虽然相对高校较薄弱，但通过与企业的深度合作，教师队伍得到了企业专家的支持，教学内容也得到了企业技术团队的指导。职业学校通过设立校企合作项目和实训基地，确保学生在校期间能够接受前沿技术培训、获得实际操作经验，助力其快速成长为市场所需的高素质技能人才。

（三）培训机构在人才发展中的作用

培训机构在数字人才培养中也扮演着重要角色，其通过灵活多样的培训模式与贴近行业需求的课程内容，有效弥补了高等教育与职业教育在人才培养方面的不足。国内知名培训机构如新东方、达内教育等，纷纷开设人工智能、大数据、云计算等前沿 IT 培训课程，面向社会各界人士及企业员工提供短期密集培训服务。这些课程注重理论与实践相结合，学员在完成培训后不仅具备扎实的理论基础，还能积累一定的实战经验，快速适应岗位需求。

培训机构通过紧密跟踪行业动态与市场需求变化，及时调整课程内容与教学方案，确保学员所学技能始终与市场前沿保持一致。同时，培训机构积极与知名企业建立合作关系，为学员提供实习实训机会与就业推荐服务，有效拓展了学员的就业渠道与发展空间。这不仅彰显了培训机构在ICT 人才培养中的重要作用，更为我国数字经济的高质量发展注入了极大动力。

（四）校企合作共育专业人才

为了更好地培养适应市场需求的数字人才，许多高校与企业建立了紧密的合作关系，基于产业的人才发展需求，通过整合理论与实践，采用项目制教学方法，将企业级的真实或仿真项目融入教育体系。这种创新的教育模式已经培养了大量具备应用技能的人才，不仅促进了相关专业学生的就业，也为新工科人才的培养开辟了新路径。

华为大学作为华为公司内部的培训中心，其产教融合的实践尤为突出。华为大学不仅为华为自身的人才队伍建设提供支持，还积极与多所高校建立深度合作关系，共同探索数字经济领域的人才培养新模式。华为大学提供的 5G 技术、云计算、人工智能等前沿技术课程，内容丰富、紧跟行业趋势，同时注重实践操作能力的培养。通过与高校联合设立实验室和培训项目，华为大学有效推动了产学研的深度融合，为企业和社会输送了大量具备实战经验的高素质技术人才。

阿里巴巴云学院则通过线上线下相结合的方式，为广大学员提供了高质量的培训服务。学院与多所高校开展紧密合作，共同开发课程与教材，实现了教育资源的共享与优化。阿里巴巴云学院的课程设计紧密贴合行业前沿，注重培养学员的实战能力和创新思维。通过联合培养、基地实训等多种方式，学院有效提升了学员的实践能力和就业竞争力，为数字经济的发展注入了强劲动力

总的来看，我国的高校、职业院校和培训机构通过开设 AI 和 ICT 专业或培训课程，为经济数字化转型培养了大量专业人才。这些专业人才在推动互联网技术创新、提升企业竞争力和促进经济发展中发挥了重要作用。通过不断完善教育体系和加深校企合作，我国的技术驱动型人才培养体系将继续为全球数字经济的发展提供有力支持。

三、大数据和人工智能的崛起

人工智能（AI）的概念起源于 20 世纪 50 年代，其是数学家、逻辑学

家与计算机科学家共同努力的结果，旨在模拟并实现计算机的人类智能功能。1956 年的达特茅斯会议标志着 AI 作为一门学科正式诞生，随后其发展聚焦于符号主义（symbolic AI），即依赖逻辑推理和知识表示解决问题①。从 20 世纪 90 年代至 21 世纪初，随着计算能力的飞跃、大数据的兴起以及机器学习算法的精进，AI 迎来了新一轮的复兴与繁荣②。

大数据的概念稍晚于 AI 出现，其自 2000 年初开始广泛传播，随着互联网与移动技术的蓬勃发展，海量数据得以生成、存储并分析。大数据的"4V"特征——数据量大（volume）、类型多样（variety）、处理速度快（velocity）及价值密度高（value）——为其成为 AI 发展的驱动力奠定了基础。特别是机器学习中的深度学习技术，依赖于大数据进行模式识别与决策优化，显著推动了图像识别、语音识别及自然语言处理等领域的发展③。

随着存储、分布式计算及数据处理算法的不断成熟，Hadoop、Spark 等开源框架的出现极大地提高了大数据处理的效率与可扩展性。大数据的应用领域也从最初的搜索引擎与社交媒体分析，扩展至零售、金融、医疗等多个行业，企业通过大数据分析优化运营、提升用户体验并预测市场趋势。

在大数据和 AI 技术的推动下，数据科学与 AI 教育正迅速成为全球教育领域的关键趋势。这一趋势已经打破了传统高等教育机构的界限，扩展至在线教育平台和职业培训机构，成为教育体系中不可或缺的一部分。

（一）高校数据科学与 AI 课程的普及与创新

众多国内外知名高校，包括麻省理工学院、斯坦福大学、卡耐基梅隆大学，以及中国的清华大学、北京大学和上海交通大学等，都在其计算机科学系或新设立的数据科学与 AI 专业中，开设了涵盖机器学习、深度学习、自然语言处理等前沿技术的课程。这些课程不仅聚焦于理论基础，更强调实践技能的培养，以跟上技术快速发展的步伐。

为了适应数据科学和 AI 技术的跨学科应用，哈佛大学和麻省理工学院等高校开设了融合计算机科学、统计学和领域知识的课程，致力于培养学

---

① MCCARTHY J, MINSKY M, ROCHESTER N, et al. A proposal for the Dartmouth summer research project on artificial intelligence [J]. AI Magazine, 1955, 27 (4)：12-14.

② 张耀铭. 数字人文的张力与困境：兼论"数字"内涵 [J]. 吉首大学学报（社会科学版），2020, 41 (4)：1-11.

③ LECUN Y, BENGIO Y, HINTON G. Deep learning [J]. Nature, 2015, 521 (7553)：436-444.

生解决复杂问题的能力。此外，卡耐基梅隆大学等机构提供的硕士和博士项目，进一步深化了学生在机器学习等领域的理论知识和实践技能。

此外，众多高校还开设了数据科学与人工智能的硕士和博士项目，以进一步深化学生在该领域的研究与实践能力。例如，卡耐基梅隆大学的机器学习系便提供了机器学习的硕士和博士学位课程，这些课程通常要求学生在理论研究和实际应用两方面都具备深厚的知识基础。高校课程不仅强调算法和统计学等理论基础的学习，还注重实践技能的培养。通过编程实验和项目驱动的学习方式，学生能够将所学知识应用于实际场景，从而有效提升解决实际问题的能力。

不少高校还与行业领先企业建立了紧密的合作关系，共同为学生提供实习机会和合作项目。例如，斯坦福大学便与 Google、Facebook 等公司合作，为学生提供真实的项目和实习机会，帮助他们将理论知识应用于实践。清华大学在数据科学与人工智能领域的研究和教学方面处于国内领先地位，其与华为、百度、阿里巴巴等多家科技公司合作，开展联合研究和项目开发。同时，清华大学还与 IBM 合作设立了"清华—IBM 智能计算联合研究中心"，共同推进 AI 技术的发展和应用。这种校企合作模式不仅为学生提供了宝贵的实践机会，还有助于推动科研成果的转化与应用。

北京大学与腾讯公司合作成立了"北京大学—腾讯 AI Lab"，致力于人工智能的基础研究和技术创新。上海交通大学则与微软亚洲研究院合作成立了"微软—上海交大创新中心"，共同推动 AI 技术的研究和应用。这些合作机构的成立进一步丰富了高校的科研与教学资源，为学生在数据科学与人工智能领域的发展提供了有力支持。

（二）在线教育平台课程的兴起与发展

全球知名的在线教育平台，如 Coursera、edX、Udacity 和 Khan Academy，已经成为数据科学和人工智能教育的重要渠道。这些平台提供的课程内容丰富，由世界顶尖大学及技术巨头如 Google、IBM、Microsoft 等共同开发，旨在满足从基础入门到专业高级不同层次的学习需求。

中国的在线教育平台同样呈现出蓬勃发展的态势。以慕课网为例，作为国内 IT 在线教育的领军平台，它提供了包括 Python 编程、数据分析、机器学习、深度学习在内的多种数据科学和人工智能领域的课程，深受学生和职场人士的欢迎。

腾讯课堂通过与众多知名高校和企业合作，提供了广泛的 AI 和数据科学课程，构建了一个全面的课程体系，从基础编程到高级的机器学习和深度学习，满足了不同阶段学习者的需求。

网易云课堂也提供了大量的数据科学与人工智能相关课程，课程从入门级别到高级应用，广受学习者欢迎。

学堂在线，由清华大学主办，汇集了大量高质量的 MOOC 课程，包括数据科学和人工智能领域，为学生提供了向国内外知名教授学习的机会。

除了传统的在线教育平台，国内的自媒体平台也成为数据科学和 AI 教育的新兴力量。B 站（哔哩哔哩）上的教育 UP 主提供了大量的免费课程视频，这些视频涵盖了 Python 编程、机器学习入门、深度学习框架使用等，成功吸引了年轻一代的学习者。

知乎作为一个专业的问答社区，聚集了众多技术专家和爱好者，他们分享的知识和经验，以及"盐选专栏"中的深度文章和教程，为数据科学和 AI 的学习者提供了宝贵的资源。

微信公众号是另一个重要的信息传播渠道。诸如"机器之心"和"数据科学 50 人"等公众号定期发布行业动态、技术教程和学习资源，帮助学习者掌握最新的技术和应用。

在线教育平台的兴起和发展，不仅为数据科学和人工智能的普及教育提供了强有力的支持，也为终身学习者提供了灵活多样的学习途径。随着技术的不断进步和教育资源的日益丰富，我们有理由相信，未来的数字人才将更加多元化和专业化。

（三）数字人才的培养机制探索

在全球化的数字化转型浪潮中，各国政府逐渐认识到大数据与 AI 人才对国家竞争力的重要贡献。为了吸引和培养这些关键人才，政府通过政策支持和战略引导，为数字人才的培养提供了坚实的基础。

以中国为例，政府在"十三五"规划中强调了人工智能和大数据领域人才培养的重要性，并出台了一系列政策，鼓励高校、企业和社会组织共同参与。政策包括增加对大数据和 AI 教育的投资、支持相关专业和课程的设立、提供科研经费和奖学金等，以激励教师及学生投身于这些领域。

进一步，在"十四五"规划中，中国政府提出了构建完善的数字人才培养体系的目标。2024 年 4 月，人力资源和社会保障部等 9 部门联合印发了《加快数字人才培育支撑数字经济发展行动方案（2024—2026 年）》，旨在通过为期三年的专项行动，提升数字人才的自主创新能力和创新创业活力，以更好地支撑数字经济高质量发展。

行业协会作为政府、企业与学术界的桥梁，在数字人才培养中发挥着至关重要的作用。中国人工智能学会（CAAI）和数据科学与大数据技术专业委员会等组织，通过举办技术论坛、专业培训班和各类竞赛活动，不仅推动了大数据与 AI 技术的普及和应用，还为专业人才提供了展示自我、交流经验、提升技能的平台。这些活动不仅促进了行业内外的交流与合作，还激发了从业者对新技术的学习热情和创新精神，为数字人才的成长创造了良好的环境。

企业作为技术应用的先锋，其在数字人才培养中的作用日益显著。领先科技企业如 Google 的 AI Residency Program、Microsoft 的 AI School 等，通过实施系统化的培训和实践项目，不仅提升了员工的专业技能，还为企业培养了一支具有创新能力和实战经验的数字专业团队。Amazon 等企业通过持续实施内部培训计划，确保员工能够紧跟技术发展的最新趋势，灵活应对市场需求的变化，从而在激烈的市场竞争中保持领先地位。

数字人才的培养是一个多方面、多层次的系统工程，需要政府、行业协会和企业的共同努力。政府的政策支持和战略引导为人才培养提供了方向和保障；行业协会的催化作用促进了技术的普及和人才的交流；企业内部的人才培养计划则确保了人才与市场需求的紧密结合。这些机制有机结合，能有效地培养出适应数字经济发展的高素质专业人才。

▶第三节　跨界融合型人才培养的探索

一、数字经济与传统产业的深度融合

数字经济的发展和其与传统产业的融合是现代经济转型的关键过程。这一融合进程不仅重塑了各行各业的运作模式，更深刻地影响了人才市场的需求格局。随着电子商务、大数据分析、人工智能等数字化技术的飞速发展，生产方式、商业模式与管理实践正经历着前所未有的变革。这一变

革的驱动力，不仅源自技术的创新与应用，更依赖于跨界融合型人才的培育，能够满足市场对复合型技能日益增长的需求。

数字化技术与传统产业的融合，为制造业、农业、服务业等基础行业的转型升级提供了新机遇，通过提升生产效率、优化资源配置、促进创新，推动经济和社会的全面发展①。《财富商业观察》（Fortune Business Insights）的研究报告指出，全球数字化转型市场规模在 2023 年达到 2.27 万亿美元，并预计在 2024—2032 年间以 20.9% 的复合年增长率增长，这也突显了数字经济与传统产业融合的重要性与紧迫性。

传统行业与 IT 技术的深度融合是数字化转型的核心。数字化转型指的是利用数字技术改进传统业务流程、产品和服务，从而提高企业效率和竞争力的过程②。这一转型推动了各行各业对人才需求的根本性变化。

在制造业领域，传统制造业向智能制造的转型要求人才不仅具备制造工艺知识，还需掌握数据分析、物联网（IoT）、人工智能（AI）等技术，从而实现生产流程的优化与智能化。海尔集团推出的 COSMOPlat 平台是具有中国自主知识产权的工业互联网平台，其成功实现了从大规模制造到大规模定制的转变③。这一转变背后离不开既懂制造技术又精通 IT 技术的复合型人才的支持。

在零售业，电子商务专家、数据分析师、数字营销专家及用户体验设计师等成为行业新宠。他们利用大数据和 AI 技术优化供应链管理、提升客户体验、实施精准营销，推动行业的创新发展。阿里巴巴的"新零售"模式便是线上线下数据融合的典型例证，其实现了供应链的精准管理和对客户需求的满足。原阿里巴巴总裁张勇曾指出："新零售代表着未来的线上线下融合，电商与零售的融合，技术和实业的融合，传统和创新的融合，过去和未来的融合。本质上，新零售是试图创新性地通过寻找新的增量，去解决存量所面临的问题，为零售业的供给侧改革提供新思路。"④

---

① 薛洁，胡苏婷. 中国数字经济内部耦合协调机制及其水平研究 [J]. 调研世界，2020 (9)：11-18.

② 张影，史宪睿. 能力重构视阈下数字化转型对商业模式创新的影响研究 [J]. 商场现代化，2022 (7)：7-9.

③ 消费日报网. 海尔 COSMOPlat 打造共创共赢建陶生态助力产业转型升级[EB/OL].(2019-03-05)[2024-07-01]. https://baijiahao.baidu.com/s? id=1627144955430514287&wfr=spider&for=pc.

④ 于洋. 线上、线下与现代物流融合"新零售"推动商业模式变革[N/OL].人民网—人民日报，2017-08-31 [2021-07-01]. http://finance.people.com.cn/GB/n1/2017/0831/c1004-29505947.html? ivk_sa=1024320u[~60^].

金融行业作为数字化转型的先锋，对数据科学家、AI 专家、区块链开发者及网络安全专家的需求急剧增加。这些专业人才在构建与管理复杂金融系统、保障数据安全与隐私方面发挥着关键作用。蚂蚁集团的智能风控系统便依靠数据分析与机器学习能力，有效应对金融数据处理与分析的挑战①。

医疗行业的数字化转型也不容忽视。医疗数据分析师、健康信息系统开发人员及远程医疗技术支持人员等成为行业需求的新热点。他们运用先进的数字技术提升医疗服务效率与质量，为患者带来便捷与个性化的医疗体验。平安好医生的 AI 辅助诊断系统便是医疗领域创新应用的典范②。

农业领域亦受益于数字化转型。农业物联网工程师、数据分析师及智能农机操作员等跨界融合型人才成为推动农业现代化的关键。京东的智慧农业项目便是通过无人机与物联网技术的集成应用，实现了农业生产管理的精准化与高效化③。

面对数字化转型对人才需求的重塑及转型趋势，中国高校与职业教育机构积极调整人才培养策略，增设了人工智能、数据科学、物联网等相关专业课程，以满足市场对高素质跨界融合型人才的需求。据高校人工智能与大数据创新联盟相关数据，截至 2024 年 5 月，中国已有 535 所本科院校开设人工智能专业，有 618 所高职高专院校开设人工智能技术应用专业，累计培养了数十万名专业人才，为数字经济的持续健康发展提供了坚实的人才保障。

企业内部的技术培训项目也在加速推进。以中国移动和中国电信等传统运营商为例，其通过实施大规模的员工培训计划，覆盖了网络技术、客户服务、数据分析等多个领域，有效提升了员工的数字技能水平，为公司的全面数字化转型奠定了坚实的人才基础。中国移动在 "5G+" 战略的引领下，已累计培训超过 10 万名员工，为推动 5G 技术的广泛应用与产业创新做出了积极贡献。

总之，数字经济与传统产业的深度融合对人才结构提出了新的要求。

① 柯闻. AI 风控引入大模型，蚂蚁数科 "走深向实" [N/OL]. 人民邮电报，2024-06-26. https://www.cnii.com.cn/gxxww/rmydb/202406/t20240626_579833.html.

② 陆家嘴金融网. 名医＋AI，让每个家庭拥有一个 "私家医生" [EB/OL]. (2019-09-12) [2024-07-01]. https://www.ljzfin.com/news/info/51188.html.

③ 孙冰. 无人科技助力乡村振兴，京东宣布将打造智慧农业共同体[EB/OL]. (2018-04-09) [2024-07-01]. https://www.ceweekly.cn/2018/0409/222051.shtml[^61^].

跨界融合型人才成为推动这一进程的关键力量。他们不仅需要具备深厚的行业专业知识，还需掌握前沿的 IT 技术，能够打破传统行业与数字技术的界限，推动产业创新与升级。

二、跨学科教育的应用与发展

数字化转型，作为利用先进数字技术变革业务模式、提升运营效率和创造新商业价值的过程，已成为全球范围内不可逆转的潮流。在这一过程中，云计算、大数据、物联网、人工智能等技术的普及，不仅推动了企业和组织的策略调整，以应对技术变革带来的挑战，也对从业者的知识结构提出了新的要求。数字化转型的复杂性要求从业者不仅要掌握单一学科的知识，还需具备跨学科的综合应用能力；但在过去，教育系统往往侧重于深化某一学科的专业知识，而忽视了不同学科间的交叉融合。跨学科教育应运而生，它强调不同学科知识的互补与整合，致力于培养学生的综合思维、创新和实践能力。

为了有效应对技术变革的趋势与挑战，教育体系正在经历深刻的变革。高等教育和职业教育机构纷纷开设跨学科课程和项目，以促进学生多元知识的获取与综合应用能力的提升。这些课程通常融合了计算机科学、商业管理、设计思维、社会科学等多个领域的内容，旨在培养学生跨学科的视野和解决问题的能力。比如，计算机科学课程中融入商业管理元素，使学生能够在技术基础上理解商业逻辑；商学院则通过引入编程和数据分析课程，提升学生的技术素养。

新兴学科的涌现进一步推动了跨学科教育的发展。数据科学、人工智能、物联网工程和数字媒体艺术等学科，其本身即具有高度的跨学科特性，要求学生具有扎实的数学和计算机科学基础，同时熟悉特定应用领域的知识。这些学科通过项目式学习和实践训练，让学生在真实情境中应用多学科知识，解决实际问题，从而培养其跨学科的综合素养。

在数字化转型背景下，数据学科与其他学科的融合也成为跨学科人才培养的重要途径。通过设计融合课程，不仅能够使学生掌握基础的数据分析技能，还能将这些技能应用于特定领域，解决实际问题。这类课程在内容设计上注重理论与实践的结合，来自不同领域的专家共同参与课程开发和教学，确保课程内容的全面性和实用性。

以数据科学与商业分析的融合为例，相关课程如"商业数据分析""市场分析与预测"和"大数据驱动的商业决策"等，旨在培养学生将数据科学理论应用于商业实践的能力。同样，数据科学与生命科学、社会科学的融合课程，如"生物信息学""健康大数据应用""社会数据分析"和"公共政策数据分析"等，也为跨学科人才培养提供了丰富的实践平台。

总之，跨学科教育在数字化转型的背景下具有不可替代的重要性。跨学科课程的设计与实施，不仅能够提升学生的综合能力和创新思维，还能为各行各业的数字化转型提供有力的人才支持。

三、跨界人才培养的典型模式

在数字经济快速发展的背景下，教育与产业的深度融合已成为培养跨界融合型人才的核心策略。校企合作、实习实训以及"产—学—研"一体化等实践模式，不仅促进了教育与产业的无缝对接、优化了资源配置，而且在提升学生的实践能力和就业竞争力、推动教育体系的创新与升级方面取得了显著成效。

（一）校企合作：跨界人才培养的快速通道

校企合作是跨界人才培养的重要途径。企业通过资源的深度介入，实现了教育资源与市场需求的高度契合。企业利用其产业优势，直接参与高等教育过程，将实际生产中的知识与经验转化为教学资源，在满足定制化人才需求的同时，也提升了企业的社会影响力和品牌形象。高校则依托其丰富的学生与教学资源，与行业领先企业开展深度合作，共同构建理论与实践相结合的教育体系，促进学生综合素质的全面提升。

校企合作项目通常涵盖课程开发、科研项目合作及实习实训基地建设等多个维度。高校与企业共同设计课程体系，确保课程内容紧跟行业步伐，企业专家参与授课，提供真实案例与技术支持，增强教学的实用性和针对性。例如，在"人工智能导论"课程中，企业专家的参与不仅丰富了课程内容，还通过实际项目案例的引入，使学生能够直观理解并掌握人工智能技术的应用场景。

作为人工智能和机器人产业的龙头企业，深圳优必选科技有限公司与多所高校合作共建机器人实训基地，为学生提供了在真实生产环境中学习与应用机器人技术的宝贵机会。这种合作模式不仅锻炼了学生的动手操作能力，还加深了他们对行业标准及工作流程的理解，为未来的职业生涯奠定了坚实基础。

（二）"产—学—研"一体化：跨界人才培养的深层次融合

在数字经济快速发展的背景下，"产—学—研"一体化模式已成为推动教育与产业深度融合的重要途径。这种模式通过科研项目合作、技术成果转化等方式，促进了理论知识与实际应用的紧密结合，为跨界人才培养提供了新的视角和实践平台。

"产—学—研"一体化模式是指高校、研究机构与企业之间的深度合作，其通过联合开展科研项目、技术攻关、人才培养等活动，实现资源共享、优势互补。这种模式不仅能够推动技术的创新与发展，还能够加速科研成果的产业化进程，实现经济效益与社会效益的双赢。例如，百度与多所高校在人工智能领域合作，通过设立联合实验室、共同申请科研项目等方式，促进了自然语言处理、自动驾驶等前沿技术的研究与应用。

在跨界人才培养方面，"产—学—研"一体化模式提供了一个理论与实践相结合的平台。通过与企业的紧密合作，高校能够为学生提供真实的产业环境和实践机会，使学生能够在学习过程中接触到最前沿的技术和产业需求。这种教育模式不仅能够提高学生的实践能力和创新能力，还能够促进学生对产业发展趋势的理解和把握[①]。例如，百度与北京理工大学合作的自动驾驶项目，不仅在技术层面取得了突破，而且通过实际的车辆测试，验证了研究成果的可行性和有效性。

根据国际数据公司（IDC）的报告，预计到2025年，全球人工智能市场规模将达到1.97万亿美元，年复合增长率达到26.2%。这一数据不仅展示了人工智能领域的广阔前景，也反映了"产—学—研"一体化模式在推动技术发展和人才培养方面的巨大潜力。由此我们可以看到，"产—学—研"一体化模式在促进技术转移、加速产业化进程、培养高素质人才等方面发挥了重要作用。

（三）跨界人才培养的典型案例：百度

以人工智能为核心的"新一代技术革命"正在掀起，其成为人类社会继蒸汽技术、电力技术、信息技术三次工业革命之后，以大数据为基础、人工智能为核心的第四次工业革命。百度，作为全球人工智能技术的领军企业，自十多年前便开始在这一领域深耕细作，致力于赋予机器类人的智能，并推动技术的广泛普及与深入应用，让更多人便捷地享受到技术进步带来的红利。

---

① 魏兴华，徐筱淇，毛丹，等.产学研对接活动模式的分析研究：以深圳大学对接模式为例 [J].科技与创新，2023，（S1）：119-122，126.

1. 飞桨（PaddlePaddle）：中国深度学习框架的领航者

百度自主研发的飞桨（PaddlePaddle）深度学习框架自 2016 年开源以来，已迅速成长为中国首个且目前唯一全面开源开放、技术领先、功能完备的产业级平台①。飞桨平台集深度学习核心训练和预测框架、基础模型库、端到端开发套件、工具组件和服务平台于一体，为人工智能的研发与应用提供了坚实的技术基础。在国内众多平台中，飞桨以其完整性、成熟稳定性和大规模推广能力脱颖而出，成为中国人工智能产业发展的重要推动力。

2018 年 10 月 10 日，百度联合深度学习技术及应用国家工程实验室、中国软件行业协会过程改进分会，共同发布了国内首个《深度学习工程师能力评估标准》。这一标准针对深度学习工程师的专业技术人才培养，分为初级、中级、高级三个级别，涵盖了专业知识、工程能力和业务理解与实践三大类九小类的评估要素，为深度学习工程师的能力评估提供了科学依据，推动了行业人才培养的体系化进程。

2. "产—学—研"一体化的实践成效

百度充分利用其在人工智能领域的深厚积累，与国内多所顶尖高校建立了长期的战略合作关系。通过联合课程开发、实习基地建设、科研合作等多元化合作模式，百度与高校共同推动了人工智能和大数据领域的人才培养与技术创新。

自 2019 年 10 月起，百度积极响应教育部高教司的号召，参与人工智能专业教学资源的征集活动，为首批开设人工智能专业的 35 所高校提供了强有力的支持。至 2019 年 12 月 30 日，百度与合作高校共同完成了"人工智能专业基础课知识体系"的构建，该体系全面覆盖了人工智能的七大知识领域、81 个知识单元和 400 个知识点，为人工智能专业人才的培养提供了系统性的指导和参考。

百度与合作院校共同推进的人工智能本科生、研究生教学+实训+科研的技术技能服务平台建设，依托百度在数据、技术和生态方面的优势，以及飞桨深度学习平台的技术支持，实现了产业侧与教育侧的有效对接，显著提升了教学与人才培养质量，为人工智能产业的发展提供了坚实的人才和技术支持。具体体现在以下三方面。

---

① 李彦宏. 智能经济时代：八项关键技术将决胜未来［EB/OL］.（2021-07-29）［2024-07-01］.https://baijiahao.baidu.com/s？id=1706584009277316280&wfr=spider&for=pc.

产业支撑（产）：平台配备了完善的软硬件环境，支持基于 AI 模型的轻量级开发，助力产业相关产品的研发与创新。同时，为科研人员提供了优越的创新开发条件，加速了创新项目的孵化进程，使得 AI 模型具备初步的市场投放能力。

教学支撑（学）：平台集成了 AI 能力的模块化组件与线上课程资源，为人工智能相关专业的教学工作提供了坚实支撑，促进了专业课程体系的不断完善与优化。

科研支撑（研）：依托飞桨生态中成熟的模型算法与强大的计算力支持，平台加速了最新科研领域的课题转化，特别是在人工智能、物联网、自动驾驶等领域取得了显著成效，助力学校在 AI 科研创新与成果申报方面取得突破。

通过产学研一体化建设，合作院校在人工智能领域的教学、科研和成果转化等方面取得了显著成效，推动了 AI 产业生态的可持续发展。

与此同时，百度与合作院校还进一步探索了"产、学、研、培、赛、创"六位一体的产业协同贯通培养模式，构建了一种新型的合作育人机制。该模式通过产业协同、创新人才培养等路径，形成了面向科学前沿、行业产业、区域发展的协同创新模式，全面推动了人工智能产业生态的可持续发展与繁荣。

3. "产—学—研"一体化的创新模式

在推进"产—学—研"一体化的创新模式中，百度展现了其在专业建设层面的战略眼光和实践行动。百度紧密跟随国家教育改革的步伐，深化了产教融合，协同校企育人，构建了一套理论与实践并重的新时代交叉复合型人才培养体系。这套体系不仅响应了不同专业的人才培养目标，还特别注重学生的综合素养、知识结构和能力发展，如表 5-1 所示。

表 5-1　百度课程建设指标体系

课程项目	课程目标
工程知识	具有从事人工智能工程所需的扎实的数学、自然科学、人文社会科学和工程技术基础理论，系统的人工智能专业知识和实践能力；具有人工智能、机器学习、计算机视觉、自然语言处理、语音识别等领域的专业知识；具有解决人工智能工程与系统的技术开发、工程设计和复杂工程问题的能力
问题分析	能够应用数学、自然科学和工程科学的基本原理，识别、表达并通过文献研究分析人工智能领域复杂工程问题，以获得有效结论

表5-1（续）

课程项目	课程目标
设计/开发解决方案	能够综合运用理论和技术手段，设计针对人工智能领域复杂工程问题的解决方案，设计满足信息获取、传输、处理或使用等需求的系统、单元（部件），并能够在设计环节中体现创新意识，考虑社会、健康、安全、法律、文化以及环境等因素
研究	能够基于科学原理并采用科学方法对人工智能领域复杂工程问题进行研究，包括设计实验、分析与解释数据，并通过信息综合得到合理有效的结论
使用现代工具	能够针对人工智能领域复杂的工程问题，开发、选择与使用恰当的技术、资源、现代工程工具和信息技术工具，包括对人工智能领域复杂工程问题的预测与模拟，并能够理解其局限性
工程与社会	能够基于人工智能专业相关背景知识进行合理分析，评价专业工程实践和人工智能领域复杂工程问题解决方案
环境和可持续发展	能够理解和评价针对人工智能领域复杂工程问题的专业工程实践对环境、社会可持续发展的影响
职业规范	具有人文社会科学素养、社会责任感，能够在人工智能实践中理解并遵守工程职业道德和规范，履行责任
个人和团队	能够在多学科背景下的团队中承担个体、团队成员以及负责人的职责
有效沟通	能够就人工智能领域复杂工程问题与业界同行及社会公众进行有效沟通和交流，包括撰写报告和设计文稿、陈述发言、清晰表达或回应指令，并具备一定的国际视野，能够在跨文化背景下进行沟通和交流
项目管理	理解并掌握人工智能工程管理原理与经济决策方法，并能在多学科环境中应用
终身学习	具有自主学习和终身学习的意识，有不断学习和适应发展的能力

资料来源：根据网络资料整理。

百度的校企合作项目，依托于其先进而完善的课程指标体系，致力于强化学生的知识、能力和素养培养。经过多年的精心打磨，该项目得到了200多所高校和1 800多位一线教师的广泛认可和参与。百度飞桨平台成功打造了一系列高质量明星课程，其成果如表5-2所示。

表 5-2　飞桨明星课程列表

序号	理论课程	相应实践训练
1	Python 入门	《青春有你 2》选手数据爬取与分析
		《安家》影评爬取与数据分析
		《乘风破浪的姐姐》数据爬取与分析
		《平凡的荣耀》数据爬取与分析
2	飞桨平台 概述与使用入门	波士顿房价预测
		鲍鱼年龄预测实践
3	机器学习入门	鸢尾花分类
4	深度学习入门	手写数字识别
		Fashion MNIST 服饰分类
		车牌识别
		宝石识别
		手势识别
		文本分类
5	卷积神经网络	猫狗分类
		海洋生物分类
		人脸数据爬取
		人脸识别
		表情识别
		场景分类
6	循环神经网络	训练词向量
		电影评论情感分类
7	深度学习应用 （计算机视觉）	目标检测
8	深度学习应用 （自然语言处理）	机器翻译

资料来源：根据网络资料整理。

　　这些课程不仅体现了百度在大数据和人工智能领域的教学深度，还彰显了其在推动人工智能与新工科、新文科、新医科、新农科等跨学科融合方面的努力，更说明了其致力于培养能够解决科学前沿问题的高层次专业人才。针对不同学科及专业特点，百度飞桨还充分发挥自身理论及实践优势，以工具层、基础知识层、核心技能层、拓展知识层、进阶应用层等不同层级人工智能课程包的形式，服务非人工智能专业人才培养。

随着教育部"双万课程计划"的深入实施，我国高等教育在信息化、网络化、智能化方向上迈出了坚实的步伐。百度积极拥抱这一趋势，利用其技术优势和教育资源，推动 AI 教育的线上线下融合发展。百度飞桨平台的 AI Studio，为 AI 教学提供了丰富的在线资源，包括课程、平台框架、案例、数据集和算力支持。这些线上工具和资源不仅能够有效对接学生的学习需求，还能够在问题解决、意义建构等关键环节发挥关键作用，显著提升了 AI 教学的质量和效率。

百度的人力资源网络是其另一大优势，它协调国内外顶尖 AI 专家，举办线上线下高端讲座，内容广泛覆盖学科前沿、科研动态及实践应用，有效激发了学生的学科兴趣、科研热情与实践能力。此外，百度飞桨与高校、企业、科研院所的紧密合作，为学生提供了实战训练机会，深化了"四新"建设。

自 2018 年起，在教育部新工科联盟的指导下，百度飞桨联合顶尖高校成功举办的"全国深度学习师资培训班"，已成为新工科产学研联盟的标杆项目。该项目累计培训了千余名高校教师，为我国 AI 教育的师资体系建设做出了重要的贡献。

2020 年，百度携手浙江大学"智海"平台，共同打造人工智能深度学习微认证课程体系。该体系通过课程共建共选、学分互认、证书共签等形式，实现了长三角地区高等教育的深度合作与创新。微认证课程的高质量与高水平，不仅促进了学科交叉融合与科教产深度融合，还为培养一流 AI 人才提供了有力支撑。

百度还建立了健全的实习生制度，为优秀学生提供了宝贵的实习机会，并通过结构性学习、职业导师指导、项目实践及反馈支持，帮助学生明确职业方向、完成角色转换，并为学生提供了直接进入招聘流程的绿色通道。百度飞桨与百度云生态圈内的企业资源广泛合作，为学生提供了丰富的就业推荐服务，有效提高了学生的就业率和招聘企业的岗位匹配度。

百度公司在 AI 人才培养方面的探索与实践，充分展示了线上线下融合教育的潜力与价值。通过这些综合措施，百度不仅为我国 AI 教育的发展提供了宝贵经验，也为全球数字经济时代下的人才培养模式创新贡献了中国智慧和中国方案。

▷ **第四节　战略引领型人才培养的实践**

在全球化和信息化浪潮的推动下，战略引领型人才的培养已成为国家竞争力的核心要素。此类人才不仅需精通专业知识与技能，更需具备宏观战略视野、跨文化沟通能力及解决复杂问题的能力，在国家战略制定、行业引领及国际合作中发挥关键作用。战略引领型人才的培养是一个系统工程，涉及学术研究、教育实践、战略规划及政策支持等多个层面。深入剖析主要国家和地区在数字人才培养方面的战略举措，可以为全球范围内的高素质、创新型数字人才培养提供有益借鉴。

一、国家层面的战略规划与前瞻举措

在数字经济的浪潮中，国家层面的战略规划与前瞻举措对于培育数字人才具有决定性的作用。全球各国政府纷纷出台了一系列国家性政策，从战略规划、资金投入、立法保障到税收优惠等多个方面，构建一个有利于数字人才成长的生态系统。这些政策措施不仅体现了各国对教育和人才培养的重视，也反映了各国在全球经济竞争中的战略布局。

（一）美国 STEM 教育计划

美国一直将 STEM（科学、技术、工程和数学）教育视为提升国家科技竞争力的关键。2018 年，美国政府正式推出了"STEM 教育战略计划"[1]，这一举措标志着 STEM 教育进入了全面深化与融合的新纪元。该战略计划的核心在于将 STEM 课程全面融入 K-12 基础教育阶段，通过跨学科整合和项目式学习等方法，激发学生的科学兴趣和探索精神。此外，该计划还着重加强教师的专业培训，以提升他们在 STEM 领域的专业素养和

---

[1] 王科，李业平，肖煜. STEM 教育研究发展的现状和趋势：解读美国 STEM 教育研究项目 [J]. 数学教育学报，2 019，28（3）：53-61.

教学能力，确保学生能够在实践中获得深刻的知识体验，并在创新过程中茁壮成长。通过政策引导和项目支持，美国 STEM 教育计划旨在培养出既具备坚实理论基础又拥有强大实践能力的跨学科人才，以引领未来的科技发展。

据美国国家科学与技术委员会（National Science and Technology Council）发布的报告，经过多年的努力，美国 STEM 教育的普及率和成效显著提升，这不仅促进了学生创新思维的养成，也为国家培养了大量具备国际竞争力的未来人才①。

此外，美国政府还通过税收减免和资金补助等激励机制，鼓励企业参与人才培养和技术创新，从而形成了一个政府与企业协同推动人才发展的良性循环。

（二）中国"双一流"建设

在全球经济与科技竞争日益激烈的背景下，中国实施了"双一流"建设计划，目的是通过提升高等教育质量和科技创新能力，推动国内高校和学科跻身世界一流行列②。自 2017 年启动以来，"双一流"建设计划以其宏伟的战略视野和务实的政策措施，成为中国高等教育内涵式发展的重要推动力。该计划通过增加经费投入、优化学科布局、促进国际合作等措施，为高层次创新人才的培养提供了有力的支持。

中国顶尖高校，如北京大学和清华大学，积极响应"双一流"建设计划的号召，通过引进海外高层次人才、加强与国际一流科研机构的合作，推动人工智能、大数据等新兴学科的快速发展。这些高校在科研创新上取得了显著成果，同时为国家培养了一大批具有国际视野、创新精神和实战能力的人才。

为了进一步支持关键技术的研发和人才的培养，中国政府还设立了国家自然科学基金、科技创新基金等专项基金，确保了对这些领域的持续和稳定投入。这些政策措施的实施，为战略引领型人才的成长与发展创造了良好的外部环境与条件。

相关权威数据显示，我国"双一流"建设计划的深入实施，显著提升

---

① 赵章靖. 美国为何全方位促进 STEM 教育［N/OL］. 光明网—《光明日报》，2021-04-29［2024-07-01］. https://news.gmw.cn/2021-04/29/content_34808673.htm.

② 张华春，季璟. 习近平关于高等教育发展的重要论述及其主要特征［J］. 西昌学院学报（社会科学版），2019，31（2）：19-23.

了中国高校在全球科技竞争中的地位，为我国在全球科技版图中占据更有利的位置奠定了人才基础①。

（三）欧盟的"数字技能和就业联盟"计划

欧盟借助"数字技能和就业联盟"计划，积极推动成员国内数字技能的普及与提升，加速职业教育与继续教育的数字化转型。该计划着重于公共与私营部门的紧密协作，使其共同打造数字技能培训中心，并推行大规模在线教育项目。德国，作为欧盟的标杆国家，其"双元制"职业教育体系为数字人才培养方面提供了丰富经验。企业实习与学校教育的紧密结合，培养了一大批既精通理论知识又具备实践经验的数字人才。

（四）韩国的 ICT 人才培养战略

韩国政府对信息通信技术（ICT）领域的人才培养予以高度重视，通过实施一系列战略计划，不断提升国家的数字竞争力。韩国的"未来型 ICT 人才培养计划"覆盖基础教育至高等教育各阶段，致力于培育具备创新精神和国际视野的高端 ICT 人才。韩国科学技术院（KAIST）成立了专门的 ICT 学院，并与三星、LG 等产业领军企业紧密合作，共同打造"产—学—研—用"一体化的人才培养体系。

（五）日本的 Society 5.0 战略

日本提出 Society 5.0 战略，目的在于通过数字技术与社会各领域的深度融合，构建一个更加人性化、可持续发展的未来社会。为实现此目标，日本政府积极推动 ICT 教育的发展，鼓励高校与科研机构开展跨学科研究与合作教育。东京大学作为日本顶尖学府之一，成立了"人工智能与社会研究中心"，通过开设跨学科课程、加强国际合作等手段，培育了一批具有全球视野和创新能力的高级人才。

（六）新加坡的智慧国家计划

新加坡的智慧国家计划通过推进信息通信技术的发展与应用，大力推广数字技能培训。新加坡理工大学和南洋理工大学等高等学府在人工智能、大数据、物联网等领域设立研究中心与专业课程，为 ICT 人才的培养提供了有力支撑。政府与企业界紧密合作，推出的 SkillsFuture 等技能提升计划，为公民提供了终身学习资源和职业技能培训机会。

---

① 赵婳娜.深入推进新一轮"双一流"建设（人民时评）［N/OL］.人民网—《人民日报》，2022-02-22［2024-07-01］. http://m.people.cn/n4/2022/0222/c1188-15450396. html［^82^］.

二、重点行业发展战略与人才培养

在全球数字化转型的浪潮中，行业发展战略的制定与实施已成为推动经济社会发展的关键驱动力。政府与企业间的紧密合作，共同促进了重点行业战略性人才的深度培育与发展，构建起教育与产业深度融合的多层次、多维度体系。以下是对几个关键行业及其战略性人才培养计划的剖析。

（一）重点行业的战略性人才培养

作为数字经济发展的基石，ICT 行业的战略性人才培养受到全球各国的高度重视。以中国为例，《"十四五"信息通信行业发展规划》明确提出了到 2025 年培养与引进大量高素质 ICT 人才的战略目标，特别聚焦于 5G 技术、物联网、云计算等新兴领域。这一规划不仅为行业人才的成长提供了政策保障，还通过项目资助、平台建设等具体措施，加速了 ICT 领域人才的知识更新与技能提升。在美国，国家科学基金会（NSF）通过其"计算机与信息科学工程学科奖学金计划"（CISE-MSI），为 ICT 领域的研究生教育和职业培训注入了强劲动力。该计划旨在促进 ICT 领域的多样性与包容性，通过资助少数族裔和女性在计算机科学领域的学术研究与教育项目，有效拓宽了 ICT 人才的培养路径。

人工智能（AI）行业作为当前最具战略性的高科技领域之一，其快速发展对高端人才的需求愈发迫切。中国在《新一代人工智能发展规划》中，将 AI 人才的培养提升至国家战略高度，通过设立人工智能学院和研究院，构建交叉学科课程体系，并加强国际合作，培养具有国际视野和竞争力的高级 AI 研究与应用人才。这些举措不仅提升了我国 AI 人才的整体水平，也为全球 AI 技术的发展贡献了中国智慧。欧盟同样将 AI 领域视为未来发展的重点。Horizon Europe 研究与创新框架计划为此提供了大量资金支持。通过跨国研究网络和创新联盟的建立，欧盟成员国共同推动了 AI 技术的突破与人才的培养。德国的"国家人工智能战略"便是其中的典型代表，该战略通过增加 AI 相关研究与教育资源的投入，为"工业 4.0"战略目标的实现奠定了坚实的人才基础。

生物医药行业的蓬勃发展，对具备创新能力和临床应用能力的高素质专业人才提出了更高要求。美国国家卫生研究院（NIH）通过其"生物医学研究人才培养计划"，为生物医学领域的博士后研究和临床培训提供了丰厚的奖学金与研究基金，有效促进了该领域专业人才的成长与发展。这一计划不仅提升了美国生物医药行业的整体竞争力，也为全球生物医药领域的人才培养树立了典范。中国则在《"健康中国 2030"规划纲要》的指导下，加强了生物医药领域的研究生教育与职业培训。复旦大学、上海交通大学等高校通过与国际知名机构建立联合实验室和研究中心，开展了大量前沿的生物医学研究与人才培养工作，为中国乃至全球生物医药行业的发展输送了大量优秀人才。

在数字化转型的大背景下，传统制造业同样面临着人才升级与转型的问题。德国的"工业 4.0"战略通过推动制造业的数字化与智能化进程，促进了制造业人才的知识更新与技能提升。该战略不仅注重现代制造技术与管理能力的培养，还通过实践项目与案例研究等方式，增强了制造业人才的实战能力。中国则通过实施"制造强国"战略，设立了工业互联网学院和智能制造研究中心等机构，为传统制造业的转型升级提供了有力的人才支撑。这些机构通过跨学科的教育培训与实践项目，培养了一大批具备制造业数字化与智能化技能的高素质人才，为中国制造业的可持续发展奠定了坚实基础。

全球很多国家在重点行业的战略性人才培养方面均取得了显著成效。未来，随着数字化转型的深入推进与新兴技术的不断涌现，行业发展战略与战略性人才培养的深度融合将成为推动经济社会高质量发展的关键。

（二）行业内领先企业的人才发展计划

在全球数字经济的浪潮中，领先企业在人才发展计划方面的创新与实践，已成为推动行业进步和科技创新的关键因素。

科大讯飞，构建 AI 专业人才的摇篮。科大讯飞作为中国智能语音和人工智能领域的领军企业，通过其"讯飞 AI 大学"实施了多层次的人才发展计划[1]。该计划提供在线课程和专业培训项目，覆盖了语音识别、自然语言处理等关键 AI 技术领域，成功培养了大量 AI 领域的专业人才。此外，科大讯飞与多所大学建立了合作关系，共同设立联合实验室和研究中心，支持 AI 领域的前沿研究，进一步推动了人才培养与技术创新的深度融合。

腾讯，产学研合作的典范。腾讯作为中国互联网科技巨头，其通过"犀牛鸟计划"展现了其在人才培养方面的独到见解和实践。该计划是一个产学研合作项目，聚焦人工智能、云计算、大数据等前沿领域，通过联

---

[1]　汪永安. 让世界"聆听"中国声音［N］. 安徽日报，2024-06-25（001）.

合研发项目、实习实训、课程共建等方式，促进了学术界与产业界的深度融合。此外，腾讯的"青藤计划"是一个面向内部员工的系统性培养计划，旨在提升员工的专业技能和领导力，通过定制化课程、导师制辅导、海外研修等多元化培养方式，为企业培养了具有国际视野和创新精神的复合型人才。

特斯拉（Tesla），自动驾驶技术人才的培养基地。特斯拉作为全球电动汽车及自动驾驶技术的领军企业，其人才培养计划在自动驾驶领域尤为突出。公司组建了一支由顶尖工程师组成的自动驾驶研发团队，并通过内部培训和技术分享会等形式，不断提升员工在自动驾驶技术方面的专业能力。特斯拉与高校的合作，共同推动了自动驾驶技术的教育与研究，为该领域的人才培养提供了强有力的支持。

谷歌（Google），全球人工智能领域的人才培养先锋。谷歌作为全球科技创新的领军企业，其在人工智能领域的研究与人才培养一直处于领先地位。Google Brain 项目汇聚了全球顶尖的人工智能专家，致力于推动深度学习、自然语言处理、机器学习等前沿技术的发展。谷歌通过内部研发、学术交流、技术分享等多种形式，不仅推动了自身技术的创新，也为全球人工智能领域的人才培养做出了重要贡献。谷歌的人才战略不仅注重对个人能力的挖掘与培养，还强调团队合作与跨文化交流的重要性，为全球科技创新提供了源源不断的人才动力。

科大讯飞、腾讯、特斯拉、谷歌等企业的成功案例表明，领先企业在战略性人才培养方面的创新实践是推动数字经济与科技创新的关键因素。这些企业通过构建多层次的教育培训体系、深化校企合作、强化产学研融合，不仅实现了自身技术实力的飞跃，也为整个行业的转型升级与可持续发展注入了强大动力。

三、国际合作的人才培养战略实践

国际化合作与交流是中国教育机构推动人才培养国际化的重要策略之一。通过与世界各地的大学和企业建立广泛的合作关系，中国的高校积极开展联合培养项目和学术交流活动，为学生提供丰富的国际化学习平台和交流机会。

（一）跨校联合培养项目的国际合作实践

中国顶尖高校，如清华大学和上海交通大学，已与全球范围内的知名学府，如美国的斯坦福大学、德国慕尼黑工业大学等，建立了紧密的合作伙伴关系。这些合作关系促成了一系列跨学科的联合培养项目，它们不仅突破了地理界限，更在知识、技术和文化层面实现了深度融合。

1. 中美人才培养合作的深化实践

中美两国在科技与教育领域的合作历史悠久，成效显著。清华大学与麻省理工学院（MIT）共同设立的"清华–MIT全球MBA项目"，便是培养具有国际视野和创新能力的高级管理人才的典范。该项目整合了两校的优质教育资源，采用国际化的教学理念和方法，培养了众多在全球商业领域具有影响力的领导者。

2. 中欧科技教育与人才培养的协同共进

中欧之间的科技教育与人才培养合作展现出强劲的发展势头。例如，清华大学与德国慕尼黑工业大学的"清华–慕尼黑双学位项目"，不仅提升了学生的跨文化交流和跨学科知识整合能力，更为中德两国的科技合作储备了坚实的后备力量。

3. 中日高等教育与科研的深厚合作

北京大学与东京大学合作设立的"中日联合研究中心"，是两国在数据科学、人工智能等前沿领域开展深度合作的重要平台。该中心通过联合研究项目和学术交流活动，推动了科技领域的合作与创新，并促进了双方在科研方法和教育理念上的交流与融合。

4. 中韩数字经济与科技创新合作

清华大学与韩国科学技术院（KAIST）合作设立的"中韩联合创新研究中心"，是两国在人工智能、大数据等领域开展联合研究与人才培养的标志性成果。该中心整合了双方的优质科研资源，共同攻克关键技术难题，推动了具有国际影响力的科研成果的产出。

总而言之，国际合作培养模式在推动数字经济与科技创新方面发挥着不可替代的作用。通过构建多元化的合作项目和平台，全球各国得以共享科技教育资源、促进人才流动与知识传播，共同推动全球经济向更高质量、更高水平发展。

（二）国际学术交流平台的搭建

中国高校积极举办或参与国际学术会议、讲座和研讨会，邀请全球范围内的顶尖学者、科研专家及行业领袖进行深度交流与分享。例如，定期举办的国际人工智能研讨会已成为中国人工智能领域的重要盛事，吸引了众多国际知名人士参与，为参会者搭建了跨越国界的知识交流平台。这些活动不仅促进了学术思想的碰撞与融合，也为中国学生提供了直接与国际同行对话的机会，极大地拓宽了他们的学术视野。

（三）海外实习与交换项目的拓展

为了让学生更深入地了解国际规则、文化及市场环境，中国高校大力推广海外实习与交换项目。其通过与国际知名大学、科研机构及企业建立合作关系，为学生提供海外学习、科研实习或工作体验的机会。据统计，近年来，中国学生参与海外实习与交换项目的数量呈快速增长态势，项目涵盖了美国硅谷的科技企业、欧洲的研究机构以及亚洲各国的知名高校。这些经历不仅帮助学生积累了宝贵的实战经验和跨文化沟通能力，还为他们未来的职业生涯铺设了国际化道路，增强了其全球竞争力。

（四）国际化合作与交流的深远影响

通过国际化合作与交流，中国高校与世界各地的教育机构实现了教育资源的共享与互补。双方在课程体系、教学方法、科研资源等方面进行深入交流与合作，共同提升教育质量和水平。这种开放合作的模式不仅促进了学术研究的国际化进程，也为中国高等教育体系注入了新的活力与动力。

国际化合作与交流为中国高校学术研究提供了更广阔的舞台和更丰富的资源。在合作过程中，中国学者与国际同行共同开展前沿研究，取得了一系列具有重大影响力的学术成果。这些成果不仅在国际学术界获得了广泛认可，也为中国在国际舞台上树立了良好的学术形象。

国际化合作与交流作为推动中国高等教育国际化的重要策略之一，其在数字人才培育中的作用日益凸显。通过跨校联合培养项目的开展、国际学术交流平台的搭建以及海外实习与交换项目的拓展等具体实践，中国高校不仅提升了人才培养质量，也促进了教育资源的共享与互补，增强了学术研究成果的国际影响力。

未来，随着数字经济的持续发展和国际合作的不断深入，中国高校应继续深化国际化合作与交流机制建设，探索更多元化、更高层次的合作模式与路径，为全球数字人才的培育贡献中国智慧与力量。

四、全球视野下的人才培养战略探索

在全球化和数字化交织的当下，各国政府、教育机构及企业正致力于制定并实施具有全球视野的人才培养战略，以提升国家在国际竞争中的地位。

（一）中国：倡议驱动下的国际人才培养

中国政府通过共建"一带一路"倡议，积极搭建国际合作平台，推动与沿线国家的教育与科技合作。北京大学等国内顶尖高校与"一带一路"沿线多国高校建立了紧密的合作关系，共同设立联合实验室和研究中心，围绕关键科技领域开展联合研究和技术攻关。这种合作模式不仅促进了科技创新成果的共享与应用，也为双方学生提供了跨国界的学习和交流机会。

中国企业如华为，在全球化进程中同样注重国际化科技人才的培养。华为在全球范围内设立了多个研发中心和创新实验室，吸引了来自不同国家和地区的优秀科技人才。通过先进的研发平台、丰富的培训资源和开放的创新文化，华为成功培养出了一批具备全球视野和创新能力的高端科技人才。

（二）日韩：国际合作引领科技人才培养

日本政府通过实施"全球 30 计划"（Global 30），支持国内 30 所顶尖大学与世界各地的知名高校建立战略伙伴关系，旨在提升日本高等教育的国际竞争力和影响力。东京大学和京都大学等名校积极响应，通过联合实验室、海外研修项目等形式，加强与国际同行的交流与合作，培养具有全球视野和跨文化沟通能力的科技人才。这些举措不仅提升了日本教育的国际声誉，也为其科技产业的持续发展注入了新鲜血液。

韩国是亚洲科技创新的先锋，韩国政府深刻认识到全球视野人才培养的重要性。韩国科学技术院（KAIST）作为该国顶尖的研究型大学，积极与世界一流大学和企业开展深度合作，推动 AI 和 ICT 领域的国际化人才培养。KAIST 与斯坦福大学、麻省理工学院等国际知名学府合作，共同实施联合研究和教育项目，旨在培养具备全球竞争力的科技人才。这些合作不仅促进了学术交流与知识共享，还为韩国学生提供了在国际环境中学习和实践的机会。

（三）欧洲：Erasmus+项目助力跨国人才培养

欧盟通过 Erasmus+项目，为欧洲及全球范围内的学生、教师和研究人员提供了广泛的教育、培训和青年交流机会。该项目鼓励跨国界的教育合作与学术交流，促进知识的国际传播与创新。Erasmus+不仅支持学生赴海外学习、实习和参与志愿服务等活动，还资助教师和研究人员的跨国访问与合作研究。这种全方位、多层次的人才培养模式，有效提升了欧洲高等教育的国际竞争力和人才培养质量。

（四）美国：顶尖学府与高科技企业的协同作用

美国作为全球科技创新的中心之一，其顶尖大学和高科技企业在国际化人才培养方面发挥着重要作用。美国国家科学基金会（NSF）资助了众多国际合作项目，鼓励美国学者与全球同行进行联合研究和技术开发。这些项目不仅促进了科学知识的跨国界流动与融合，也为美国培养了大量具有国际视野和跨文化合作能力的科技人才。

硅谷作为美国高科技产业的代表区域，其企业如 Google 和 Facebook 等，通过全球性的人才招聘和研发中心布局，成功吸引了来自世界各地的顶尖科技人才。这些企业不仅提供优厚的薪资待遇和完善的职业发展路径，还注重营造开放包容的企业文化和工作氛围，为国际化人才的成长提供了肥沃的土壤。

全球视野下的人才培养已成为各国提升国际竞争力的关键战略。通过政府引导、高校合作、企业参与等，各国正逐步构建起适应全球化与数字化时代需求的人才培养体系。

▶ 第五节　多元教育资源融合与利用

在数字化时代背景下，教育资源的多样性和丰富性为数字人才的培育提供了前所未有的机遇。多元教育资源的融合与利用，不仅是提升教育质量的关键路径，更是培养具备创新思维和综合能力的数字人才的重要基石。本节将深入探讨多元教育资源融合与利用的现状、面临的挑战以及有效的策略与实践，旨在为数字人才培育提供有价值的参考。

一、多元教育资源融合的现状分析

（一）国家政策支持与引导

近年来，各国政府纷纷出台政策支持多元教育资源的融合与利用。例如，欧盟及其成员国通过制定教师数字素养框架、推动教育信息化项目等措施，促进教育资源的数字化和融合应用。我国也在《教育信息化 2.0 行动计划》中明确提出，要"推进信息技术与教育教学深度融合，实现优质教育资源广泛共享，全面促进教育公平，提高教育质量"。这些政策为多元教育资源的融合提供了有力的支持和引导。

（二）数字化教育资源的日益丰富与多样化

随着数字化技术的不断发展，数字化教育资源日益丰富。从传统的电子书籍、在线课程，到虚拟现实（VR）、增强现实（AR）、混合现实（MR）等新型教学工具，数字教育资源在形式和内容上不断丰富，满足了学习者个性化、多样化的学习需求。根据《中国智慧教育蓝皮书（2022）》，截至 2021 年年底，我国在线教育资源总量已超过 10 亿条，覆盖 K12 教育、职业教育、高等教育等多个领域。这一数据的增长进一步证明了数字化教育资源在多元教育资源融合中的重要地位。

（三）教育技术的创新应用与推动

教育技术的创新应用是推动多元教育资源融合的关键因素之一。人工智能、大数据、云计算等先进技术的引入，为教育资源的整合、分析与应用提供了有力支持。例如，通过人工智能技术可以实现教学内容的个性化推荐，大数据技术可以对学生的学习行为进行分析，为教师提供精准的教学反馈[①]。在教育实践中，一些高校和企业已经开始探索教育技术的创新应用，如清华大学利用大数据技术建立了学生行为分析系统，通过对学生在线学习行为的分析，为教师提供个性化的教学建议[②]。

（四）教育资源融合的多样化实践

在全球范围内，教育资源融合的实践日益丰富。欧盟的《数字教育行动计划（2021—2027 年）》为成员国提供了多元教育资源融合与利用的典范，通过设立专项基金、推动开放教育资源（OER）发展、加强教师数字技能培训等措施，促进了成员国间教育资源的共享与创新。美国则通过"未来就绪学习计划"（Future Ready Learning）推动技术与教育的深度融合，为学生提供个性化的学习路径和资源。中国智慧教育平台作为国家智慧教育公共服务平台的重要组成部分，为多元教育资源的融合与利用提供了有力支持，通过数据分析与个性化推荐技术，精准匹配学习者的需求，

---

① 纪丹. 人工智能视域下终身教育网络"金课"建设 [J]. 电大理工，2023（2）：62-65.

② 马国富，王子贤，刘太行，等. 大数据时代下的线上线下混合教学模式研究 [J]. 教育文化论坛，2017，9（2）：22-24，43.

提升学习效率和效果。

（五）融合模式与路径的探索与创新

在多元教育资源融合的过程中，不同的融合模式和路径逐渐形成并不断创新。部分高校和在线教育平台通过建设开放教育资源（OER）平台，将优质教育资源免费向公众开放，实现资源的最大化利用；一些企业则通过建立在线教育生态系统，整合内外部资源，提供一站式学习解决方案。以慕课（MOOCs）为例，作为一种典型的在线教育模式，慕课平台通过整合全球优质教育资源，为学习者提供了灵活多样的学习路径，并通过社交化学习、同伴互评等机制促进了学习者之间的交流与互动。这种融合模式不仅丰富了学习资源，还提高了学习者的学习动力和参与度。

二、多元教育资源融合与利用的挑战

在数字化时代，多元教育资源的融合与利用为数字人才培育提供了丰富的素材与广阔的平台。然而，这一过程中也存在诸多挑战，这些挑战不仅涉及技术层面的整合，还涵盖组织管理、政策支持、资源配置等多个方面。

（一）技术整合难度较大

多元教育资源融合的首要挑战在于技术整合的难度。教育资源的形式多样，包括但不限于传统的纸质教材、电子书籍、在线课程、虚拟实验室、模拟实训平台等。这些资源往往采用不同的技术标准和格式，要实现它们之间的无缝对接和有效整合，需要解决数据格式转换、接口标准统一、系统兼容性等一系列技术问题[1]。例如，不同在线学习平台之间的课程数据迁移、学习进度同步等问题，就需要通过复杂的技术手段进行解决。

《国家信息化发展报告（2022）》的数据显示，截至 2022 年年底，我国教育信息化投入虽持续增长，但技术整合的效率仍有待提升。许多学校尝试将传统教学资源与数字化资源融合，常因技术障碍而难以达到预期效果。因此，技术整合的难度是多元教育资源融合过程中不可忽视的一大挑战。

（二）资源质量与适配性问题

教育资源的质量是影响人才培养效果的关键因素。在多元教育资源融

---

① 谢昱. 全球数字化人才培养趋势及对职业教育的启示 [J]. 创新人才教育，2021（2）：82-86.

合的过程中，如何确保资源的质量，以及资源与学生需求的适配性，成为另一大挑战。当前，市场上存在大量参差不齐的教育资源，有的内容陈旧、过时，有的则缺乏科学性和系统性。在资源融合过程中，如何筛选和整合高质量、适合学生需求的资源，是一个亟待解决的问题①。

以欧盟的《数字教育行动计划》为例，该计划强调开发高质量的数字教育资源，并通过开放教育资源（OER）平台进行共享。然而，即便在如此完善的规划下，资源的适配性和质量控制仍然是一个复杂的过程，需要持续地努力和监管。

（三）组织管理与协调困难

多元教育资源的融合涉及多个部门和机构的协作，包括教育管理部门、学校、教师、学生以及资源开发企业等。这些主体之间的利益诉求、管理机制和工作流程各不相同，导致在组织管理和协调方面存在诸多困难。例如，学校与资源开发企业之间的合作需要解决版权、利益分配、技术支持等一系列问题；教师则需要适应新的教学资源和教学模式，调整教学策略和方法②。

以我国职业教育为例，随着校企合作的不断深入，企业在教育资源开发中的参与度逐渐提高。然而，如何协调学校与企业的利益关系，确保资源开发的针对性和实用性，成为双方合作的难点。《中国职业教育发展白皮书》显示，尽管校企合作模式在多地得到推广，但组织管理与协调问题仍是制约其效果的重要因素。

（四）政策支持与资金保障不足

政策支持与资金保障是多元教育资源融合的重要保障。然而，在实际操作中，政策支持往往滞后于实际需求，资金投入也难以满足大规模资源融合与利用的需要。例如，一些地区在推进教育信息化过程中，虽然制定了相关政策，但在实施过程中却因资金不足而难以推进。

我国在教育信息化方面的政策支持和资金投入仍有较大提升空间。教育部发布的《教育信息化2.0行动计划》显示，尽管我国在教育信息化方面取得了显著进展，但资金支持不足仍是制约其进一步发展的瓶颈之一。

---

① 许晓川，王爱芬.大数据与多元智能在教育教学中的深度融合［J］.教育理论与实践，2017，37（25）：32-35.

② 闫广芬，刘丽.教师数字素养及其培育路径研究：基于欧盟七个教师数字素养框架的比较分析［J］.比较教育研究，2022，44（3）：10-18.

三、多元教育资源融合与利用的对策

在数字化时代，多元教育资源的融合与利用不仅是提升教育质量的关键路径，也是培养高素质数字人才的必要手段。面对技术整合难度、资源质量与适配性、组织管理与协调困难等挑战，相关主体需要采取一系列对策来推动多元教育资源的有效融合与利用。

（一）强化技术支撑与标准统一

多元教育资源的融合首先面临的是技术层面的挑战。由于资源形式多样、技术标准不一，实现无缝对接和高效整合需要强有力的技术支撑。具体措施包括以下几个方面。

首先，加强技术研发与创新。鼓励和支持教育技术研发机构和企业加大投入，研发适用于多元教育资源融合的核心技术，如数据交换格式转换、智能资源推荐系统等。例如，可以借鉴欧盟《数字教育行动计划》中的技术框架，建立统一的技术标准和接口协议，促进资源的互操作性。

其次，推动标准制定与推广。积极参与国际和国内教育技术标准的制定工作，推动教育资源的标准化、规范化发展。通过建立教育资源元数据标准，实现资源描述的统一和资源共享的便捷性。例如，可以借鉴 IEEE LOM（Learning Object Metadata）标准，建立适合我国教育实际的资源元数据规范。

最后，智能技术支持也非常重要。利用人工智能、大数据分析等先进技术，提升教育资源融合的智能化水平。例如，通过自然语言处理和机器学习算法，对教育资源进行自动分类、标引和推荐，提高资源利用效率。根据《全球数字化人才培养趋势及对职业教育的启示》中的观点，信息化、数字化和智能化的深度融合是未来教育发展的重要方向①。

（二）建立科学的资源评估与筛选机制

资源质量与适配性是多元教育资源融合的关键。为确保资源的时效性和科学性，需要建立科学的资源评估与筛选机制。

一是多维评估体系，即构建包含内容质量、科学性、时效性、实用性等多维度的资源评估体系。通过专家评审、用户反馈、数据分析等多种方式，对教育资源进行全面评估。例如，可以借鉴美国的 Digital Competency Framework，建立适合我国国情的数字教育资源评估标准。

---

① 谢昱. 全球数字化人才培养趋势及对职业教育的启示 [J]. 创新人才教育，2021（2）：82-86.

二是动态更新机制，即建立教育资源的定期更新和淘汰机制，确保资源的时效性和前沿性。通过定期发布资源更新指南，引导资源开发者和使用者及时更新和替换过时资源。例如，欧盟的《数字教育行动计划》中明确规定了资源的定期更新和审查机制。

三是用户参与机制，即鼓励教师、学生等用户积极参与资源评价工作，形成多方参与的评估机制。通过用户反馈和互动，不断优化资源内容和形式，提高资源的适配性和用户体验。

（三）完善组织管理与协调机制

多元教育资源的融合涉及多个部门和机构的协作，需要建立完善的组织管理与协调机制。

首先应该明确职责分工。明确教育管理部门、学校、教师、资源开发企业等各方的职责和分工，确保资源融合工作的有序推进。例如，教育管理部门负责制定政策和标准，学校负责具体实施和资源应用，资源开发企业负责资源的开发和维护。

其次要建立协作平台。搭建多方协作平台，促进信息共享和沟通协调。通过定期召开协调会议、建立工作群组等方式，加强各方之间的沟通和协作。例如，可以借鉴欧盟的数字教育平台建设经验，建立统一的资源管理和协作平台。

最后要建立激励机制，鼓励各方积极参与资源融合工作。通过设立专项基金、给予政策扶持、提供技术支持等方式，激发各方的积极性和创造性。例如，政府可以设立教育信息化建设专项资金，支持多元教育资源的开发和融合工作。

（四）加大政策支持与资金投入

政策支持与资金投入是多元教育资源融合的重要保障。具体措施主要包括三个方面。

一是制定明确政策。政府应制定明确的教育信息化建设政策，明确发展目标、任务和时间表。通过政策引导和支持，推动多元教育资源的融合与利用。例如，可以借鉴德国的"工业4.0"战略中的教育信息化发展规划。

二是加大资金投入。政府应加大对教育信息化的投入力度，确保资源融合工作的资金需求。通过设立专项基金、提供财政补贴等方式，支持多元教育资源的开发和融合。例如，我国可以设立"数字教育资源融合基金"，支持重点项目和示范工程的实施。

三是引导社会资本参与。鼓励社会资本参与教育信息化建设工作，形成多元化投入机制。通过税收优惠、政策扶持等方式，吸引企业和社会组织积极参与教育资源的开发和融合。例如，可以借鉴美国的公私合作模式（PPP），引导社会资本参与教育信息化建设。

（五）促进开放共享与协同发展

开放共享是多元教育资源融合的重要原则。通过促进资源的开放共享和协同发展，可以最大限度地发挥资源的效益。

搭建开放教育资源（OER）平台，推动高质量教育资源的免费共享。通过平台整合各类优质教育资源，为师生提供便捷的资源获取途径。例如，可以借鉴英国的 OpenLearn 平台和美国的 MERLOT 平台，建立我国的开放教育资源平台。

加强与国际教育机构的合作与交流，引进和借鉴国际先进教育理念和资源。通过举办国际教育资源博览会、开展国际教育合作项目等方式，促进教育资源的跨国界共享和协同发展。例如，可以借鉴联合国教科文组织的开放教育资源（OER）倡议，加强与国际组织的合作与交流。

鼓励教师、学生等用户积极参与资源的创作和分享工作，形成共创共享的良好氛围。通过举办资源创作大赛、开展资源分享活动等方式，激发用户的积极性和创造力。例如，可以借鉴美国的 Coursera 和 edX 平台上的用户生成内容模式，促进教育资源的共创共享。

（六）强化教师培训与支持服务

教师是多元教育资源融合与利用的关键力量。通过加强教师培训和支持服务、完善激励机制，可以提升教师的教学能力和资源利用效率。

定期组织教师培训活动，提高教师对多元教育资源的认识和应用能力。通过专家讲座、工作坊、在线课程等多种形式，为教师提供系统的培训和支持。例如，可以借鉴欧盟的 eTwinning 项目和我国的"国培计划"，为教师提供丰富的培训资源和服务。

建立技术支持体系，为教师提供及时的技术支持和咨询服务。通过设立技术支持热线、建立在线技术支持平台等方式，解决教师在资源应用过程中遇到的技术问题。例如，可以借鉴美国的 IT Helpdesk 模式，为教师提供全方位的技术支持服务。

建立激励机制，鼓励教师积极参与多元教育资源的融合与应用工作。

通过设立教学成果奖、资源创作奖等方式，表彰和奖励在资源融合与应用方面做出突出贡献的教师。例如，可以借鉴我国的"教学成果奖"评选机制，为优秀教师提供荣誉和奖励。

▶第六节　创新人才培养模式借鉴与探索

在数字经济时代，创新成为推动社会进步和经济发展的核心动力。数字人才作为数字经济的重要组成部分，其培养模式直接关系到国家竞争力的提升。本节将基于国内外成功案例及当前面临的挑战，深入分析教育改革创新的关键领域与策略，以期为数字人才培育提供借鉴与启示。

一、国内创新人才培养模式的成功经验

随着国内高等教育的不断改革与发展，创新人才培养模式逐渐多样化，形成了众多具有鲜明特色的教育模式。这些模式在培养学生创新能力、实践能力及综合素质方面取得了显著成效，不仅激发了青年学者的创新活力，还为数字经济领域持续输送了大量高素质人才。

（一）多元教育资源融合的内涵及其重要性

多元教育资源融合，指的是在教育过程中，将不同来源、不同类型、不同形态的教育资源进行有机整合，以满足学生个性化学习需求，提高教学效果和人才培养质量的过程。这一过程对于教育资源的优化配置具有深远意义。

第一，促进教育资源均衡分布。通过数字化手段，打破地域限制将优质教育资源，输送到偏远地区，实现教育资源的均衡分布，缩小教育差距。

第二，满足个性化学习需求。学生可以根据自己的兴趣、能力和学习进度，自主选择合适的学习资源[①]，以实现个性化学习，提高学习的针对

---

① 高奎亭，袁士桐，殷志栋. 现代与传统的对视：MOOC 浪潮中的学校体育［J］. 中国学校体育（高等教育），2016，3（3）：60-64.

性和有效性。

第三，提升教学效率与质量。融合多种教育资源，采用多元化的教学手段，可以激发学生的学习兴趣，提高教学效率和质量，促进教育目标的实现[①]。

第四，培养创新能力和实践技能。通过虚拟仿真实验、在线实践平台等资源，学生可以在安全、可控的环境中进行实践操作，培养创新能力和实践技能，为未来职业发展奠定坚实基础。

（二）实践导向的学习方法的创新与成效

实践导向的学习方法凭借其独特优势，在中国教育领域得到了广泛而深入的实践。该方法不仅提升了学生的实际操作能力和问题解决能力，还激发了其创新思维与团队合作精神。

清华大学的"创新实验班"项目，是实践导向学习在高等教育领域的一个典范。该项目突破了传统课堂的教学边界，采用高度集成的跨学科知识体系，以真实的工程项目为载体，让学生在实际操作中学习，在学习中创新。例如，智能城市设计项目不仅涵盖了城市规划、大数据分析、人工智能算法优化等前沿领域，还涉及了政策研究、公众参与等多个层面，极大地拓宽了学生的视野，提升了其解决复杂问题的综合能力。这种项目驱动的学习模式，通过模拟真实世界的挑战，让学生在解决问题的过程中学会合作、沟通与领导，为未来的职业生涯奠定了坚实的基础。

上海交通大学工程实践教育中心的建立，是理论与实践深度融合的重要举措。该中心不仅为学生提供了丰富的工程实践项目，还通过校企联合、产学研结合的方式，引入了大量实际工程案例，让学生能够在真实的工作环境中锻炼技能。据统计，近年来，该中心已累计承接各类工程项目超过千项，参与学生超过万人次，显著提升了学生的工程实践能力和职业素养。通过参与大型工程建设项目，学生从设计、施工到管理的全链条经历中，深刻理解了工程技术的实际应用与社会责任，为未来成为行业领袖奠定了坚实基础。

华南理工大学与广州市政府合作的系列城市规划与设计项目，是实践导向学习方法在城市管理领域的一次成功尝试。这些项目充分利用了学校的科研优势与政府的资源平台，通过 GIS、大数据分析等先进技术手段，

---

① 童丽玲，戴日新，彭宣红. 任务型教学设计视角下高职英语教师专业发展研究与实践[M]. 西安：西安交通大学出版社，2017.

为城市发展提供了科学、高效的解决方案。学生在参与这些项目的过程中，不仅学会了如何将先进技术应用于城市规划与管理，还培养了社会责任感和公共服务意识。更重要的是，这种政产学研用的协同创新模式，为学生提供了与政府、企业等多方合作的宝贵机会，拓宽了其职业发展的道路①。

实践导向学习方法的广泛应用，显著提升了中国数字人才的培养质量。通过参与真实的项目和实习，学生不仅掌握了新技能、解决了复杂问题，还培养了创新思维、团队合作能力和社会责任感。这些实践经验不仅丰富了学生的简历，还使他们在就业市场上更具竞争力。

（三）跨学科融合教育模式，培养创新型人才的突破口

跨学科融合教育模式通过打破传统学科壁垒，促进知识体系的交叉融合，为学生提供了更为宽广的视野和多元化的学习体验。近年来，中国在跨学科融合教育方面取得了显著进展。

一是清华大学的人工智能与医疗健康项目。该项目充分利用清华在计算机科学领域的深厚积累与医学领域的丰富资源，构建了"AI+医疗"的复合型人才培养体系。学生不仅掌握了深度学习、图像处理等前沿技术，还深入了解了医学伦理、临床实践等医学知识，为医疗健康的智能化转型提供了强大的人才支撑。据统计，该项目自实施以来，已有多项研究成果应用于实际医疗场景，显著提升了医疗服务的效率和质量。

二是北京航空航天大学的机器人工程专业。该专业集成了计算机科学、电子工程、材料科学等多学科知识，旨在培养能够解决复杂工程问题的复合型机器人技术人才。通过与国内外知名企业和研究机构建立紧密的产学研合作，学生不仅能够接触到最前沿的技术动态，还能参与到真实的工程项目中，积累宝贵的实践经验。近年来，该专业毕业生在航空航天、智能制造等领域取得了显著成果，为国家的科技进步和产业升级做出了积极贡献。

三是上海交通大学的人工智能与金融项目。该项目结合计算机科学、数学建模、金融工程等多学科优势，培养了一批既懂技术又精通金融市场的复合型人才。通过案例分析、模拟交易、风险管理等实践教学环节，学生不仅掌握了人工智能技术在金融领域的应用技能，还深入理解了金融市

---

① 燕楠，田丽. "政产学研用"协同创新下高校应用型人才的培养研究 [J]. 对外经贸，2018（6）：138-140.

场的运行规律和风险管理策略。这些复合型人才在金融科技领域展现出强大的竞争力，推动了金融行业的数字化转型和创新发展。

（四）企业在创新人才培养方面的成功案例

近年来，我国在创新人才培养方面取得了显著成效，企业在此过程中发挥了重要作用。

以华为"未来种子"项目为例，该项目通过选拔全球范围内优秀的大学生，为他们提供赴海外进行 ICT 技术培训的机会，旨在培养具备国际化视野和创新能力的数字人才。据统计，自 2008 年起，华为已累计投入上亿元，为来自全球 108 个国家和地区的超过 4 万名大学生提供培训。这些学生在接受培训后，不仅提升了自身的专业技能，还增强了跨文化交流与合作的能力，为未来的职业发展奠定了坚实的基础。

另一个成功案例是阿里巴巴的"青橙奖"。该奖项由阿里巴巴达摩院于 2018 年发起，面向 35 岁及以下的中国青年学者，评选并奖励在信息技术、半导体、智能制造等领域取得突出科研成果的个人[①]。通过设立高额奖金和提供科研支持，阿里巴巴鼓励青年学者投身科学研究，推动技术创新与发展。这一举措不仅激发了青年学者的创新活力，还为数字经济领域输送了大量高素质人才。

总的来说，我国在创新人才培养模式方面取得了显著成效。无论是高等教育机构的实践导向学习方法和跨学科融合教育模式，还是企业在创新人才培养方面的成功案例，都展示了中国在培养数字经济领域高素质人才方面的坚定决心和有效实践。

二、国外创新人才培养模式的借鉴

国外在创新人才培养方面积累了丰富的经验，形成了多种具有特色的教育模式。这些模式在培养学生创新思维、实践能力和跨学科素养方面取得了显著成效。

（一）德国的双元制教育

2020 年，德国联邦教育研究部发布了德国职业教育报告。德国的双元制教育（dual system of education）作为全球职业教育领域的典范，其核心价值在于将学术教育与职业培训紧密结合，实现了理论与实践的无缝对接。这一教育模式通过企业学徒制度和职业学校的双重培养路径，使学生

---

① 李晨阳. 欲创"中国诺奖"请先忘记诺奖［N/OL］. 中国科学报，2019-10-16［2024-07-01］.https://news.sciencenet.cn/sbhtmlnews/2019/10/350221. shtm.

不仅能够获得扎实的理论基础知识，还能通过在企业中的实际操作获得丰富的实践经验。德国联邦职业教育与培训研究所（BIBB）的相关数据显示：双元制教育体系每年培养超过 50 万名高素质技术工人和工程师，为德国的制造业和工程技术领域提供了强大的人才支撑。

双元制教育不仅注重学生技术技能的培养，还高度重视创新思维的培养和问题解决能力的提升。通过参与企业的真实项目和创新活动，学生能够学会如何在实际工作中发现问题、分析问题并寻求解决方案，这种能力在数字经济时代尤为重要。例如，西门子公司在其双元制培训项目中，鼓励学生参与产品研发和生产线优化等创新项目，有效提升了学生的实践能力，培养了其创新思维。

（二）日本的终身学习理念

日本倡导终身学习的理念（lifelong learning），强调个体在整个生命周期中持续学习和发展的重要性。这种理念不仅促进了成人教育和职业技能的提升，还培养了具备持久学习动力和适应能力的人才[①]。例如，日本的技术学院（technical colleges）和职业技术教育机构致力于为社会和工业界培养具备高级技能和领导能力的专业人才。

日本倡导的终身学习理念强调个体在整个生命周期中持续学习和发展的重要性，这一理念在数字经济时代显得尤为关键。随着技术的快速迭代和知识的不断更新，具备持久学习动力和适应能力的人才成为市场的稀缺资源。日本通过建立完善的终身学习体系，包括技术学院、职业技术教育机构以及在线学习平台等，为社会各阶层提供了多样化的学习资源和机会。

根据日本文部科学省的数据，近年来，日本的终身学习参与率持续上升，成人教育和职业培训市场不断扩大。这种趋势不仅促进了个人技能的提升和职业发展的多样性，也为企业和社会带来了持续的创新动力。例如，松下电器通过与其合作的技术学院开展定制化的培训课程，帮助员工不断提升专业技能和创新能力，以适应不断变化的市场需求。

（三）英国的教育改革和素质教育

英国近年来推动了一系列广泛的教育改革，旨在通过素质教育和跨学科学习培养学生的多方面能力，以适应数字经济时代的需求。素质教育强

---

① 雷金屹. 国外创新教育的启示 [J]. 职大学报（哲学社会科学），2005（3）：123-124，104.

调个人发展的全面性，包括创造力、沟通能力、批判性思维等核心能力的培养。这些能力在解决复杂问题、推动创新以及跨文化交流中发挥着关键作用。

英国政府通过引入新的课程体系和评估机制，鼓励学校注重学生的综合素质培养①。例如，英格兰的国家课程体系（national curriculum）强调跨学科学习的重要性，鼓励学生通过整合不同学科的知识和技能来解决实际问题。此外，英国还建立了一系列创新教育项目和孵化器，支持学生和教师开展创新实践和研究活动。

英国教育标准办公室（Ofsted）的评估报告显示，这些改革措施有效提升了学生的综合素质和创新能力。例如，剑桥大学通过其跨学科研究中心和创新实验室等平台，为学生提供了丰富的创新实践机会，培养了一大批具备跨学科思维和创新能力的杰出人才。这些人才在数字经济领域发挥着重要作用，推动了科技创新和产业发展的不断进步。

三、创新人才培养模式面临的挑战

在数字经济背景下，创新人才的培养模式面临多重挑战，这些挑战既来源于教育体系内部的固有缺陷，也源自外部环境的快速变化。本部分将从教育理念、课程体系、教学方法、实践平台、评价体系以及跨学科融合六个方面详细探讨这些挑战②。

（一）教育理念的滞后

传统的教育理念往往侧重于知识的传授和对应试能力的培养，而忽视了对学生创新思维、批判性思维和问题解决能力的培养。这种教育理念滞后于数字经济时代对人才能力的要求。例如，许多高校依然以考试成绩为主要评价指标，导致学生过于依赖记忆和应试技巧，而缺乏创新思维和实践能力③。因此，更新教育理念，从"知识传授"向"能力培养"转变，是创新人才培养模式面临的首要挑战。

（二）课程体系的单一与僵化

当前许多高校的课程体系过于单一和僵化，难以满足数字经济时代对

---

① 钞秋玲，王梦晨. 英国创新人才培养体系探究及启示［J］. 西安交通大学学报（社会科学版），2015，35（2）：119-123，128.

② 孙婧，张蕴甜. 我国大学课程研究的知识基础和热点问题：基于高等教育领域 13 本 CSSCI 期刊 2007—2017 年刊载文献的分析［J］. 高等教育研究，2018，39（11）：79-84.

③ 吴禀雅. 赋能数字经济的人才培养模式探索［J］. 科技视界，2020（12）：98-100.

多学科交叉融合的需求。一方面，课程内容往往侧重于专业基础知识的传授，缺乏对前沿科技和新兴领域的覆盖；另一方面，课程结构缺乏灵活性，难以适应快速变化的市场需求。例如，计算机专业的学生往往只学习计算机相关课程，缺乏经济学、管理学等跨学科知识的学习①。这种课程体系的单一与僵化限制了学生的视野和思维广度，难以培养出具备综合素质的创新人才。

（三）教学方法的传统

传统的教学方法往往以教师讲授为主，缺乏师生互动和学生主体性的发挥。这种教学方法难以激发学生的学习兴趣和创新思维。在数字经济时代，学生需要更多的自主学习和探究学习的机会。然而，许多高校仍然采用"满堂灌"的教学方式，缺乏讨论式、案例式、项目式等多元化教学方法的应用。例如，华南理工大学计算机科学与工程学院通过引入 ACM 竞赛与课程结合的教学方式，有效提高了学生的实操能力、培养了其创新思维②。这种教学方法的创新对于提升教学效果具有重要意义。

（四）实践平台的匮乏

实践是检验理论的最好方式，也是培养学生创新思维和实践能力的重要途径。然而，许多高校在实践平台的建设上存在不足。一方面，校内实践基地设施陈旧、资源有限，难以满足学生多样化的实践需求；另一方面，校外实践基地的合作机制不健全，学生难以获得高质量的实习机会。例如，许多高校在与企业合作建立实习基地时，由于缺乏长效合作机制和经费支持，导致实习基地的利用率和效果大打折扣。因此，加强实践平台的建设和管理，为学生提供更多元化的实践机会，是创新人才培养模式面临的重要挑战。

（五）评价体系的片面

当前许多高校的评价体系过于片面，主要以考试成绩为唯一评价指标，忽视了对学生综合素质和创新能力的评价。这种评价体系导致学生在学习中只注重应试技巧而忽视实践能力和创新思维的培养。例如，一些高校在奖学金评定和保研资格评定时，主要依据学生的考试成绩而非综合素

---

① 熊安萍，龙林波，邹洋，等. 基于开放创新实践平台的大数据人才培养模式探 [J]. 教育现代化，2020，7（50）：32-35.

② 俞鹤伟，牟艳华. 创新型计算机人才培养模式的探索与实践 [J]. 计算机工程与科学，2014，36（S2）：1-5.

质和实践能力①。因此，建立多元化、全面的评价体系，注重对学生创新能力和实践能力的评价，是创新人才培养模式面临的关键挑战。

（六）跨学科融合的壁垒

跨学科融合是培养创新人才的重要途径之一。然而，在实际操作中，跨学科融合往往受到多种因素的制约。一方面，不同学科之间的知识体系、研究方法和评价标准存在显著差异，导致跨学科合作难以开展；另一方面，由于学科壁垒和利益冲突的存在，跨学科项目往往难以获得足够的支持和资源。例如，在英国数字媒体交叉学科的发展中，虽然政府和企业积极推动跨学科合作，但在实际操作中仍面临诸多挑战②。因此，打破学科壁垒、促进跨学科融合是创新人才培养模式面临的长期挑战。

四、教育改革创新的关键领域与策略

在数字经济的浪潮中，教育改革已成为全球各国适应数字化转型、促进教育创新的核心议题。技术整合与教育工具的创新以及评估与反馈机制的创新是实现教育改革的两个关键环节。

（一）技术整合与教育工具的创新应用

虚拟现实（VR）和增强现实（AR）技术正引领教育领域进入沉浸式学习的新时代。这些技术通过构建高度仿真的虚拟环境，为学生提供了一个安全、可控的学习平台，使他们能够进行深度体验和实践操作。这种互动性和有效性的提升在职业探索的教育中尤为显著。例如，对美国高中的研究表明，超过80%的学生通过 VR 技术探索职业路径，显著提高了他们对未来职业的认知与兴趣，为职业规划提供了宝贵的第一手资料。

在科学教育领域，VR 实验室的应用尤为显著。学生可以在虚拟实验室中安全地模拟化学反应过程，这不仅规避了传统实验的安全风险，还极大提升了实验的效率和成本效益。据相关统计，采用 VR 技术后，科学实验的失败率降低了约30%，学生的参与度和理解度也有了显著提升。

人工智能技术的引入，为教育个性化提供了新的可能性。智能学习系统通过分析学生的学习数据，包括学习速度、偏好和难点，精准推送定制化的学习资源和反馈，实现了因材施教的教育理想。在中国，多所顶尖学

①　郭彦丽，薛云.数字经济时代新商科实践人才培养模式探索［J］.高教学刊，2020（36）：165-168.

②　于苗苗，马永红.英国交叉学科人才培养模式对我国的启示：以数字媒体交叉学科为例［J］.中国高校科技，2021（1）：66-69.

府已引入智能教室系统，利用人脸识别技术自动记录学生出勤情况，并结合大数据分析优化课程设计与教学策略。据评估，智能教室的引入使学生的学习成效平均提升了约 20%，同时显著增强了课堂互动，提升了课堂参与度。

随着移动互联网的普及，跨平台学习工具逐渐成为学生获取知识、参与课堂互动的重要途径。这些工具支持学生在不同设备间无缝切换，确保了学习过程的连续性与便捷性。通过云服务平台，学生可以随时随地访问电子教材、在线课程及互动讨论区，实现全天候的学习与交流。跨平台学习工具的广泛应用，不仅提高了学习效率，还促进了教育资源的共享与均衡分布。

教育改革的关键在于如何有效整合这些技术，创新教育工具的应用，以适应数字化转型的需求。这不仅需要政策层面的支持和引导，还需要教育机构、教师和学生的积极参与和创新实践。

（二）评估与反馈机制的创新

在现代教育领域，评估与反馈机制是提升教育质量的关键。随着技术进步和教育理念的更新，教育评估正逐渐从传统的考试和评分转变为更加多样化和个性化的形式。这种转变旨在更好地满足学生的个性化学习需求，提高教学效果，并促进教育公平性。

数据驱动的教育评估正成为新常态。学习管理系统（LMS）作为记录和分析学生学习行为的核心平台，能够全面捕捉学生在课程参与、作业提交和测试表现等多个维度的数据。这些数据为教育者提供了实时、全面的学生画像，帮助教师快速识别学生的学习难点与偏好，并促使学校管理层根据数据反馈动态调整教学策略与资源配置，确保教育资源的优化配置与高效利用。

个性化学习路径的兴起，正是基于数据驱动评估的重要实践。智能算法分析学生的学习数据，系统能够为学生量身定制学习计划与推荐资源，确保每位学生都能在最适合自己的学习节奏中获得成长。这种高度个性化的学习体验，不仅提升了学生的学习效率与积极性，还显著增强了他们的学习动机与成就感。

技术的发展同样为评估工具带来了革命性变化。在线测评系统的广泛应用，使学生可以随时随地进行测试与练习，系统能够即时评估答题情况并提供详细反馈。这种即时反馈机制帮助学生迅速了解自己的学习状况与薄弱环节，及时调整学习策略，进行有针对性的巩固与提升。

虚拟评估与模拟环境的应用，更是将评估与反馈推向了新的高度。通过构建高度仿真的虚拟场景，如虚拟实验室、模拟商业环境等，学生在安全、可控的条件下进行实践操作与决策，系统则全程记录并评估其表现。这种基于真实情境的评估方式，不仅提高了评估的准确性与有效性，还为学生提供了宝贵的实践机会与反思空间。

在全球范围内，多个国家和地区在评估与反馈机制的创新方面取得了卓越的成效。德国的双元制教育体系以其独特的校企合作模式闻名，将理论学习与职业技能培训紧密结合，形成了高效的教育与就业衔接机制。在这一体系中，评估与反馈深入企业实习的各个环节，学生接受来自专业导师和实践导师的双重评估，这种即时、具体的反馈显著提升了他们的职业素养和就业竞争力。

日本教育系统注重通过连续性的评估与反馈来监控学生的学习进展，确保教育质量的持续提升。学校与教师利用定期的小测验、作业批改、课堂观察等多种手段，全面了解学生的学习状态，并及时给予针对性的指导和建议。这种连续性的评估与反馈循环帮助学生保持学习的积极性和动力，促进了师生之间的有效沟通与合作。

英国教育系统在推广个性化学习计划方面走在了全球前列。其充分利用现代信息技术，为学生提供了更加灵活、个性化的学习路径。学生可以根据自己的学习进度、兴趣和能力选择适合自己的学习内容与活动，而教师则通过数据分析工具深入挖掘学生的学习数据，为学生提供精准的学习建议和支持。

这些国家的实践为国际教育界提供了宝贵的经验和启示。通过构建高效、精准的评估与反馈体系，不仅提升了教育质量，还促进了学生的个性化发展和职业素养的提升。随着数字经济的不断发展和教育技术的持续创新，评估与反馈机制的创新探索将不断深入，为全球教育质量的提升贡献更多智慧和力量。

（三）学校领导力和教师专业发展

在数字经济的大背景下，学校领导力和教师专业发展显得尤为重要。它们是推动教育改革、提升教育质量的关键因素。各国在这一领域的努力不仅仅局限于提高管理能力和教学技能，还着眼于激发学校内部的创新和发展动力，以适应不断变化的教育需求和挑战。

1. 学校领导力的强化与发展

现代教育管理越来越强调学校领导团队的专业化和领导力培养。各国通过制订领导力标准和培训计划，致力于培养具备战略思维、团队管理和教育创新能力的校长和教育领导者。例如，英国的国家领导力中心（National College for Teaching and Leadership）通过专门的领导力培训课程，帮助校长和领导者提升管理和决策能力，从而推动学校的整体发展和改善。

教育管理现代化是提升学校领导力的关键路径之一。各国通过引入现代管理理念和工具，如项目管理、数据驱动决策和团队协作技能培养，促进学校管理的效率和透明度的提升。例如，澳大利亚的教育部门推广学校自主性管理模式，鼓励校长和管理团队在教育政策和资源分配中拥有更大的自主权和决策权，以更好地响应当地的教育需求。

2. 教师专业发展的促进与支持

教师专业发展是教育系统中不可或缺的一部分。各国通过持续的教育培训和发展计划，帮助教师不断提升教学技能、教育理论水平和实践能力。例如，美国的教育学会（American Educational Research Association）和国家教育协会（National Education Association）提供专业发展课程和研讨会，涵盖教学创新、多样化学生群体管理和技术整合等领域，以支持教师在日常教学中的成长和应对挑战的能力。

建立教师合作和专业社群是促进教师专业发展的有效途径。教师之间的互动交流和资源共享，可以有效地提升教学质量和教育创新水平。例如，芬兰的教育系统倡导教师间的密切合作和经验分享，通过学校内部和跨校的专业社群，促进教师共同探讨教学策略和教育理念，以应对不同学生的学习需求和背景差异。

中国教育系统在教师职业发展方面取得了显著进展。通过推动教育管理现代化和实施多样化的教师培训项目，中国致力于提高教师的教学能力和领导素质。中国的教育部门通过设立教师培训中心和专业发展课程，为教师提供终身学习的机会，以支持他们在教学实践中不断创新和提升教学水平。

美国在教师专业发展方面积极推动个性化学习和多样化的专业发展路径。各州和地方教育机构通过合作伙伴关系和专业学会，为教师提供定制化的专业发展计划和资源支持。例如，加州教育部门通过在线学习平台和本地培训中心，帮助教师掌握最新的教育技术和教学方法，以提高教育效果和强化学生学习成果。

3. 课程设计和教学方法的创新

课程设计和教学方法的创新是各国教育改革的重要组成部分，旨在提升学生的综合能力和应对现实挑战的能力。通过引入跨学科课程和项目学习，学校能够有效地培养学生的实际操作能力、团队合作精神和创新思维。

跨学科课程设计旨在打破传统学科的界限，将不同学科的知识和技能融合在一起，为学生提供更为综合和深入的学习体验。例如，德国的双元制教育模式将理论课程与实际职业技能培训有机结合，通过实习和项目任务，使学生既掌握理论知识，又具备实际操作能力，从而使他们为未来的职业生涯做好准备。在德国，职业教育和训练系统（vocational education and training，VET）通过与企业合作，为学生提供实习机会和项目任务，使他们在学术学习的基础上获得实际工作经验。这种跨学科的教育模式不仅强化了学生的理论知识，还培养了他们解决实际问题和灵活应对挑战的能力。

4. 项目学习的推广

项目学习强调学生通过参与真实项目和任务来应用所学知识和技能。这种教学方法不仅使学生能够在实践中掌握和运用知识，还培养了他们的团队合作精神和创新能力。例如，日本的学校系统鼓励学生参与科研项目和社区服务，通过鼓励学生和社区成员合作，从而解决现实生活中的问题，促进学生的综合发展。

日本的教育体系通过推广项目学习，培养学生解决问题的能力和创新能力。学生参与的项目涵盖从科学研究到社会服务的多个领域，例如环境保护、社区健康和技术创新等。这些项目不仅促进了学术知识的应用，还提升了学生的领导力和团队协作能力以及社会责任感，为他们未来的职业生涯打下了坚实的基础。

第六章

数字人才结构性改革
与模式创新

▷ **第一节 教育体系的结构性改革**

一、课程内容的前沿化

课程内容的前沿化是教育体系结构性改革的重要组成部分。通过推进素养为纲的课程内容结构改革，重视课程内容的育人价值，优化课程内容的结构层次，可以形成横向关联互动、纵向进阶衔接、纵深意义增值的课程内容结构体系。基于核心素养对课程内容进行结构化整合处理和呈现，反映了课程内容改革的新动向，对深化教育教学改革、促进义务教育高质量发展产生重大而深远的影响。课程内容的前沿化不仅需要关注知识的更新和拓展，还需要强调学生核心素养的培养。

（一）推进素养为纲的课程内容结构改革

素养为纲的课程内容结构改革涉及课程结构的变革、教学目标的转变、教师培训和考试评价的改革、课堂教学方式的转变以及课程内容的整合与优化五个方面。

一是课程结构的变革，此变革是将课程从静态发展为动态，从群体课程发展为个体课程，从单维的课程改革发展为立体的课程改革，包括基础课程的校本化重构、拓展课程的生本化建设以及特需课程的个性化建设[①]。

二是教学目标的转变，该转变是将传统的知识传授转变为以培养学生的核心素养为目标。教学内容需要从显性知识转向隐性知识，教学活动需要从人知疏离转向人知融生，教学评价则需要从标准答案转向评价标准。

三是教师培训和考试评价的改革。为了支持素养为纲的课程内容结构改革，需要对教师进行基于核心素养的培训，建立相应的教师素养标准。考试评价需要基于核心素养进行改革，采用创新的评价手段和方法[②]。

---

① 杨洁. 浅析前概念在课程设计中的作用 [D]. 南京：南京师范大学，2006.

② 冯喜英. 从基于教科书的教学到基于课程标准的教学 [J]. 中国教育学刊，2011，220（8）：58-60，67.

四是课堂教学方式的转变。课堂教学是提升学生核心素养的主要途径。教师需要突出学生的主体地位，将教学重心由"教"转变为"学"，改变课堂学习方式，更好地培养学生的核心素养①。

五是课程内容的整合与优化。在新时代核心素养导向下，课程内容研究需要回答"什么知识最有价值""谁的知识最有价值"以及"什么样的课程内容结构最具教育价值"的问题。通过课程内容结构化，强化课程内容的育人功能，编制学科核心概念，加强学科课程的育人逻辑，倡导学科实践，优化学科课程的教学活动形态，增设学习经验，精制学生主体活动的微观结构。

（二）强化课程内容育人的核心素养

核心素养的具体内容涵盖了学生在知识、能力与态度方面的综合品质，包括创新、批判性思维、合作与交往等要素。这些内容包括基础知识和基本技能（双基指向），涉及解决问题的基本方法（问题解决指向）以及通过体验、认识及内化等过程逐步形成的思考问题、解决问题的思维方法和价值观［科学（广义）思维指向］②。

教学课程应当以学生核心素养为基础，构建完整的课程体系，包括明确的教学目标、内容标准、教学建议和质量标准四个要素。在教学目标和质量标准中应当体现学生核心素养的培养，而内容标准和教学建议则应促进学生核心素养的形成。课堂教学是塑造学生核心素养的主要途径，教师的作用是激发学生的主动性，而非代替学生主导教学活动。在核心素养视角下的知识教学应构建完整的知识体系，采用综合感知的教学方法；注重提升教学深度，引领升华性教学；设计多样化的学习活动，实现师生共同成长的教学目标③。

为了有效落实核心素养，课堂教学要以核心素养作为知识有效重建的判据，让核心素养占领课堂教学的制高点，成为课堂教学的主线。同时，基于核心素养的课程体系构建意味着会引起课程目标、课程内容、课程实

---

① 彭雪梅. 新课程背景下教学的转向［J］. 天津师范大学学报（基础教育版），2003（2）：4-7.

② 徐万山. 论课程价值的实现［J］. 中国教育学刊，2008，178（2）：58-61.

③ 哈斯朝勒，郝志军. 学科育人价值的特性及其实现［J］. 教育理论与实践，2020，40（7）：14-17.

施、课程评价等课程体系诸要素的变化①。教师应具有核心素养意识与教学能力，使核心素养盈满课堂②。

第一，课程内容的选择与组织。科学选择和有效组织课程内容是落实核心素养目标的有力保障。在设计和实施课程时，需要深入分析和理解课程内容的深层结构，确保其能够满足学生个体和社会发展的需求。课程内容的整合是提升育人品质的重要途径之一。

第二，核心素养的培养。核心素养的培养是近年来教育改革的重点。通过课程教学改革，将核心素养融入日常的教学活动中，能够有效地提升学生的综合素质。教师在教学过程中，不仅要传授知识，还要注重对学生能力的培养和价值观的塑造③。

第三，价值教育的实施。价值教育是课堂教学的应有之义。课堂教学中的价值教育能够引导学生形成正确的价值观念和行为习惯。在教学设计中，要充分考虑价值教育的内容和方法，确保价值教育与知识教学的有效结合。

第四，课程评价的改进。课程评价是实现课程价值的重要环节。改进课程评价方式，能够更好地反映学生的学习成果和价值实现情况，促进课程内容的持续优化和育人价值的提升。

第五，教师角色的转变。教师是实现课程育人价值的关键因素。教师需要不断提升自身的专业素养和教学能力，以更好地引导和激励学生。教师积极参与课程改革和教学实践，不断探索和创新育人方法。

强化课程内容的育人价值需要从课程内容的选择与组织、核心素养的培养、价值教育的实施、课程评价的改进以及教师角色的转变等多个方面进行综合考虑和实施。这些措施能够有效强化课程的育人功能，促进学生的全面发展。

（三）更新教育思想观念，推进教学内容和课程体系改革

更新教育思想观念，推进教学内容和课程体系改革是一个复杂而多维的过程，涉及教育理念的转变、教学方法的创新、课程内容的优化以及教

---

① 毛秀丽等. 从课程角度探讨提高人才培养质量 [J]. 黑龙江教育（高教研究与评估），2022，1387（5）：67-70.

② 王蔷等. 重构英语课程内容观，探析内容深层结构：《义务教育英语课程标准》（2022 年版）课程内容解读 [J]. 课程. 教材. 教法，2022，42（8）：39-46.

③ 岳辉，和学新，钱淼华. 课堂教学中的价值教育：实质与内容 [J]. 当代教育科学，2016，444（21）：19-22.

师角色的转变等多个方面。

首先，更新教育思想观念是推进教学内容和课程体系改革的前提和基础。在知识经济时代下，为了提高国家的综合竞争力，必须更新教育观念，转变教育思想。以科技创新为核心的综合自主创新能力成为新时代人才培养的重要内容之一，这要求我们尊重教育必须适应社会发展的规律，注意教育内在要素的相关性和一致性。教育思想观念的转变是全方位的，需要全体师生员工的共同努力。

其次，教学内容和课程体系的改革需要注重学生的全面发展。目前的基础教育课程改革强调让学生主动参与，构建一个教与学的"生态系统"，着眼于每位学生的发展。教学过程应体现学生的"自主、探究、合作"。在实施新课程时，教师必须彻底转变教育教学观念，重视教学内容的拓展，加强师生交往，促进互动。

再次，教师的角色和教学方法的创新是推进教学内容和课程体系改革的关键之一。教师应加强学习，积极进行教育科研，在教育目标构建、教材深化、创造性地实施课程计划等方面进行观念更新。同时，教学方法应激发学生思考，注重对学生进行能力培养，打破陈规，以适应现代教学的需要。

最后，课程改革的目标是实现教学过程中的学生"自主、探究、合作"，这要求教师在教学过程中转变传统的教育观念，转变角色，适应课程改革，树立正确的教材观，落实课程改革的理念。同时，课程改革还应关注专业设置、课程结构、教学内容、教学方法等方面的系统性、完整性，注重思维模式和教学体系的改革。

更新教育思想观念，推进教学内容和课程体系改革是一个系统工程，要从更新教育观念、注重学生全面发展、转变教师角色和创新教学方法等多个方面入手，形成全面、深入、有效的改革策略。

二、跨学科教育的推广

（一）概念

跨学科教育是一种教育模式，它强调不同学科之间的交叉与融合，旨在培养学生的综合能力，包括批判性思维、创新思维、合作能力和沟通能力等。这种教育模式的价值在于帮助学生构建更加全面和深入的知识体系，提高其解决复杂问题的能力。

跨学科教育涉及不同学科知识的整合与应用，它不仅仅是简单地将多个学科的知识并列在一起，而是通过深入的交叉与融合，形成新的知识体系和视角。这种教育模式鼓励学生从多个角度和维度理解问题，促进学生思维的多元化和深度发展。

跨学科教育在培养综合能力方面发挥着重要作用。通过跨学科的学习，学生学会如何将不同领域的知识和技能应用于实际问题的解决中，从而提升创新能力和实践能力，增强批判性思维和解决问题的能力，建立起系统的知识结构，提高学习品质和效率。

跨学科教育的价值体现在其对社会发展的贡献上。随着社会的快速发展和科技的进步，许多新的问题和挑战需要跨学科的知识和技能来解决。跨学科教育能够为社会培养出具有高度综合素质和创新能力的人才，以满足社会和经济发展的需求。

跨学科教育是当代教育改革的重要方向之一。促进不同学科之间的交叉与融合，能够帮助学生构建更加全面和深入的知识体系，培养自身的综合能力，为社会的发展做出贡献。

（二）跨学科教育推广现状

当前，跨学科教育在中国的推广取得了一定的进展。一方面，随着社会对综合型人才需求的不断增加，学校和教育机构开始重视跨学科教育的重要性，积极探索跨学科课程设置和教学模式创新。另一方面，一些高校和学术机构也在跨学科研究方面取得了一些突破，促进了学科之间的交叉与融合。然而，跨学科教育在推广过程中仍存在一些问题和挑战。

第一，跨学科教育在课程设置和教学实践上存在一定的难度。由于传统的学科分类和学科专业设置，学校在跨学科课程设置和教学安排上存在某些制度或管理障碍。此外，跨学科教育的专业知识和教学能力需要进一步提升，以更好地指导学生进行跨学科学习和研究。从教育理念和政策支持的角度来看，我国高校跨学科教育侧重于宏观视野，重视思辨性的规范研究①，侧重于理论的构建和规范的制定，但跨学科教育实践的经验以及微观层面的效果评估较缺乏，实证研究成果较少。

第二，跨学科教育需要更多的资源支持和教育改革。跨学科教育需要跨学科的师资队伍、教学资源和实践平台的支持，这需要学校和教育部门加大投入力度。同时，跨学科教育也需要更多的教育改革和政策支持，以

---

① 刘水云等. 欧美教育政策研究与学科发展及其与中国的比较分析［J］. 教育学报，2014，10（3）：62~68.

促进学科之间的交叉与融合，为学生提供更多元化的学习体验和发展空间。在教育体系和课程设置方面，我国大部分高校虽然正在建立完整的跨学科人才培养体系，在课程体系、跨学科培养项目、组织形式和培养途径等方面逐步形成了鲜明的特色，但总体上还存在诸多不足①。

第三，跨学科教育在评价体系和认知观念上也需要进一步完善。传统的评价体系和认知观念往往偏重学科专业知识和成绩，而对于跨学科能力和综合素养的评价相对欠缺。因此，需要建立更加全面和多元化的评价体系，以更好地反映学生的跨学科能力和综合素养。我国高校在跨学科专业发展机制上还存在多元主体需求传导不畅、专业设置制度不合理等问题，影响了跨学科教育的质量和效果②。

第四，从国际化合作的角度来看，跨学科教育对于培养国际化创新型、复合型人才具有促进作用。我国大部分高校虽然在跨学科教育中加强了与世界先进国家大学的合作，有利于学生形成新的知识体系，促进了中外师生双向流动，但在推进跨学科教育的国际化进程中仍面临一些挑战和困难③。

第五，我国研究型大学的实践及启示。我国研究型大学通过设置跨学科专业，强调多学科或多领域的知识结构，以及跨学科分析问题的视角与方法；形成了较为完善的创新人才培养体系，包括丰富的跨学科课程、"产—学—研"一体化人才培养模式、创业教育、创新学习平台和激励机制等。在本科教育改革中，我国研究型大学注重教育衔接、文理渗透、教学创新、优化育人环境等，创建了多种培养模式，培育了实现个人价值的创新文化。"学习范式"的引入，关注学生学习和学习效果，整体推进本科教育转型。我国研究型大学秉承学术治理的原则，构建起以学术为先导、恪守法律规约、讲求科研诚信等内容为特征的科研管理理念。其科研开发与成果转化，与人才培养相结合，与各级政府和工业界紧密合作，注重交叉学科建设，抓好队伍建设。

因此，跨学科教育推广的现状，显示了其在教育体系中的重要性。跨

---

① 郑石明. 世界一流大学跨学科人才培养模式比较及其启示 [J]. 教育研究，2019，40（5）：113-122.

② 张晓报. 跨学科专业发展的机制障碍与突破：中美比较视角 [J]. 高校教育管理，2020，14（2）：62-70.

③ 刘红，谢冉，任言. 交叉学科教育的现实困境和理想路径 [J]. 研究生教育研究，2022，68（2）：32-36，90.

学科教育旨在打破传统学科界限，通过主题教学促进学生全面发展。这种教育模式已成为世界一流大学人才培养的重要途径，在全球范围内得到了推广和实施。为了有效实施跨学科教学，教师需要具备一定的跨学科素养，包括跨学科思维、其他学科知识储备等①。但由于长时间单一学科教学实践等因素影响，很多教师的跨学科素养不足。

（三）跨学科教育实施策略

多专业协同，探索跨学科多专业协同实践教学模式。探索跨学科多专业协同实践教学模式旨在通过不同学科和专业的融合，培养学生的综合能力、创新能力和解决复杂问题的能力。这种模式促进学生在实际工作和研究中应用理论，有助于提高其适应社会和行业发展的能力。

实施跨学科多专业协同实践教学模式的关键，在于构建有效的教学体系。包括创新管理机制，营造创新思维的育人环境；以学生为主体，教师为主导，培养以学生综合能力为核心的教学体系；以及构建纵向和横向相结合的综合实践教学课程体系，以真实的社会问题为载体进行项目教学设计。

为了加强跨学科团队的构建和合作，我们可以设立跨学科团队，组建多学科导师组，针对共同问题举办讲座，致力于培养学生的创新能力。借助国家大学科技园的支持，与产业园区展开合作，通过实践项目和创业孵化指导，提升学生的创新创业能力。

为确保跨学科多专业协同实践教学模式的有效性，可以建立有效的评价和激励机制，包括构建全过程、多维度、多元化的创新型实践环节评价体系，以及科学组织课程评价，激励学习主体积极参与。

建立跨学科多专业协同实践教学模式是一种有效的教育改革方向。通过构建和营造有效的教学体系和环境，加强跨学科团队的建设和合作，以及建立有效的评价和激励机制，可以促进学生的全面发展，提高其解决实际问题的能力。

（四）实施跨学科多专业协同实践教学模式的国际经验

海外某些大学成功实施了跨学科多专业协同实践教学模式，取得了丰硕成果。

美国和墨西哥的大学合作开展了一项跨国界、多学科的教育项目。该

---

① 王欢，田康. 教师跨学科素养的现实问题与应然追求［J］. 教育理论与实践，2022，42（2）：39-41.

项目涵盖语言和文化沉浸、社区社会机构互动与合作研究，特别注重促进跨文化和跨语言理解。其通过创新课程设计、增强家庭和社区互动体验，组织跨学科学习以及社区教育之旅的方式来实现项目目标[①]。

在欧洲，一所应用科学大学的学生参与了跨学科团队合作的研究，该研究涉及两个研究中心。研究表明，学生在跨学科合作方面具有不同程度的成就，这取决于其学科背景、个人特征、所在研究中心、所属主题小组以及毕业研究任务的质量等因素[②]。

西交利物浦大学（XJTLU）在中国提供了一些跨学科教学和学习的模块。这些教学模块得到了来自电影与电视艺术学院，英语、文化与传播专业（ECC）、城市规划与设计系（UPD）以及语言中心（LC）的教职人员的支持。这些教学模块已经有了显著的发展，涵盖课程大纲、教学方式、教学内容、学习空间以及人员配置等方面的变化，同时随着时间的推移，信息通信技术（ICT）在教学中的作用也得到了增强[③]。

三、实践教学的强化

实践教学的强化是高等教育改革的一个关键方向，旨在培养学生的创新意识和实践能力，以适应时代发展的需求。高校采取了多种措施来深化实践教学改革，建立科学合理的实践教学体系，强调实践环节在专业课程教育中的重要性。这些改革措施涵盖加强学生实践能力的培养、引入企业资源打造校企合作实验平台、改进教学方法，以及通过整合专业核心课程的实践环节、增设综合课程设计环节等方式持续提升学生的应用能力[④]。

拓展实践教学模式是提升高校人才培养质量的有效途径之一。以航模制作和科技创新为基础的实践教学模式，能够有效提升学生的综合素质和创新能力。加强实践教学管理，提高实践教学质量是至关重要的。改革实践教学体系，提升实践创新能力，构建完善的实践教学平台是加强实验（实践）教学的关键。

---

① 李丽娟等. 跨学科多专业融合的新工科人才培养模式探索与实践［J］. 高等工程教育研究，2020（1）：25-30.

② 程荣荣，董琳. 高校跨学科协同实践教学模式探讨：以远景学院为例［J］. 高教学刊，2019，113（17）：104-106.

③ 解建红，陈翠丽，王彤. 跨学科多专业综合实践教学有效性路径探索［J］. 高等农业教育，2018，307（1）：52-55.

④ 甘娅丽. 深化实践教学体制改革，提高实践教学质量［J］. 实验科学与技术，2003（2）：6-10.

教师在实践教学中的关键作用不可低估，他们的专业指导能力和教学管理水平直接影响实践教学的质量和效果。职业类学校应当更新教育理念，改变教学观念，突出实验、实训、实习等实践环节，并全面规划实践教学工作。建立完善的实践教学体系有助于提升学生的实践创新能力，而强调实践教学、加强技能培养是职业学校的重要使命。

例如，内蒙古科技大学信息学院加强实践教学以促进应用型人才培养的模式表明，建立应用型本科人才培养的实践教学体系并付诸实践是可行且有效的。拓宽教师的知识领域，强化实践教学，突出能力培养是提高学生实践能力的关键。厦门医学院食品质量与安全专业的案例进一步证实了从课程实验设置、校内实训、校外实习等方面入手提升实践教学水平的重要性。

实践教学的强化需要高校从多个方面入手，包括改革实践教学体系、加强实践教学管理、拓展实践教学模式、强化教师在实践教学中的作用等，确保能够培养出具有创新意识和实践能力的应用型人才。

高校要构建科学合理的实践教学体系，明确实践教学的目标和内涵。实践教学旨在培养学生的创新实践能力，包括问题探讨、深度体验和批判反思等基本能力。构建实践教学体系，以提升学生的实践动手能力、树立创新精神和培养创业能力为目标。

确立完善的实践教学内容体系至关重要。实践教学内容应涵盖课程实践教学、专业实践教学和社会实践教学等多个方面，包括课内的主题讨论、观看相关视频、研读原著等活动，以及课外的社会调研、参与公益活动等①。同时，加强实践教学的管理，不断优化实践教学内容，并积极探索创新的实践教学模式。

确立质量保障体系至关重要。高校应建立综合的保障体系，包括组织管理体制、运行机制、考核和质量监控体系、经费和基地保障机制等。需要改善实践教学的质量监督和考核评价体系，以确保人才培养质量稳步提升。

师资队伍的培育。构建应用型本科院校实践教学体系，培育专兼结合的师资队伍。高校需要注重教师的实践教学能力和创新能力的培养，以更好地指导学生。

---

① 张占珍. 构建优化实践教学体系 增强学生实践创新能力 [J]. 甘肃高师学报，2018，23（3）：69-73.

探索逻辑机制是至关重要的。为科学构建高校实践教学工作机制，高校需要建立动力发生机制，涵盖政策引导、动员激励和细化准备；健全协调运行机制，包括组织规范、统筹协作和条件保障；构筑质量监控机制，涉及标准确定、质量视导和安全预警；并完善绩效测评机制，涉及学生、教师和学校三方面。这些机制相互配合、相辅相成，共同构建系统化、规范化和有序的综合逻辑机制。

在构建科学实践教学体系时，高校应注重培养学生的职业能力和科学探索实践能力。为此，高校需要探索并采用多元化的实践教学方式，例如人物访谈、社会调研、参与公益活动等。这些方法有助于激发学生的学习兴趣，提升他们的实践技能和解决问题的能力，为他们未来的职业发展打下坚实基础。

▶ 第二节　校企深度融合的合作模式

一、建立校企实习与就业机制

建立校企实习与就业机制是当前高等教育和职业教育改革的重要方向之一。

第一，在校企合作模式下，解决大学生就业问题，构建和完善就业机制至关重要。这一机制旨在通过学校和企业的合作努力，共同构建前就业机制、准就业机制和完全就业机制，从根本上解决大学生的就业难题。

第二，构建毕业实习与就业的联动机制，构建保障机制、校企合作沟通机制和考评机制，促使毕业实习成功转化为就业，促进毕业实习与就业良性发展。

第三，校企共建多层次人才实习实践基地模式，是提高人才培养质量及职业素养的有效途径。这种模式以校企双方需求为导向，校企双方共同投入建立长效合作机制，面向多层次人才建设涵盖教学、科研以及生产各环节的实习实践基地。

第四，构建与完善校企融合模式下的大学生就业机制。这主要涵盖前就业、准就业及完全就业等层面的就业机制。要加强高校与企业的深入合作，积极探索新型就业模式，致力于建立健全的就业机制。

第五，校企合作"订单式"培养模式是一种有效的尝试。这种模式充分发挥了学生的主体作用，严格根据市场需求整合校企等各种社会资源，为社会培养了一批批创新型人才，有助于实现高校学生毕业与就业之间的平滑过渡。

（一）校企合作模式下的"就业机制"

校企合作模式下的就业机制主要包括以下内容。

第一，岗前训练与顶岗实习。学生在校期间参与企业的实际工作，进行岗前训练和顶岗实习，这有助于学生提前适应职场环境，增强实际操作能力和职业素养。

第二，订单培养模式。企业根据自身需求，与学校共同设计课程和培训计划，实现学生的"订单式"培养。在这种模式下，学生的学习内容和技能直接对接企业的实际需求，提高了毕业生的就业率和就业质量。

第三，精准就业与完全就业。通过校企合作，企业可以对高校毕业生进行一对一的精准培养，同时，高校也能通过企业提供的信息和资源，帮助学生找到合适的就业机会，实现精准就业和完全就业。

第四，产业链模式。在这一模式下，学生不仅学习一种职业技能，还会掌握同一产业链上其他节点企业的多种职业技能，这样即使"订单企业"发生产业转型，学生也能迅速适应新的岗位需求，保持就业的连续性和稳定性。

第五，创新工作机制。包括指导机制和组织机制等。这些机制的创新有助于更好地满足高职毕业生的创业及就业需求，提高他们的就业竞争力和创业能力。

第六，共享平台与产学研合作。国家和地方政府需要加大调控力度，构建校企合作的共享平台，促进产学研的深度融合，解决高校毕业生的就业问题，推动高等教育的可持续发展。

（二）毕业实习与就业的联动机制

构建毕业实习与就业的联动机制以促进良性发展，需要综合考虑多方面的因素和采取多种策略。

第一，加强校企合作。高校与企业之间的紧密合作是实现实习与就业联动的关键。通过建立长期的战略合作关系，双方可以共同制订人才培养计划和就业指导方案，确保学生在实习期间能够获得与未来工作相匹配的技能和经验①。

第二，实施"五体联动"模式。引入政府、高校、产业、学生及第三方平台作为主体，形成一个全方位的支持体系，有效地整合资源，提高实习生的实践能力，突破现行实习机制的瓶颈②。

第三，优化实习内容和形式。根据市场需求和行业特点，设计符合实际工作需求的实习项目。鼓励学生参与顶岗实习和准就业管理，以提高其就业竞争力。

第四，强化实习指导和管理。高校应加强对实习过程的管理和指导，确保实习质量，提供职业规划和就业指导服务，帮助学生明确职业目标，提升就业技能③。

第五，建立反馈和评估机制。通过定期收集企业和学生的反馈信息，评估实习效果和就业情况，不断调整和优化实习与就业联动机制，及时发现并解决问题，确保机制的有效运行。

第六，促进理论与实践的结合。鼓励学生将课堂所学的理论知识与实际工作经验相结合，通过解决实际工作中遇到的问题来深化对专业知识的理解和应用。

（三）校企融合模式下的大学生就业机制构建策略

构建和完善校企融合模式下的大学生就业机制的关键策略如下。

第一，改革人才培养理念和制度。改变传统的教育模式，将学校与企业的合作纳入人才培养的全过程；调整课程设置，使之更贴近企业需求，加强实践教学环节，确保学生能够获得实际工作经验④。

第二，加强校企合作的灵活性和多样化。校企合作根据不同的行业特点和企业需求，采取多种合作方式，如实习、实训、联合研发等。这种多样化的合作方式能够更好地满足不同企业和行业的具体需求。

---

① 王琳琳等. 校企深度合作专业实习实践教学新模式探索 [J]. 教育教学论坛，2022，555（4）：1-4.

② 蔡志奇，黄晓珩. 构建多层次全方位校企合作的实践教学体系 [J]. 实验室研究与探索，2013，32（6）：359-362.

③ 杨静等. 校企合作、产学研结合培养应用型人才 [J]. 实验室科学，2022，25（2）：175-178.

④ 吴文群. 探索顶岗实习校企合作的新型职业教育模式 [J]. 吉林工程技术师范学院学报，2011，27（9）：35-37.

第三，建立校企合作共同体。校企双方可以建立更加紧密的合作关系，形成校企合作的共同体，共同参与人才培养过程，提高教育质量和适应性，增强学生的就业竞争力。

第四，强化实践能力和创新能力的培养。校企合作特别强调学生实践能力和创新能力的培养，通过增加实习机会、项目合作等方式，使学生能够在真实的工作环境中学习和成长。

第五，完善就业指导和服务体系。高校应提供有效的就业指导服务，帮助学生了解市场需求，明确职业目标；同时，还可以提供必要的职业规划支持，建立完善的就业服务体系，为毕业生提供持续的职业发展支持。

第六，政府和社会的支持与监督。政府应发挥引导和支持作用，制定相关政策，为校企合作提供良好的外部环境。社会各方面的力量可以参与到校企合作中来，共同推动大学生就业机制的构建和完善。

（四）校企合作"订单式"培养模式的优化

校企合作"订单式"培养模式可以根据市场需求进行整合和优化。

第一，明确需求导向与多主体管理。校企合作模式以市场需求为导向，构建学校、企业及行业协会等多方参与的管理体系，确保教育内容和企业需求紧密对接；同时通过行业协会的人才流动机制，促进人才的合理分配和使用[1]。

第二，构建"产—教—研"三位一体的技术平台。建立一个集产业、教学、研究为一体的平台，提供实践教学基地，让企业的专家直接参与人才培养方案的制订，从而提高学生的实际操作能力和创新能力[2]。

第三，深化校企合作，实现共赢。通过深层次的校企合作，明确就业去向，针对特定岗位进行工作能力培训，提高人才培养的实用性和针对性，实现企业、学校及学生三方共赢[3]。

第四，改革教学体系，实现平滑过渡。依托校企合作，建立实训基地，通过课程置换的方式，实现毕业与就业之间的平滑过渡，有助于学生适应未来的工作环境。

---

① 张俊桂等. 基于校企双赢合作建设新型专业实习基地 [J]. 实验室研究与探索，2013，32（6）：353-355，436.

② 吴金星等. 校企合作实践教学为培养应用型人才打开一扇窗 [J]. 大学教育，2014，39（3）：99-101.

③ 谭雪燕等. 基于系统管理理论视角下的毕业实习与就业联动机制研究 [J]. 经济研究导刊，2015，265（11）：79-81.

第五，向广义的"订单式"人才培养模式转变。将传统的狭义"订单式"人才培养模式转变为广义的模式，即从单个企业主导的小订单式人才培养模式转变为以行业为主导的大订单式人才培养模式，从而满足行业的整体需求。

第六，明确制度保障与深度对接。构建订单式人才培养模式时，需要学校与企业共同订制培养方案，提高学生认同感，确保双方有深度的对接和合作，做好制度保障。

第七，优化专业结构与形成性评价机制。针对应用型大学在"订单式"培养中存在的问题，如企业参与不够、积极性不高等，需要从转变教学理念、优化专业结构、改革培养方案以及建立形成性评价机制等方面进行改进，提高企业和学生的参与热情。

（五）校企共建多层次人才实习实践基地的成功案例

校企共建多层次人才实习实践基地的成功案例包括多个领域和地区的实践，这些案例展示了不同类型的校企合作模式及其成效。

嘉兴学院电气专业校外实习基地通过与企业的深度合作，形成了企业深度参与的管理和质量监控体系，有效提升了学生的实践和创新能力。

广州大学声像与灯光技术实验室采取"筑巢引凤"的形式与企业联合共建校内实践基地。该基地在教学、科研和生产中发挥了重要作用，获得了社会各界的积极评价。

天津师范大学经济学院与天津鑫茂科技投资集团共建实习基地，实施了"双导师制"，提高了大学生的实际操作能力和综合素质。

武汉软件工程职业学院计算机信息管理专业与武汉数阵公司联合建立的联合实验室，充分利用了校企的深度融合，共建、共管、共享实训基地，共同承担技能型人才培养任务。

湖北科技学院社会体育指导与管理专业与蓝堡体育投资有限责任公司杭州萧山分公司的校企合作，通过对实践基地中教学运行过程产生的问题进行分析，提出了构建实习长效机制的建议，促进了校企合作双方的共同发展。

二、共建实训基地

共建实训基地是职业教育领域中一个重要的实践教学模式，它通过校企合作的方式，将教育资源与企业资源相结合，旨在提高学生的职业技能和就业能力。

（一）实施策略

第一，多方合作模式。校企合作是共建实训基地的主要模式之一，通过引入企业的资金、技术和管理经验，与学校的人力资源、教学资源和科研能力相结合，共同建设实训基地。要鼓励政府、行业组织和其他院校参与，形成"政校企"多方合作的模式。

第二，功能多样化。共建实训基地应具备教学、培训、考证、研发、检测等多种功能，以满足不同专业和行业的需求。这种多功能性的设置有助于提升实训基地的使用效率和社会服务能力。

第三，资源共享与信息平台。建立第三方平台，推进信息共享，完善管理机制，健全运营与资金筹措体制，建立教学激励机制等，是解决共建共享方面存在的问题的有效途径。通过此途径可以实现资源的优化配置和高效利用。

共建实训基地是提高职业教育质量和适应社会需求的重要途径。多方合作、功能多样化、资源共享等策略，能够有效提升实训基地的建设水平和运行效率；同时，解决共享不均衡、成本管理与教学激励机制不健全等问题，深化校企合作，实现高职院校人才培养目标。

（二）共建实训基地共享不均衡问题的解决策略

要解决共建实训基地共享不均衡和重复建设的问题，需要从多个角度出发，综合考虑政策、管理、技术等多个方面。

第一，加强政策支持和法规建设。政府进一步完善政策法规，创新投融资机制，建立协调机构，为基地建设与共享营造良好的外部环境，确保各参与方在共建共享过程中的权益得到保障。

第二，优化资源配置和管理机制。建立有效的教学管理机制、资源管理机制、师资管理机制以及优先选用人才机制，充分发挥区域共享型实训基地的作用，通过校企合作共建共享型模式，形成职业院校专业群在管理与运行方面的策略。

第三，强化信息化建设和共享机制。公共实训基地建设，依据职业岗位标准，充分运用市场竞争机制，强化基地信息化建设，建立基地共享机制，提高资源利用效率，减少重复建设。

第四，明确实训基地的功能定位和构建原则。通过系统阐述区域共享型实习实训基地的意义、指导思想、构建原则、基地功能定位等，明确实训基地的建设目标和任务。

为消除共建共享过程中的障碍，需要着重解决政策保障、组织管理、产权归属等关键问题，以及沟通协调、成本分担、师资流动等动力问题。逐一破解这些障碍，才能确保实训基地的共建共享顺利进行。通过有效的沟通与协调、明确的成本分担机制以及安排合理的师资流动的机制，可以促进各方合作，实现资源共享，提升实训基地的利用效率。

第五，探索校际共享型实训基地建设实践模式。职业学校之间合作共建实训基地，遵循基本原则，提出具体实施策略和建议，实现资源共享。

第六，扩大"双师型"教师的培养规模。解决"双师型"教师匮乏的问题，是提高实训基地质量的关键。

三、引入企业导师制度

引入企业导师制度涉及人力资源管理、职业教育和企业文化建设等多方面的维度和跨领域的制度设计。企业导师制度通过提供职业支持、社会心理支持以及树立榜样等功能，改善员工的工作态度，减少组织偏差行为。研究表明，正式导师的指导行为与徒弟的情感承诺呈显著正相关，与徒弟的离职意愿呈显著负相关[1]。这样的制度设计有助于改善组织内部的员工的表现，增强凝聚力，促进整体绩效的提升。远程企业导师制作为一种新的探索，解决了企业参与热情低、中西部偏远地区寻求校企合作难度大等问题。

（一）企业导师制度实施及其效果评估

企业导师制度在创业领域、工程教育领域以及企业管理领域的实践，积累了丰富的案例。

在创业领域，企业导师制度对促进创业者的成长、提高创业企业的成功率具有重要作用。运用 CIPP 教育绩效评价模型，可以构建一套综合反映创业导师指导背景、指导投入、指导过程和指导效果的绩效评价指标体系。实证研究验证了该方法的有效性和可操作性[2]。

在工程教育领域，企业导师制度对于提升工程硕士的职业胜任力和实践绩效具有显著作用。研究表明，企业导师的领导风格（如支持型领导）能够通过职业胜任力和工作投入的链式中介作用，显著提升工程硕士的实践绩效。性别差异和传统性等因素也会影响企业导师领导风格的效果。

在更广泛的企业管理领域，企业导师制度同样具有积极的效果。一项

---

① 陈诚. 企业导师指导行为的影响因素及作用机制研究 [D]. 武汉：华中科技大学，2013.
② 周月容. 企业导师研究回顾、评述与展望 [J]. 全国流通经济，2021，2271（3）：99-102.

针对 87 家使用商业教练服务的公司的调查显示，大多数受访者认为教练过程提供了超过投资回报的结果，并且在多个目标领域中，教练体验与客户结果之间存在非常正面的关系。特定的教练模式（如基于个性分析的教练模式、360 度评估和技能提升）在欧洲和美国企业中的应用，显示出其有效性①。

尽管企业导师制度的实施方式和效果可能因行业和具体实施环境的不同而有所差异，但结果均表明，其可以显著提升个体和组织绩效。

（二）建立科学合理的企业导师业绩考核体系

建立科学合理的企业导师业绩考核体系，明确考核的目的和原则。考核体系的构建应以提高企业导师的指导质量和效果为核心目标，遵循系统性、针对性、过程性与结果性、精确性与模糊性相结合的原则②。

一是构建多维度考核指标体系。可以参考高校创业导师团队绩效考核体系的构建方法，从结构、技能、运营、发展力、社会责任五个维度出发，初拟考核指标，通过德尔菲法和层次分析法等方法进行筛选和权重赋值，统筹思想品德、指导过程、指导结果在内的二级指标。

二是采用多元化的评价方法。结合导师、研究生与管理人员的共同参与，采用诊断帮助式评价理念，设置各指标评分判据。借鉴平衡计分卡的应用，建立包含学习与发展、过程管理和指导效果的三维度模型。

三是确保考核标准的统一性和科学性。针对目前企业导师绩效考核评价指标存在的标准不统一等问题，应立足于校企合作视角，围绕企业导师管理全过程，搭建聘前、聘期以及聘后追评指标体系，制定保障措施。

四是优化和创新考核体系。可以参考专业硕士导师绩效考评体系的问题与优化经验，采用矩阵建模及专家评价法优化设计绩效考评体系，确保考核体系有效反映企业导师的能力和工作质量。

五是强化考核结果价值。考核结果应用于导师的晋升、淘汰等方面，为导师提供科学全面的依据，鼓励导师依据评估体系自检，进行横向、纵向比较，发挥主动性和积极性。

（三）企业导师师资力量瓶颈缓解策略

企业导师师资力量薄弱的主要原因在于教育知识和教学能力的不足。

---

① 刘利霞. 企业导师制研究 [J]. 合作经济与科技, 2020, 630 (7): 95-97.

② 康宛竹, 艾康. 国外企业导师制的研究路径与走向 [J]. 国外社会科学, 2013, 298 (4): 127-133.

许多企业导师在教育理论和教学方法方面缺乏足够的知识和技能，这直接影响了他们指导学生的质量和效果。

一是专业管理机构缺乏。在高校和企业中，常见的问题是缺乏专门负责导师队伍建设的专业管理机构，导致导师选拔、培训和评价等环节缺乏系统性和规范性。建立专门的管理机构是至关重要的，可以有效规范导师队伍的建设和管理流程，提升导师队伍的素质和指导质量，从而更好地支持学生和员工的职业发展。

二是招聘机制不完善。在某些情况下，导师的招聘过程缺乏透明度和科学性，难以吸引和选拔到真正具备高教学水平和科研能力的人才。

三是缺乏科学的培养计划和过程管理。即使有合适的导师人选，但由于缺乏系统的培养计划和有效的过程管理，也难以保证导师能够持续提升其教学水平和科研能力。

四是考核评价机制不健全。缺乏公正、合理的考核评价体系，使得导师的工作积极性和创新能力难以得到有效的激励和保障。

针对上述问题的解决方案如下。

一是加强专业管理机构建设。高校和企业应建立专门的导师管理部门，负责导师的选拔、培训、评价和激励等工作，以提高导师队伍的专业化和系统化水平。

二是完善招聘机制。通过公开透明的招聘流程，结合严格的资格审查和面试评估，确保选拔到既具备专业知识又具有教学经验的优秀人才担任导师。

三是制订科学的培养计划和加强过程管理。根据导师的具体需求和发展目标，制订个性化的培养计划，并通过定期的跟踪评估和反馈调整，确保培养效果。

四是建立完善的考核评价和激励机制。通过建立科学合理的考核评价体系，定期评估导师的教学质量和科研成果，并根据评估结果给予相应的奖励或支持，以激发导师的工作热情和创新动力[①]。

五是强化校企合作。通过强化校企合作，促进教育资源和企业需求的有效对接，共同培养符合社会和产业发展需要的高素质人才。

---

① 张瑞林等. 基于绩效评估的本科生导师工作考核评价指标体系构建［J］. 教育教学论坛，2020，462（16）：24-26.

（四） 远程企业导师制赋能偏远地区校企合作模式

远程企业导师制在解决中西部偏远地区校企合作问题方面，具有显著优势和潜力。远程教育平台能够有效打破地理距离的限制，使得偏远地区的高职院校能够与城市中的企业进行紧密合作。这种合作模式能够提供给学生更多的实践机会，促进教育资源的均衡分配[①]。

远程企业导师制有效整合和利用远程开放教育资源，通过网络平台实现校企之间的信息共享和资源互补，提高教育质量和效率，动态调整专业设置和课程内容，既契合当地经济发展需求，又服务地方经济发展[②]。

远程企业导师制通过建立"政府搭台、校企融合、多方联动、协同发展"的模式，加强政府、学校和企业的合作，形成有效的利益共享和风险共担机制。这种模式有助于解决偏远地区校企合作中存在的资金、技术和人才等多方面的困难。

实施远程企业导师制需要考虑技术和管理上的挑战。要确保网络教学的质量和效果，并有效管理和评估远程教学活动，加强对教师的培训和支持，确保教师熟练使用远程教学工具和方法，以提高教学效果。

（五） 企业导师制实施的信息技术价值

在现代信息技术的支持下，企业采取多种方法来突破导师制实施中的技术和资源限制。

一是数字化和在线技术的应用。重新启动传统企业导师制，借助数字化技术有效扩展导师的影响力，提升培训的可访问性。这包括利用在线平台提供实时或录播的培训课程，同时利用社交媒体和论坛等工具促进学员之间的互动和知识分享。

二是瓶颈技术管理。应用约束理论（theory of constraints）来识别和管理技术实施中的瓶颈，帮助企业更有效地分配资源，优化技术创新，避免因技术限制而发生意外。

三是集成化的管理方法。采用集成化的管理方法，如扁平化、柔性化和网状化的管理组织模式，提高企业的响应速度，以适应技术变革和市场需求的变化。

---

① 张伟罡，翁伟斌. 远程企业导师制：推进现代学徒制的新探索 [J]. 职业技术教育，2019，40（35）：53-56.

② 马焕灵等. 研究生导师立德树人职责履行评价指标体系的构建 [J]. 现代教育管理，2020，365（8）：84-92.

四是创新导向型管理模式。基于信息技术的特征，推动技术创新和经营管理创新。这种模式强调观念创新和人本管理对外界环境变化做出快速反应，从而及时进行必要的变革。

五是行动研究与平衡计分卡。通过行动研究项目设计交互式和诊断式控制过程，将其整合到平衡计分卡中，有效实施 IT 战略，测量战略结果。这有助于企业在执行技术战略时保持透明度和可控性，监测和评估战略目标的达成情况。

▷第三节　政策支持与资源投入

一、政策环境的营造

数字人才培育的政策环境营造是一个复杂而多维的过程，涉及教育体系、产业需求、政府政策、国际合作等多个方面。

第一，政策调适与优化。大数据和数字经济的发展对数字人才的需求日益增长。政府需要不断调整和优化相关政策，以满足产业发展的技术需求，并激发数字人才的创新创造活力。例如，北京市"十四五"规划中提到的优化人才结构、做好人才留用工作、加强人才培养体系等措施，就是具体实施方向的体现[①]。

第二，教育体系改革。构建有国际竞争力的新型 IT 教育体系是解决 IT 人才短缺和流失问题的关键。这包括职业教育、终身学习以及本土与国际人才的引进与培养。高校需要进行人才培养方式、教学模式以及知识生产体系的转型发展，以适应人工智能时代的特点。

第三，产教融合。企业数字化转型背景下，形成"产—学—政"一体化的人才生态系统建设体系，是提升企业可持续发展能力的关键。例如，天津出台的数字人才培育实施方案，通过打通项目落地"最后一公里"，

---

① 李帆等. 北京市数字人才政策发展现状及对策建议［J］. 人才资源开发，2022，478（19）：10-11.

促进数字经济和实体经济深度融合。

第四，区域差异与个性化政策。我国区域人才政策演进路线基本遵循人才制度创新的逻辑，但各区域政策价值取向存在较大差异。要提升高层次人才培养政策供给和人才使用政策供给，东部省市应将重点转移至人才培养政策供给，中西部省市加强国内人才引进政策供给。在信息化发展新阶段下，政府、企业和大众需要紧密配合，主次有序发展，将使用者也列为信息人才培养计划的一部分[①]。

数字人才培育的政策环境营造需要政府、教育机构、企业和社会各界的共同努力，通过政策调适与优化、教育体系改革、产教融合、全链条保障以及考虑区域差异和个性化政策等多方面的措施，共同推动数字人才的培养和发展。

（一）数字人才培育政策的国际比较

数字人才培育政策在不同国家的实施情况和效果表现出多样性和复杂性。各国在数字人才培养方面的策略和成效各不相同。

美国、英国、加拿大和中国在人工智能人才培养方面具有共性特征，如重视营造良好的人才培养环境、制定科学的人才培养目标等。美国在基础研究人才培养、数据环境建设等方面有较好的经验；英国则更加关注人工智能人才的数字理解能力培养；加拿大强调构建完整的人才生态系统；中国则在政府主导下充分发挥高校的作用[②]。

欧盟国家在数字人才培养方面也有显著的探索和实践，形成了较完善的教育理念与政策举措。例如，荷兰、瑞典和德国在提高公民数字技能方面采取了不同的策略和措施。其中，荷兰 16 至 74 岁人口中，有约 80% 能够运用数字技能，这在欧洲排名第一。

然而，尽管许多国家都在努力加大数字人才的培养和引进力度，但全球仍面临数字人才短缺的困境。各国要制定有效的政策，不断调整和优化人才培养模式，以适应数字经济的发展需求。

总之，不同国家在数字人才培育政策的实施情况和效果上存在显著差异，这些差异主要体现在人才培养的目标、内容、模式以及合作机制等方面。

---

① 安俊秀，李超，谢千河，等. 面向软件产业的人才培养生态环境建设 [J]. 计算机教育，2012（20）：8-10.

② 张锐昕. 人才工作数字化建设的需求及其影响因素 [J]. 中国科技人才，2021，60（4）：19-24.

（二）我国数字人才培育政策的区域差异化

面对区域差异，中国各地区在数字人才培育政策上采取了多种具体的差异化措施。

一是基础设施建设与投资。为缩小东部沿海地区与中西部内陆地区之间的数字鸿沟，政府加大了对中西部地区通信基础设施和教育的投资。广东省佛山市南海区作为国内率先开展教育信息化建设的地区之一，经历了基础设施建设、应用普及和深入服务三个阶段。在这个过程中，南海区不断完善教育信息化基础设施建设，推动技术应用的普及，并提高服务水平，为当地教育事业的发展提供了坚实支撑。

二是智慧教育政策的推广。近年来，各级各地教育部门陆续出台了一系列有关"智慧教育"的政策文件，推动教育信息化向2.0阶段升级。这些政策旨在通过技术驱动，提高教育资源的共享和再生水平，支持教师的专业发展[1]。

三是区域集群内多元主体互嵌的人才培养模式。数字创意产业的发展中，需要具备艺术人文底蕴、数字信息技术与市场化思维的复合型人才。因此，一些地区集群多元主体通过资源、关系链接、运行机制、利益绩效的交互渗透，在认知、资源、组织、结构、人际、利益等方面进行深度融合、互相嵌入，实现学生知识、能力、专业技术和职业素养的全面发展。

四是针对特定地区的特殊政策。例如，云南省作为全国少数民族种类最多的省份，实施了教育数字化、信息化的必要措施，以解决优质基础教育资源稀缺和基础教育资源极度不均衡等问题。

（三）营造政策环境吸引和培养数字人才的策略

在数字经济时代，企业通过营造政策环境吸引和培养高质量数字人才。

一是构建科学完善的人才引进机制。企业要建立一个系统的人才引进机制，吸引并留住优秀人才[2]，就要明确人才需求、制定合理的招聘标准和流程、提供人才的职业发展路径和培训机会以及有竞争力的薪酬福利。

二是加强与高校和研究机构的合作。企业与高校和研究机构合作，参与产学研项目，共同开发新的技术和产品。这种合作模式能够帮助企业获取最新的科研成果，为学生提供实习和就业机会，从而吸引更多的青年才

---

① 黄燕芬等. 我国信息化人才战略研究 [J]. 经济与管理研究，2005（12）：5-10.
② 温金海等. 如何借力数字化改革创新人才服务？[J]. 中国人才，2022，582（6）：40-44.

俊加入。

三是提供持续学习和成长的机会。在快速变化的数字经济环境中，持续学习和更新技能是必要的。企业应为员工提供定期的培训机会和学习资源，帮助他们掌握最新的技术知识和管理技能，以适应不断变化的工作需求。

四是优化工作环境和企业文化。一个支持性和包容性的企业文化可以提高员工的满意度和忠诚度。企业创造一个开放的工作环境，能够鼓励员工提出新想法。对于好的想法，可以给予适当的奖励和认可。

五是利用政府补贴和政策。政府的补贴和税收优惠政策能够为企业提供资金支持，降低运营成本，增强企业的竞争力。企业利用外部资源支持自身的发展。

六是强化数字化转型的战略规划。企业应将数字化转型作为一项长期战略，整合内部资源，明确转型目标和步骤。通过数字化转型，企业能够提高效率，优化业务流程，吸引和利用数字人才。

二、加大资金投入

加大数字人才培育的资金投入，这一趋势在国内外已非常明显。从政策层面来看，《"十四五"数字经济发展规划》明确了推动数字经济健康发展的指导思想、基本原则、发展目标等，这表明国家层面越来越重视数字经济及其人才培育。天津市人社局和财政局联合发布的《数字经济领域技术技能人才培育项目实施方案》是落实数字人才培育资金投入的政策体现。教育体系改革、职业教育、终身学习等需要匹配相应的资金投入。人力资源和社会保障部办公厅印发的《专业技术人才知识更新工程数字技术工程师培育项目实施办法》为数字技术技能人才培养和评价工作提供依据，需要资金支持。福建省出台的《福建省做大做强做优数字经济行动计划（2022—2025 年）》以及江苏省打造全国数字经济人才高地的策略，都体现了地方政府在数字人才培育方面的资金投入和政策支持。

以江苏省为例，江苏省已经建立了专门的人才发展专项资金。2010年，全省人力资本投入占 GDP 比重达到 13.2%，人才专项资金达 60 多亿元[①]。这表明江苏省对数字经济人才的培养和发展给予了高度重视和充足的支持。江苏省还通过人才、技术、资金等创新要素的大幅升级和重新组

---

① 张玺，程志会. 天津出台数字人才培育实施方案［N］. 工人日报，2022-12-12（006）.

合，铸就创新高地。江苏省发布《关于深入推进数字经济发展的意见》，提出了"1466"战略，即一个总目标、四大高地、六大工程和六项保障措施。这些措施涵盖了数字设施升级、数字创新引领、数字产业融合等多个方面，旨在全面推动数字经济的发展。江苏省加强组织领导、强化政策支撑、完善法规标准，以确保数字经济人才的培养和发展能够得到有效的政策支持和法律保障。

在全球范围内，数字领域技术创新的加速对数字人才的需求急剧增加，这促使各国增加资金投入培养数字人才。欧盟在数字人才培养方面已经有近二十年的历史探索和实践，形成了较为完善的教育理念和政策举措[1]。发达国家如美国、英国、澳大利亚和加拿大等已经投入数十亿美元用于将技术引入学校，并明确信息和通信技术在教育中的地位，从而推动教育体系的转型和升级[2]。

三、优化创新创业支持体系

优化创新创业支持体系是一个多维度、跨领域的复杂过程，涉及政策制定、教育改革、资金支持、服务生态构建等多个方面。

一是政策支持与评估。根据区域的客观条件、目标确定、创新模式选择和效率等约束条件，构建和完善创新创业政策支持体系，涵盖政策的制定、实施和评估。建立四级树状结构的创新创业政策评估体系，以拓展创新创业政策评估体系框架，突出政策本身与其宏观目标的契合度、与区域实际情况的匹配度、与政策执行便利度的关联性。

二是教育与实践平台。完善创新创业教育体系，构建创新创业实践平台是关键。例如，天津商业大学不断深化创新创业型人才培养教育改革，探索大学生创业实践模式，培养创新创业精神，增强创新创业能力。高校结合实际出台创新创业教育改革实施方案，修订人才培养方案和学籍管理制度。

三是资金支持与政策保障。构建创新创业资金支持和政府保障体系是开展创新创业工作的重要基础。需要全方位、深层次地剖析构建创新创业资金支持和保障体系工作中存在的问题，探究构建策略。

---

① 陈煜波，马晔风，黄鹤等. 全球数字人才与数字技能发展趋势［J］. 清华管理评论，2022，103（Z2）：7-17.

② 曾波涛，朱凤. 培育通信行业数字人才，助力数字经济发展：以"信雅达"的实践为例［J］. 中国培训，2022，398（5）：84-88.

四是服务生态链优化。优化创新创业服务生态链节点之间的关系、完善发展环境、提高稳定性与平衡性，是建立生态经济层面的完整、循环、可持续发展的创新创业服务链的关键。要营造良好的创新生态环境，充分激发企业创新动力，完善企业创新激励机制，发挥市场作用，加强政策引导。

五是社会资源整合。进一步发挥政府主导作用、强化高校教育功能、整合社会资源、挖掘人文情感支持资源、拓展朋辈互助渠道，是健全大学生创业支持体系的有效途径。

六是制度创新与环境优化。推进制度创新、优化创业环境，分析制约我国创业行为的制度因素，改善创业政策环境。

（一）构建和完善创新创业政策支持体系

一是建立系统性框架。建立一个包含要素、主体、关联、产业、区域、环境、开放和反馈的科技创新政策体系框架，应对科技创新政策的复杂性和相互交织的特征，为政策制定提供指引①。

二是强化政策工具的多样性。政策工具应多样化，包括法律、政治过程、规章、税收政策、补贴、培训计划等。这些工具能够刺激成功的创业，产生创新成果。

三是建立政府扶持型创业体系。政府政策应该通过影响创业环境、市场、主体等方式作用于创业活动。这包括推进创业长效机制、培育创业文化和氛围、改善政府扶持方式、加强创业基地建设、搭建项目对接平台、创新融资服务模式等②。

四是解决系统性和协调性不足问题。可以借鉴发达国家的经验，解决创新产业支持政策体系的系统性和协调性不足、激励机制不完善等问题，调整和完善相关政策体系。

五是构建创新创业政策分析框架。从技术和市场两个视角来定义"创新创业"，并从"政策资源—利益相关者—发展阶段"三个维度构建创新创业政策分析框架③。

六是创新政策研究支持系统。建立一个资源共享的互动平台，包括创新政策理论、工具、基础数据库和技术支撑等主要模块，为创新政策研究

① 常忠义. 区域创新创业政策支持体系研究 [J]. 中国科技论坛，2008，146（6）：21-24，30.
② 赵学清，王仕军. 制度创新与创业环境优化 [J]. 南京社会科学，2004（S2）：296-301.
③ 宋卿清，穆荣平. 创新创业：政策分析框架与案例研究 [J]. 科研管理：2022（11）：83-92.

人员提供学习互鉴的平台。

七是优化创新创业教育政策实施路径。基于政策文本分析法，勾画出我国的创新创业教育政策及其发展历程，从政府支持、高校培育和企业发展的角度阐述政策的实施过程①。

八是健全创业政策体系。认真审视现行创业政策体系，按照创业型经济的发展规律进行完善，实现创业型经济的持续繁荣。针对大学生创新创业的特殊需求，改善创新创业政策环境、搭建公共平台、完善专业服务、创新人才培养模式，以满足大学生创新创业的特殊需求。

在数字经济背景下，对创新人才的培养需要政府、企业和高校三方面的共同努力。政府采取"内生+外引"的策略，企业实施"1+1+N"的人才培养模式，高校通过产学研融合的方式②加强与企业的合作。三方共同打造适应数字经济发展的人才利用信息化教学平台，整合和共享创新创业教育资源，增强学生的创新创业意识和实践能力③。

（二）整合数字技术与专门课程

在数字化教育环境下，有效整合数字技术与专门课程，要遵循以下原则。

一是技术、教学法和内容知识的融合。要构建一个包含技术、教学法和内容知识的综合框架，即 TPCK 模型，强调教师在整合技术时所需的知识形式。教师需要掌握学科内容，了解如何通过技术来传授这些内容，并根据学生的具体需求调整教学方法④。

二是深层次整合。与传统的"信息技术与课程整合"相比，"深度融合"要求实现教育系统的结构性变革，包括改变传统的课堂教学结构，采用创新的教学模式，开发丰富的学习资源。这种深层次的整合既是技术应用实践，也是对教育系统的革新。

三是对信息通信技术（ICT）的利用。在高等教育中，ICT 工具的使用

①　杨明杏，徐顽强，夏志强. 完善优化创新创业体制机制与环境 努力推进湖北科学发展与跨越发展［J］. 湖北社会科学，2013，322（10）：48-51.

②　吴画斌等. 数字经济背景下创新人才培养模式及对策研究［J］. 科技管理研究，2019，39（8）：116-121.

③　胡垂立等."互联网+"环境下创新创业教育支持服务体系构建研究［J］. 佳木斯大学社会科学学报，2019，37（2）：182-186.

④　伊馨. 数字新业态人才创业胜任力的培养范式与路径［J］. 中国成人教育，2021，518（13）：35-39.

已经显著增加了学生获取信息和合作学习的机会。高校利用 ICT 的力量，应对数字化转型带来的挑战，从而提供高质量的教育[①]。

四是避免数字原住民假设。虽然许多教育技术研究者长期以来都支持超越 Prensky 等未来学家提出的数字原住民假设，但在专业教育背景下，这一概念仍然具有一定的影响力。因此，要通过发展与职业能力相关的程序和技术，培养认知和社会文化领域的数字素养，而不是简单地依赖于数字原住民的刻板印象[②]。

五是传统与数字技术的互补。在职业教育中，传统技术和数字技术的整合是提高教育质量的重要因素，通过增加、替代、发展和转变等方式，能够提高教学的教育生产力。

综上，要有效整合数字技术与专门课程，全面融合技术、教学法和教学内容，实现教育系统的深层次变革，充分利用 ICT 工具，避免数字原住民的刻板印象。

（三）科技创新人才个性化激励机制成果

在大数据时代，对科技创新人才的个性化激励机制研究取得了显著进展。

一是能绩积分自选式激励机制的构建。这种机制通过逐层分解战略目标，整合评估内部资源，确立激励选项，并通过动态循环考核评价来实现奖惩。科技创新人才根据自己的需求自主选择激励方式，如积分兑换、积分储蓄和积分贷款等，以满足多元化需求。

二是薪酬体系与激励效应关系的建立。研究表明，薪酬体系是多层面、多维度的，包括薪酬战略、薪酬水平、薪酬结构、计薪方式和付薪策略等。通过对这些维度进行研究，可以构建出科技创新人才与激励效应的关系模型，强化薪酬体系的激励效应[③]。

三是基于市场机制的科学激励方法的采用。利用金融工程技术，如虚拟股票和期权定价模型，建立基于结构创新的人力资源激励制度，有助于

① 黄振育等. 数字化时代高校创新创业教育优化策略思考 [J]. 文化与传播，2021，10（4）：92-95.

② 金阳. "互联网+" 背景下大学生创新创业政策体系优化研究 [J]. 延边大学学报（社会科学版），2022，55（5）：133-140.

③ 邬群勇等. "数字中国" 建设创新创业人才现状与对策研究：以福建为例 [J]. 中国人事科学，2022，55（07）：75-81.

促进人力资源的合理流动和有效配置，调动科技人才的工作积极性①。

四是高技能人才激励模式创新。针对高技能人才的特殊需求，提出了激励组合。通过科学地运用激励坐标和 DAC 图，创建有效激励高技能人才的管理模型。

五是创新型人才激励模式构建。在知识经济时代，创新型人才成为企业创新活动的中坚力量。研究企业创新型人才激励的特点及现状，可以构建出创新型激励模式，以适应创新型人力资本的时效性、稀缺性和异质性②。

六是大型科技创新型企业人才激励研究。综合国内外关于科技创新型人才激励的研究成果，并提出以人为本的大型科技创新型企业人才激励指导思想和理念，制订薪酬待遇、职业晋升、股权激励、绩效考核、人才培养"五位一体"的人才激励方案③。

七是创新型技术与商业人才激励机制构建。针对创新型技术人才和创新型商业人才的不同特点，分别设计激励机制，以更好地激发他们的创新潜力和工作动力④。

▶第四节　人才培养的国际化战略

一、加强国际交流与合作

职业教育的国际化水平和国际竞争力的提升是当前国际职教界聚焦的核心问题。全面把握"适应规则"与"制定规则"的关系、"引进来"与

---

① 葛宝臻. 完善创新创业教育体系，构建创新创业实践平台 [J]. 实验室研究与探索，2015，34（12）：1-4.

② 黄真真. 数字经济背景下高职学生创新创业教育优化路径 [J]. 科技经济市场，2022（2）：140-142.

③ 路正莲等. 强化机制创新，建设协同培养创新创业型人才平台 [J]. 实验技术与管理，2017，34（10）：18-20，24.

④ 谢从晋等. 大数据时代科技创新人才个性化激励机制研究 [J]. 新课程研究，2019，511（11）：89-90.

"走出去"的关系以及"顶层设计"与"基层创新"的关系，是制订系统科学的战略发展规划与完善相关政策法规体系建设的关键环节①。

"一带一路"视角下，对地方新建本科师范院校的国际化人才培养目标与路径的研究表明，需要从多个维度调研国际化人才培养状况，以揭示国际化人才应具备的知识、能力和素质要求②。

一是要深化双语教学改革。通过积极开展双语教学，聘请国外学者和专家来华从事专业课程的双语教学工作，能够提高大学生的专业英语水平和能力。

二是要明确职业教育国际交流与合作的新方向与新要求。要加快发展现代职业教育，就要明确职业教育国际合作与交流的内容、形式、方向、期望和要求，建立职业教育优质资源库，搭建职业教育国际交流与合作的专业服务平台网络③。

三是要加强国际交流与合作。只有综合考虑政策扶持、教育模式创新、双语教学改革、职业教育国际化等，才能有效提升人才的国际竞争力④。

（一）"适应规则"与"制定规则"，提升职业教育的国际竞争力

目前，国际职教界聚焦的核心问题是如何提升职业教育国际化水平和国际竞争力，如何进行体制机制改革与模式创新，从而增强适应性，融入新发展格局。要解决这些问题，就需要"适应规则"与"制定规则"。

"适应规则"方面，国际职业教育的发展主题包括强化职业教育与产业体系之间的联系、重视质量保障体系建设、发挥职业教育促进经济社会可持续发展等重要功能，以及推进区域与国际合作等。根据国际发展趋势和需求，职业教育要调整和优化自身的教育内容和培养目标，以适应国际规则和标准。通过借鉴国外的成功经验，如校企合作、双元制的开展等，可以有效提升职业教育的质量和国际竞争力。

---

① 石伟平. 职业教育国际化水平和国际竞争力提升：战略重点及具体方略 [J]. 现代教育管理，2018，334（1）：72-76.

② 宋发富. "一带一路"视角下国际化人才培养的目标与路径 [J]. 黑龙江高教研究，2018，36（12）：53-59.

③ 丁蔓，闫开印. 深化双语教学改革，促进国际人才培养 [J]. 北京大学学报（哲学社会科学版），2007（S2）：57-59.

④ 刘育锋. 加强职业教育国际交流与合作的新方向与新要求 [J]. 中国职业技术教育，2014，529（21）：227-230.

"制定规则"方面，在国际化方式转变、国际化资源统筹、国际化标准开发、国际化条件保障等层面，采取措施发展壮大我国职业教育力量。要积极参与全球治理体系改革和建设，加强科技教育等领域的对外合作，以及制订国际化专业教学标准，形成"你中有我""我中有你"的职业教育专业教学指导规范，不断提升我国职业教育的国际影响力，为国际职业教育的发展贡献中国智慧和中国方案。

综上，通过"适应规则"与"制定规则"的双重努力，可以有效提升我国职业教育的国际竞争力。

（二）数字人才培育的国际交流与合作

信息技术的发展为国际科技合作和人才交流提供便利，新一代信息技术的应用能够有效提升反应速度和灵敏度、激发人才数据潜能、促进信息合理流动[1]。合理应用信息技术是优化国际科技合作和人才交流的重要途径。

第一，国际交流合作一体化模式，旨在增强高等院校的国际竞争力，搭建国际化大学交流平台能够满足 IT 应用型人才培养的需求。这证明了国际交流合作在数字人才培育中的有效性。

第二，通过与发达国家的研究机构或研究领域中的高层次学者合作，有效培养我国科技人才。这种合作投资少、见效快、收益大，是培养高层次教学与科研人才的有效途径[2]。

第三，技术增强的国际虚拟交换（IVE）或协作在线国际学习（COIL）为教育工作者和学生提供了与全球同伴合作的机会。这有助于拓宽他们的学术知识，同时提高数字素养、问题解决能力、团队合作和沟通技能。

综上，加强国际交流与合作对于数字人才的培育至关重要。通过合理应用信息技术、实施国际交流合作一体化模式、与发达国家进行长期科研合作以及利用技术增强的国际虚拟交换等方式，可以有效提升数字人才的培养质量和效率。这些措施促进了信息的合理流动和知识的共享，激发了人才的数据潜能，提高了他们的跨文化沟通能力和国际竞争力。因此，各

---

① 苏光明. 数字化、网络化背景下的国际人才交流：态势与展望 [J]. 中国人事科学，2020, 33 (9)：53-56.

② 张兴敏，周治平. 利用国际科研合作开辟人才培养之路 [J]. 高等教育研究，1993 (1)：71-74.

国和地区的教育机构和政府部门都很重视并加强这一领域的国际合作与交流。

（三）COIL 或 IVE 提升数字人才能力

协作在线国际学习（COIL）或技术增强的国际虚拟交换（IVE）对提升数字人才的能力具有显著影响。

COIL 作为一种教育模式，通过连接不同国家、文化背景的学生和教师，促进了跨文化交流和理解，增强了学生的语言和学术技能，提高了其跨文化能力[①]。COIL 项目用于工程教育，满足工程认证学生成果的要求，学生和教师在特定的工程程序学习计划中培养不同的学科能力。

技术增强的国际虚拟交换（IVE）的发展为 COIL 提供了支持，但同时也要求高校在基础设施、教师的技能以及组织和法律方面做好准备。为了充分利用 COIL 的潜力，高等教育机构需要在技术和教师培训方面加大投资力度，以确保能够有效地实施这种教育模式。

COIL 或 IVE，提升了学生的跨文化能力，促进了学术技能的发展，为工程教育等领域提供了新的学习机会。

（四）加强国际交流与合作，促进信息合理流动和知识共享

第一，建立跨国知识网络组织（TKNs）。跨国知识网络组织通过其核心功能——知识和信息的交换，促进了全球范围内的信息与知识共享。这些组织可以通过简化概念模型来描述其结构和目标，有效促进跨国界的信息共享和知识转移。

第二，实施高参与度的信息共享实践方案。研究表明，不同国家的企业在信息共享实践上存在显著差异，但地理邻近的国家在业务策略、财务表现和工作组织等信息内容区域的共享实践中表现出同质性[②]。因此，通过考虑经济结构和国家文化因素，可以制订出适合不同国家的高参与度信息共享实践方案。

第三，利用多边外交活动。例如信息社会世界峰会（WSIS），为各国领导人、联合国机构负责人、行业领袖、非政府组织、媒体代表和民间社

---

① 许戈魏. 加强国际交流与合作，提升高校科技创新能力 [J]. 中国高校科技，2018，357（5）：22-24.

② ZHANG J, PEARLMAN A M G. Preparing college students for world citizens through international networked courses [J]. International Journal of Technology in Teaching and Learning, 2018, 14 (1): 1-11.

会提供了一个高级别的政治和外交平台①。

第四，采用战略性的信息共享方法。建立信息共享倡议之间的对齐框架，并概述评估方法论的路线图，可以提供一种测量和监控此类倡议性能的方式。

第五，教育交流。自 1945 年以来，教育交流的发展揭示了其在具有全球视角的课程以及理想化的人际关系中的双重性质。加强教育交流，可以促进不同文化、不同国家之间的知识和信息共享，从而加速全球知识的传播和应用。

第六，借鉴成功的国际合作案。例如，ISPN 通过创建一个虚拟空间，促进了西班牙语和葡萄牙语国家的心理学家之间的国际合作。该平台通过识别研究人员和研究主题、扩散研究成果和兴趣、发布年度心理学期刊评论等方式，促进了知识的共享和传播。

综上，加强国际交流与合作在促进信息合理流动和知识共享方面的策略包括：建立跨国知识网络组织、实施高参与度的信息共享实践方案、利用多边外交活动、采用战略性的信息共享方法、加强教育交流以及借鉴成功的国际合作案例等。

二、拓展师生国际交流项目

数字人才培育和拓展师生国际交流项目是当前高等教育领域的重要议题。

第一，构建国际化培养体系是关键。与世界一流大学合作建立联合培养项目，参加领域内高水平国际学术会议等，能够为学生创设全过程、多维度的国际化培养机制②。此外，基于协作在线国际学习（COIL）的一体化国际交流合作模式，搭建国际化大学交流平台，以及与世界 500 强企业及国外学院合作办学，开发符合现代先进职业教育理念的专业课程标准和人才培养方案，都是有效的策略。

第二，技术的应用在促进国际交流方面发挥了重要作用。例如，虚拟交换（VE）提供了跨边界的互动、真实的学习体验以及与母语者的联系。技术增强的国际虚拟交换（IVE）或协作在线国际学习（COIL），为教育

---

① 朱雅兰，何开辉，黄素贞. 培养国际组织人才提升科技外交实力 [J]. 全球科技经济瞭望，2016，31（10）：62-67.

② 冯建华，周立柱，武永卫，等. 构建计算机学科国际化培养体系 促进高水平创新人才成长 [J]. 计算机教育，2015，239（11）：7-11.

工作者和学生提供了连接世界的途径①。

第三，国际化视野下的专业人才培养方案是重要组成部分。例如，电子信息工程专业人才培养方案中，强化工程实践环节、彰显国际化特色，以及对信息类专业全英文教学实践体系的研究，都是提升学生国际竞争力的有效途径。

然而，尽管有这些积极的探索和实践，但在具体实施过程中仍存在交流项目的宣传力度不够、项目费用过高而国际化经费有限等问题。因此，需要从学校、项目、人才培养这三个层面来探究改进问题国际交流项目工作的对策，为我国高校国际化建设提供相应的借鉴与参考②。

综上，数字人才培育和拓展师生国际交流项目需要综合考虑教育体系的构建、技术的应用、专业人才培养方案的优化等多个方面。

（一）增强国际交流项目的效果

发挥技术在国际交流项目中的作用和潜力，积极提升国际交流项目的参与度和效果。

利用社交媒体和视频会议工具等，打破地理界限，通过直播讲座或研讨会，吸引更广泛的观众，增强参与者之间的互动，促进实时的互动和反馈。

采用人工智能和大数据分析增强国际交流的效果，通过精准的数据驱动内容生产、产品改进与运营推广等环节、使用 AI 技术来分析参与者的反馈和行为模式等，优化交流策略并提高参与度。

随着全球数字化进程加速，加强数字化领域的国际发展合作变得尤为重要，如网络联通、数字化运用、全球数字治理和数字能力建设等，可以缩小数字鸿沟并促进包容性增长。

构建国际传播效果评估体系，精准评估测量国际交流项目的效果，用科学的方法指导内容生产、产品改进与运营推广等环节。这有助于提高项目的透明度和公信力，满足目标群体需求③。

数字外交和国际交流在提供了许多便利和机会的同时，也会带来规范

---

① RISNER M E. Building global competence and language proficiency through virtual exchange ［J］. Hispania，2021，103（1）：10-16.

② 钱晓蓉. 理工类高校学生国际交流项目工作现状与对策研究 ［D］. 西安：西安电子科技大学，2019.

③ 刘璐. 线上国际交流合作提升跨文化交际能力教学模式构建 ［J］. 国际公关，2021（5）：118-119.

缺失、网络安全隐患等问题。必须重视网络安全和隐私保护，确保交流活动的安全性和可靠性。

（二）高等教育的国际化培养体系实践

第一，课程国际化。课程国际化是影响教育国际化的因素之一。高校要改革现有的人才培养模式，人才培养设计方案要展现国际化导向，增加国际化特色内容，将课程的国际化因素融入课程的设置和授课过程中，使学生具备国际化视野和文化敏感性，能够在多元文化环境下工作。

第二，师资队伍建设。构建国际化的师资队伍是提升高等教育国际化水平的关键，包括提高高校自身的知名度和影响力，增加高校国际学生数量，以及加强与国际科研机构和国际企业的合作。培养具有国际化视野的师资队伍，是教育国际化发展的重要途径之一[①]。

第三，学生国际化视野的培养。在经济全球化、教育国际化背景下，更新教育观念，深化教学改革，改进教学方法，培养大批具有国际竞争力的创新人才，是高等教育实现培养目标的关键抓手。

第四，国际合作与交流。积极拓展海外合作办学项目，有效促进生源的国际流动，是提升高等教育国际化水平的重要途径之一。加强与国际科研机构和国际企业的合作，是提高高校自身国际化水平的有效手段[②]。

第五，系统论视角下的国际化人才培养体系。从系统论的角度出发，高校国际化人才培养体系的有机构成包括培养主体、培养客体、培养资源和培养环境。这些因素紧密联系、和谐共存、良性互动、高效运作，共同作用于国际化人才培养，形成具有树状结构的国际化人才培养体系的动态协作系统。

三、培养具有全球竞争力的人才

培养具有全球竞争力的人才，是当前和未来一个国家或地区能否在全球化背景下提升其国际地位的关键。

首先，高等教育的国际化是培养具有全球竞争力人才的重要途径之一。高校推进国际化人才培养工作，与国际倡导的全球化人才培养理念相结合，通过课程体系建设、教学体系建设、管理体系建设以及软环境建设

① 张晓明等. 计算机类专业的国际化合作教育模式创新探索 ［J］. 计算机教育, 2022, 28（4）: 103-109.

② RISNER M E. Building global competence and language proficiency through virtual exchange ［J］. Hispania, 2021, 103（1）: 10-16.

等，培养学生的全球视野和跨文化交际能力①。实施"本土国际化"战略，优化多元人才培养模式，形成国际化的支撑体系，是培养复合型精英人才的有效途径②。

其次，创新人才培养模式是提升人才全球竞争力的关键。促进学科交叉融合，搭建知识创新平台，以及创新人才培养模式，能够提升学生的理解力、跨文化沟通力和表达力。加强 STEM 教育和 4C 技能（批判性思维、创造力、沟通能力和合作能力）的培养，也是提高人才全球竞争力的重要方面③。

再次，构建具有全球竞争力的人才制度体系是另一个重要方面。要从政治、战略、发展等不同维度认识树立人才意识的重要性，这样才能进一步拓宽用人视野、扫除体制障碍、增强机制活力、加快人才流动④。重视制度创新，把党管人才的政治优势转化为人才引领发展的体制机制优势，是建设人才强国的重要法宝⑤。

最后，激发人才创新活力、建设全球人才高地也是培养具有全球竞争力人才的重要策略。要关注经济因素，关注个人、专业和机构因素，以吸引和留住全球人才⑥。

（一）高等教育整合国际化人才培养理念

在高等教育中，有效整合国际化人才培养理念至关重要，这需要在课程设置、师资队伍建设、国际合作与交流以及学生能力培养等多个方面进行完善。

第一，课程设置的国际化。课程设置国际化是教育国际化的中心。高校要改革现有的人才培养模式，就要在人才培养设计方案中充分考虑国际化导向，增加国际化特色内容，将课程的国际化因素融入课程设置，贯穿

---

① 唐雁. 全球胜任力视角下的高校学生全球化视野培养 [J]. 教育教学论坛，2021，521（22）：5-8.

② 施建军，王丽娟，韩淑伟. 实施"本土国际化"战略 培养具有国际竞争力的复合型精英人才 [J]. 中国大学教学，2011（5）：19-22.

③ 彭正梅等. 培养具有全球竞争力的美国人：基于 21 世纪美国四大教育强国战略的考察 [J]. 比较教育研究，2018，40（7）：11-19.

④ 王莹. 新时代具有全球竞争力的人才培养目标定位研究 [J]. 经济研究导刊，2018，384（34）：151-152.

⑤ 吴江. 关于构建具有全球竞争力的人才制度体系的几点思考 [J]. 中国人才，2020，561（9）：17-19.

⑥ 王建平等. 激发人才活力 建设全球人才高地 [J]. 中国人才，2021，572（8）：19-21.

授课过程，使学生具备国际化视野和文化敏感性，能够具备在多元文化环境中的交际能力①。

第二，师资队伍建设的国际化。高校应构建国际化的师资队伍和管理队伍，适度引进外籍教师和管理人员，加强与国际科研机构和国际企业的合作，提高高校自身的知名度和影响力，为学生提供更广泛的国际视角和更多的实践经验②。

第三，国际合作与交流。为实现高等教育定制化人才培养模式的国际化，需要完善并更新教学内容和评估方式，促进高校之间的国际交流与合作，加强校企国际合作，引进国际执业资格，推动国际化交流培养，并建立树状结构的国际化人才培养体系的动态协作系统。

第四，学生能力的培养。根据"六结合"培养模式，即先进理念与科学行动相结合、政治思想素质教育与专业知识教育相结合等，这些都是推进国际化人才培养的重要途径。

综上，高等教育要有效整合国际化人才培养理念，聚焦课程设置的国际化、师资队伍的国际化以及加强国际合作与交流，促进学生的能力全面发展。

（二）构建具有全球竞争力的人才制度体系的策略

构建具有全球竞争力的人才制度体系需要综合考虑多方面的因素，可采取如下策略。

第一，坚持中国特色，增强国际竞争优势。需要坚持中国特色社会主义制度，增强在国际上的竞争优势，包括深化人才发展体制机制改革，完善和发展中国特色人才制度体系。

第二，建设高水平人才高地，培养顶尖人才。通过制度创新，打造顶尖人才协同培育机制，促进区域、院校、学科、专业和师资的协调联动，建立网格化的多层次顶尖人才培养结构。

第三，实施重点人才开发工程计划。为保证新时代人才强国战略有效落地，未来需要实施一系列重点人才开发工程计划，深化人才、项目和科研评价机制改革。

---

① 彭正梅等. 培养具有全球竞争力的中国人：基础教育人才培养模式的国际比较 [J]. 全球教育展望，2016（8）：67-79.

② 施建军，王丽娟，韩淑伟. 实施"本土国际化"战略 培养具有国际竞争力的复合型精英人才 [J]. 中国大学教学，2011，249（5）：19-22.

第四，创新而非模仿。为了提高竞争力，改革活动应是创新的，并释放所有人员的全部潜力。

第五，整合自上而下和自下而上的战略过程。将战略一致性作为更大的焦点，通过考虑整合自上而下和自下而上的战略过程，以操作人才绩效系统。

第六，发展高技能劳动力。通过比较分析国家技能的形成系统，理解不同教育、培训和技能的形成方式，以及政府对培训政策的不同反应。

第七，优化创新人才治理体系。通过主题研讨，优化创新人才治理体系，以应对当前越来越激烈的国际人才竞争①。

第八，选择"四化途径"实现人才强国战略，即选择人才市场化、人才集约化、人才国际化和人才富裕化作为实现人才强国战略的途径。实施人才强国战略必须将人才体制的根本性转变、人才发展方式的根本性转变、人才的结构性调整和人才的进一步对外开放作为根本动力②。

（三）打造全球人才高地的三维度策略

要吸引和留住全球人才，需要从个人、专业和机构三个层面综合施策。

第一，个人层面。提供清晰的职业晋升路径和持续的学习与培训机会是关键，包括内部培训、外部课程以及与行业专家的交流等。确保员工能够实现工作与生活的平衡，例如安排灵活的工作时间、远程工作选项等。提供心理健康服务和支持，帮助员工应对职业压力和挑战③。

第二，专业层面。营造一个鼓励创新和知识共享的环境，使员工能够在工作中发挥最大的创造力和潜能。通过团队组成多元化，增强团队的协作能力、创新能力和适应能力。对于那些有潜力成为未来领导者的人才给予重视，并对其领导力进行培养。

第三，机构层面。确保所有员工都清楚公司的使命、愿景和核心价值观，以形成共同的努力目标。通过有效的品牌建设和市场营销活动，提升组织的知名度和吸引力，吸引潜在的顶尖人才。制定有利于人才发展的政

① 张文雪，王孙禺. 从全球竞争力评价看工程教育改革方向 [J]. 高等工程教育研究，2009，114（1）：6-10，58.

② 赵永乐. 人才强国战略实现途径和动力的选择 [J]. 济南大学学报（社会科学版），2005（1）：1-4，91.

③ 宫准. 关于形成具有国际竞争力的人才培养制度优势的思考 [J]. 山东高等教育，2019，7（3）：47-51.

策和制度，如合理的薪酬体系、税收优惠、住房补贴等，以吸引和留住人才。

▷ 第五节　培养模式创新探索

一、"订单式"人才培养模式

"订单式"人才培养模式是一种新型的人才培养方式，旨在通过校企合作，实现人才培养与社会需求的无缝对接，以解决就业困难，是培养复合型、创新型人才的有效途径。该模式包含明确校企双方权利和义务、确定人才培养数量及标准、规定课程设置及教学内容、约定管理制度和评估方式等内容。它可分为"直接订单""间接订单"两种类型，"学前订单""学中订单""毕业季订单"以及"与中介机构订单""与中间企业订单"五种方式，以及"达成订单""招录学生""实施培养""上岗考核""岗后关注"五个环节。

随着经济新业态的发展，传统的高校人才培养模式已经不能满足行业发展的需要，必须创新人才培养模式。"订单式"人才培养模式是校企深度融合的一种体现，有利于培养符合行业和企业发展需求的高素质高技能型人才。然而，这种模式面临着市场环境波动，合作企业招聘、学生就业双向选择制约等困境。

为了优化"订单式"人才培养模式，要专项监督"订单式"人才培养工作，规避"订单式"人才培养风险，组建高校教育集团，提升"订单式"人才培养资源利用效率，多渠道吸引参与企业，促进"订单式"人才培养规模不断扩大①。对"订单式"人才培养模式的深层次思考表明，在高职院校"订单式"人才培养过程中，由于校企双方目标、价值观、行为

---

① 仲云香. 高校"订单式"人才培养优化路径［J］. 中国成人教育，2022，544（15）：33-36.

规范和运行方式不一致，常常会产生一些矛盾①，有效解决这些矛盾是推动高职院校"订单式"人才培养模式持续发展的关键。

综上，"订单式"人才培养模式是一种有效的校企合作人才培养模式，能够实现高校人才培养与行业企业用人要求的有效衔接，但同时也需要注意解决校企合作中存在的问题，以确保该模式的健康发展。

（一）"订单式"人才培养模式的具体应用

"订单式"人才培养模式是一种校企合作的教育模式，企业根据自身的实际需求向学校提出人才培养的要求，学校则根据这些需求来设计和实施教学计划，以培养出符合企业需求的人才。

该模式在酒店行业的应用。在茂名，企业将对人才的具体技能需求发送给高校，由高校有针对性地进行人才培养，使得培养出的人才更加符合企业的实际需求。

该模式在茶业的应用。云南热带作物职业学院与江苏淮安茶友天下合作，实施了"2+1""订单式"人才培养模式，即学生在校学习两年，第三年在企业实习。这种模式有助于学生更好地理解行业需求并提前适应工作环境。

该模式在航运业的应用。江苏航运职业技术学院的轮机工程技术专业通过与中海集团的合作，开设了"中海订单班"，不仅促进了校企合作，还实现了工学结合，有效地提升了学生的实践能力和就业竞争力。

该模式在金融管理方面的应用。长沙民政职业技术学院金融服务与管理专业通过与当地金融机构合作，深入调查各岗位的人才需求，实施了"订单式"人才培养模式，特别是在经营管理岗位的实践技能开发方面进行了创新实践。

该模式在光伏发电技术方面的应用。光伏专业领域通过"订单式"培养模式，针对企业的具体需求进行人才培养，被认为是该领域人才培养的最佳途径。

该模式在旅游教育方面的应用。在高职旅游教育中，"订单式"人才培养模式被广泛应用于培养具有高素质的旅游专业人才，以解决高职旅游专业人才培养中存在的问题。

---

① 徐盈群. 实施"订单式"人才培养模式的深层次思考 [J]. 职业教育研究，2006（10）：146-147.

（二）"订单式"人才培养模式的应对策略

面对市场环境波动等挑战，"订单式"人才培养模式的应对策略如下。

一是慎重选择合作对象。在实施"订单式"人才培养时，应慎重选择合作伙伴。这包括对合作伙伴的背景、信誉、行业地位以及与教育机构的合作历史进行综合评估，以确保合作伙伴能够提供稳定和高质量的培训资源。

二是灵活确定订单类型。根据市场需求的变化，灵活调整培养计划和课程设置，确保培养的人才能够满足市场的需求。这可能涉及增加或减少某些技能模块，或者调整学习周期以适应不同行业的需求。

三是校企双方有效参与。加强学校与企业之间的沟通和协作，确保双方在人才培养过程中都能发挥其独特的优势。企业可以提供实际的工作环境和项目，而学校则可以提供理论知识和技能训练。

四是建立动态筛选制。要建立一个动态的筛选机制，根据学生的表现和市场需求的变化，适时调整学生的培养方向和深度。这有助于提高学生的就业竞争力和适应性。

五是建立行业技能人才需求预测体系。通过与行业协会、企业等合作，建立一个精准的技能人才需求预测体系。这可以帮助教育机构更好地预测未来的人才需求，从而更有效地调整教学计划和课程内容。

六是改善办学条件和提升教育品牌。学校需要不断改善办学条件，提高教育质量，同时通过各种方式提升学校的教育品牌和优质就业率，以吸引更多的学生和企业参与。

七是资源共享和信息对接。加强教育资源与人才资源的共享，实现信息的有效对接。这包括将教育资源与企业的用工需求直接对接，以及通过校企合作平台共享最新的行业动态和技术发展。

（三）"订单式"人才培养模式的校企合作策略

要有效解决"订单式"人才培养模式中校企合作过程中的矛盾和冲突，就需要采取多维度的策略。

第一，转变合作观念，找准利益基点。从双方的角度出发，寻找共同的利益点，包括改变传统的教育理念、树立面向产业需求的教育理念、优化课程体系、改变教学模式等，以确保教育内容与市场需求相匹配。通过汲取双方优势，强调技术合作与利益共享，选取"共培育"模式，缓和人才供需矛盾。

第二，加强体制机制建设，发挥政府主导作用。政府发挥主导作用，为校企合作提供制度保障和政策支持，包括完善法律法规、建立有效的冲突管理机制、规范合作内容及方式等。成立合作办学机构，加强宏观指导，创新人才的培养模式。

第三，构建职业教育校企合作利益共同体。为缓解校企之间的冲突，可以构建职业教育校企合作的利益共同体，搭建服务性校企合作平台，建立问责制。

第四，实施高级现代学徒制改革。高职院校可以实施高级现代学徒制改革，调整学习模式，提升自身的科研实力，关注校企合作人才培养模式中企业方利益。

第五，拓展社会合作项目，构建公共信息认定平台。通过拓展社会合作项目，增强校企之间的协同效应，构建公共信息认定平台，可以促进信息的透明度和开放性，减少因信息不对称而产生的利益冲突。

第六，变狭义的"订单式"人才培养模式为广义的"订单式"人才培养模式。将以单个企业为主导的"小订单式"人才培养模式转变为以行业为主导的"大订单式"人才培养模式，从而适应市场变化，满足更广泛的人才需求[1]。

二、导师制培养体系

导师制培养体系是一种在高等教育中广泛应用的教育模式，旨在通过教师（导师）的个性化指导和监督，提高学生的学术水平、研究能力和实践技能。

第一，本科生全程导师制实现了教书育人理念与教师教学实践的融合，构建了立体化的人才培养结构，科学的制度保障了其运行的规范性、有效性和有序性。这表明导师制强调对学生全面发展的关注。

第二，研究生培养机制改革强调了加强导师队伍建设的重要性，以激发导师在培养过程中的能动作用。导师制有利于缓解高校师生比例失调问题，提高学生的综合能力[2]。

第三，能力产出导向的本科全程导师制培养模式，从学生、导师、学

---

① 吴小妹. 基于企业视角的"订单式"人才培养分析 [J]. 企业科技与发展，2019，457（11）：215-216.

② 张远龙等. 能力产出导向的本科全程导师制培养模式研究 [J]. 教育教学坛，2021，504（5）：141-144.

校以及能力产出四个方面对当前人才培养制度存在的问题进行了分析，提出了优化措施。导师制的实施需要综合考虑学生的需求、导师的能力和学校的资源①。

第四，"1+1+1 专业导师制"创新人才培养模式的构建与实践，以及基于实验室导师制的本科生培养模式探索，都展示了导师制在不同领域和层次上的应用和创新②。

第五，基于导师制的本科生科研能力培养模式研究，提出了将本科生导师制与本科生科研能力培养相结合的可能性。导师制是学术指导的工具，也是培养学生科研兴趣和创新能力的重要途径③。

综上，导师制培养体系通过提供个性化的指导和支持，促进了学生学术能力、研究能力和实践技能的提升。

三、"竞赛制"激励机制

数字人才培育中的"竞赛制"激励机制是一种通过组织和参与各种竞赛活动来激发学生的学习兴趣、提高其实践能力和创新能力的教育模式。这种模式在电子信息类、计算机类以及大数据等专业的人才培养中得到了广泛应用和验证④。

首先，"竞赛制"激励机制能够有效提升学生的创新意识和创新能力。通过参与学科竞赛，学生能够在实践中学习和应用新知识⑤，从而树立和提升团队合作精神和竞争意识，提高综合素质和实践能力，以解决实际问题⑥。

其次，"竞赛制"激励机制还能够为学生提供一个展示自我、实现自我价值的平台。通过参加竞赛并取得优异成绩，学生获得荣誉和奖励，增

---

① 杨海峰等. 导师组制研究生培养模式构建的探讨 [J]. 教育教学论坛，2015，228（42）：105-106.

② 张新科等. "1+1+1 专业导师制"创新人才培养模式的构建与实践 [J]. 教育与职业，2012，738（26）：36-38.

③ 张远索，崔娜，董恒年. 基于导师制的本科生科研能力培养模式研究 [J]. 西部素质教育，2016，2（9）：1-2.

④ 夏春琴. 以竞赛为载体的电子信息类创新人才培养模式探索与实践 [J]. 实验室研究与探索，2019，38（12）：173-176，181.

⑤ 杨为民，李龙澍. 基于竞技对抗的计算机创新人才培养模式的探讨 [J]. 实验技术与管理，2015，32（6）：21-24.

⑥ 王晓星. 竞赛激励制在企业团队建设中的运用 [J]. 中国集体经济，2015，476（36）：92-93.

强了自信心和成就感，从而产生继续深入学习和研究的动力①。

再次，从高校的角度来看，"竞赛制"激励机制有助于推动教育教学改革，优化人才培养方案。许多高校将学科竞赛与日常教学相结合，不断调整和改进教学内容和方法，以适应社会和产业的需求②。同时，竞赛活动也为高校提供了与企业合作的机会，有助于学生更好地了解行业动态和需求，从而提高就业竞争力。

最后，"竞赛制"激励机制在实施过程中要确保公平性和实效性，避免形式主义和功利主义倾向。高校和教师应当根据学生的实际情况和需求，科学合理地设计竞赛内容和评价标准，确保竞赛活动能够真正达到预期目的。

总体而言，数字人才培育中的"竞赛制"激励机制是一种有效的教育模式，能够提升学生的专业技能和创新能力，促进教育教学改革，提高高校的教育质量和水平。

在数字人才培育中，竞赛设计是一个关键环节，为确保竞赛活动的公平性和实效性，需要综合考虑多个方面。

一是竞赛结构和评分标准的设计。竞赛应被设计为能够提供奖励和机会给所有参赛者，而不仅仅是获胜者。这包括实时评分和反馈、为测试和测试案例设置奖励、任务难度分级、协作任务、为新手设置练习赛和入门级比赛等③。

二是组织训练体系的构建。针对学校、教师和学生，采取有针对性的措施，逐步构建完整的竞赛组织训练体系。这包括优化培训课程体系、组建优质师资团队、获取多方资源等④。

三是竞赛的评估方法。采用公开排行的倒逼机制优化竞赛，并引导高校学科竞赛评估思路。评估中，以权威性、影响力和国际性为主要依据遴选纳入评估的竞赛项目，从获奖贡献、组织贡献和研究贡献三个维度构建

① 郑爱彬. 以竞赛驱动信息设计能力培养 [J]. 计算机教育，2015，229（1）：33-35.

② 李琳等. 以竞赛为驱动的产教合作创新型网络人才培养模式的研究 [J]. 当代教育实践与教学研究，2018（9）：97-98，101.

③ 樊洪斌. 基于学科竞赛的计算机应用型创新人才培养研究 [J]. 中国教育技术装备，2019，471（21）：4-6，9.

④ 刘晓勇等. 基于学科竞赛的计算机类专业创新型人才培养模式研究 [J]. 高教学刊，2018，91（19）：42-44.

评估模型①。

四是利用网络化手段提高竞赛的公信力。充分利用互联网的优势，将竞赛的全过程管理网络化，扩大参赛面、降低参赛成本、提高竞赛公信力。这包括构建网络化赛题管理模型、网络测试模型和网络竞赛答题评审模型等。

五是多元化竞赛组织模式。要以竞赛为契机、以学生为主体、以全面提高学生素质和充分发挥个性才能为目标。这涉及专项培训、特色实验训练、电子设计资源交流平台、校级学科竞赛以及激励机制等②。

六是实践与理论的结合。在竞赛训练体系中，要有机结合基础理论和实践部分的训练内容，完善考核选拔方式，锻炼学生的创造能力、分析和解决问题的能力③。

---

① 张显等. 基于学科竞赛的创新人才培养模式研究 [J]. 电脑知识与技术，2018，14（35）：115-117，127.

② 张岳等. 以学科竞赛驱动大数据专业应用创新型人才培养实践 [J]. 电脑知识与技术，2021，17（33）：251-253.

③ 宛楠，杨利. 以学科竞赛为驱动的计算机类专业应用型创新人才培养模式研究 [J]. 电脑知识与技术，2020，16（6）：143-145.

第七章

数字人才培育实施路径

▶第一节　开展数字化工程师培育项目

一、项目背景

在数字化时代背景下，数字化工程人才成为企业建立竞争优势的重要基础。数字技术的快速发展，对产业急需的数字化工程师的能力提出了全新要求。实施数字化工程师培育项目旨在支持战略性新兴产业发展，贯彻落实中央人才工作会议精神，培养数字技术人才，助力数字经济和实体经济深度融合。

（一）数字化工程师构成企业核心竞争优势

数字化工程师是推动企业数字化转型的关键推动力量。他们不仅是企业建立竞争优势的基础，也是实现企业数字化转型、提升企业运营效率和市场竞争力的重要力量[1]。通过提升数字化工程师的专业技能和能力，企业能够更好地应对快速变化的技术环境，有效整合数字化工具和技术，优化业务流程，提高生产效率，并开拓新的市场[2]。数字化工程师是帮助企业实现数字化转型、促进企业持续创新和发展、提升企业整体竞争力的重要支撑。

经济社会进入数字化时代，对数字化人才的需求日益增加，培养大量的数字化应用型人才，是推动经济社会数字化转型、满足产业发展需求、推动经济增长的关键。可以通过产教融合、课程改革等方式，建立完善的人才培养体系，培养具有创新能力和实践技能的数字化工程人才[3]。

综上所述，数字化工程师培育旨在培养具备适应数字环境，具有智能

---

[1] 白晓玉. 数字化时代下的数字人才培育与引进策略 [C] //工程信息研究院. 第七届创新教育学术会议论文集. 北京：社会科学文献出版社，2023：340-341.

[2] 刘春来，丁祥海，阮渊鹏. 新工科背景下数字化工程管理人才培养模式探索与实践 [J]. 高等工程教育研究，2020，184（5）：48-52，63.

[3] 吴禀雅. 赋能数字经济的人才培养模式探索 [J]. 科技视界，2020，306（12）：98-100.

设备操控、数字抽象分析和仿真模拟能力的复合型人才，是推动企业数字化转型、促进经济社会高质量发展的重要保障，也是完善人才培养体系、适应未来产业发展趋势的关键措施。

（二）对数字化工程师的新要求

随着数字经济时代到来与新质生产力涌现，工程师的能力框架需要被重新定义。对数字化工程师的新要求，至少涉及提升技术技能、培养综合素质与提升跨学科能力等。

云计算、大数据、物联网、人工智能等数字技术改变了产品和服务的开发方式，为工程师提供了新的工作模式和开发工具①，使其能够掌握BPM、机器人流程自动化、云计算、敏捷项目管理、网络安全保障等一系列特殊技能。因此，数字化工程师具备更广泛的技术知识和跨领域综合技术能力，可以应对复杂多变的工作环境②。

产业高级化是推动工程师能力提升的关键③。随着"互联网+"产业、数据要素产业、人工智能革命等不断演进，传统制造业经历了深刻变革。传统企业在重构组织结构的同时，使数字化工程师培养出现了新模式，如产教深度融合模式、新型师徒制模式、前沿课程开发模式和数字化平台认证模式④。这些新模式为数字化工程师提供了基于实践导向的培训机会，提升了其跨领域综合能力和创新解决问题的能力，从而使其能够适应产业高级化的需求。

教育体系的适应性调整是实现工程师能力提升的基础。为满足数字化工程师培育需求，各类教育机构动态更新其课程大纲、授课内容以及教学方法，在引入基于 SPOC 的小型私人在线课程、利用游戏化技术以及应用人工智能和机器学习原理来塑造个性化学习轨迹的同时⑤，与行业紧密合作，确保教育内容与产业需求相匹配，从而培养工程师的综合数字技能，

---

① 王李晓. 数字工程师资格认证的制度形成及能力标准识别［D］. 杭州：浙江大学，2022.

② ANDRIOLE S. Skills and competencies for digital transformation［J］. IT Professional, 2018, 20 (1)：78-81.

③ 曾文瑜，闵旭光. "数字化赋能" 视阈下制造业技术技能型人才需求矛盾及对策研究［J］. 实验技术与管理，2020, 37 (5)：212-214.

④ 朱凌，施锦诚，吴婧姗. 培养工程师的数字化能力［J］. 高等工程教育研究，2020, 182 (3)：60-67.

⑤ ALEKSANDROV A A, TSVETKOV Y, MIKHAIL M Z. (2020). Engineering education：key features of the digital transformation［J］. ITM Web of Conferences, 2020, 35 (21)：1-10.

提高其就业竞争力①。

综上，对数字化工程师的新要求涉及三个关键方面：提升技术技能、培养综合素质以及提升跨学科能力②。数字化工程师需要不断提升自身的技术技能，确保掌握前沿的数字化工具和技术，跟上技术快速发展的步伐。同时，数字化工程师需要提升综合素质和跨学科能力，能够跨越不同学科领域，将领导能力、沟通能力、问题解决能力与多种知识和技能融合应用③，促进跨界合作与新兴学科交叉创新，以满足产业转型升级的需求。

（三）数字化工程师助力数实经济融合

数字化工程师培育项目支持战略性新兴产业发展，助力数字经济与实体经济融合。具体实施策略遵循以下六个步骤。

第一，目标培养与需求分析。明确数字化工程师培育项目的培养目标是为培养具备适应数字化环境、掌握智能设备操作、具备数字抽象分析和仿真建模能力的高素质工程技术人才。深度解析典型企业工程师的数字化技能水平和发展阶段，结合企业正在实践的培训方式，完成需求侧分析报告④。以此作为数字化工程师培养的依据。

第二，课程建设与教材开发。课程建设与教材开发是数字化工程师系统学习和技能提升的关键环节。课程建设要与行业需求紧密契合，输出优质的教学资源，确保学员获得全面、系统的知识体系，激发学员的学习热情，塑造其数字化环境下的应用能力和创新思维。

第三，产教融合与校企合作。产教深度融合模式、新型师徒制模式、前沿课程开发模式、数字化平台认证模式等，能够加强企业与高校之间的合作，实现教育资源与产业需求的有效对接，构建以数字化制造技术工程应用能力培养为核心、产学研合作教育贯穿全过程的教学体系。

第四，政策支持与环境建设。根据《中华人民共和国国民经济和社会发展第十四个五年规划和 2035 年远景目标纲要》，数字经济被确定为重大

---

① KARSTINA S. (2022). Engineering training in the context of digital transformation [J]. IEEE：2022：1062-1068.

② WHEATON J S, HERBER D R. Seamless digital engineering：a grand challenge driven by needs [J]. ArXiv, 2024：1-17.

③ VILLELA K, HESS A, et al. Towards ubiquitous re：a perspective on requirements engineering in the era of digital transformation [J]. IEEE International Requirements Engineering Conference, 2018：205-216.

④ 朱凌, 施锦诚, 吴婧姗. 培养工程师的数字化能力 [J]. 高等工程教育研究, 2020, 182（3）：60-67.

战略方向。为加强数字经济发展的理论研究，建议深化数字经济人才培养机制创新和支持数字技术创新体系建设①，具体措施包括吸引国际先进经验和资源，制定相关政策以促进人才培养和技术创新，促进数字经济的跨国发展，推动数字技术在各行业的应用②。

第五，持续跟踪与评估。建立数字化工程师培育效果的跟踪与评估机制，定期评估培养成果，调整培养计划和内容，不断优化培养模式和策略，确保培育质量符合产业发展需求③。

第六，拓宽国际视野与加强合作。鼓励和支持数字化工程师参与国际交流与合作，引进国外先进的教育理念和技术④，同时将我国的成功经验和成果进行国际分享，提升我国在全球数字经济领域的影响力。

上述策略与措施的实施，能够有效支持战略性新兴产业的发展，促进数字经济与实体经济的深度融合，为构建现代产业体系和推动经济高质量发展提供有力的人才支撑和技术保障。

二、项目目标

数字化工程师培养项目的目标包括四个维度，即培养具备四大关键能力的人才⑤。一是适应数字环境的能力。工程师需要具备适应数字环境和应用新兴技术的能力。二是操控智能设备的能力。数字化工程师需要熟练操作智能设备，以提高生产效率和推动创新。三是数字抽象分析的能力。这包括数据分析和处理，需要工程师具备强大的数字抽象分析能力和解决问题的能力。四是仿真模拟的能力。数字化工程师要能够在虚拟环境中进行仿真预测，测试系统性能，展示出优化工程设计的能力。这四大能力的培养和发展使得数字化工程师能够在快速变化的技术环境中胜任工作，从

---

① 徐坤. 建构行业特色鲜明的卓越工程师培养体系 服务网络强国战略和数字经济发展 ［J］. 学位与研究生教育，2022，356（7）：6-12.

② 章晓莉. 战略性新兴产业高层次人才培养体系构建 ［J］. 黑龙江高教研究，2013，31（12）：123-125.

③ Balandin D，Kuzenkov O，et al. Project-based learning in training it-personnel for the digital economy ［J］. E3S Web of Conferences，2023：1-35.

④ BRUSAKOVA I. Problems of an innovation project management for a formation of digital engineer ［C］//In Proceedings of the 2018 XVII Russian Scientific and Practical Conference on Planning and Teaching Engineering Staff for the Industrial and Economic Complex of the Region（PTES），2018：172-174.

⑤ 朱凌，施锦诚，吴婧姗. 培养工程师的数字化能力 ［J］. 高等工程教育研究，2020，182（3）：60-67.

而提高生产效率，解决问题并推动创新，为企业的发展和产业的转型升级提供强有力的支持①。

三、培育内容

数字人才培育政策旨在构建一个全面的教育和培训体系，以培养适应数字时代需求的专业人才。培育内容涵盖了一系列关键能力，包括适应数字环境的能力、智能设备操控能力、数字抽象分析能力和仿真模拟能力等。

第一，适应数字环境的能力。在数字时代，适应数字环境的能力是基础。这要求人才能够熟练使用数字工具和平台，理解数字文化，并能在数字化的工作环境中进行有效沟通和协作。

第二，智能设备操控能力。随着智能技术的普及，操控智能设备的能力变得至关重要。这不仅包括对智能硬件的操作，也涉及对智能软件的应用，以及对这些设备进行维护和故障排除。

第三，数字抽象分析能力。在数据驱动的决策过程中，数字抽象分析能力是核心。这要求人才能够处理和分析大量数据，提取有价值的信息，并据此做出合理的决策。

第四，仿真模拟能力。仿真模拟能力使人才能够在虚拟环境中测试和优化解决方案，这对于复杂系统的开发和优化尤为重要。在培育方法上，政策注重对资优生的引领，通过匹配他们的兴趣、能力和志向，激发他们的学习动力。特别强调创新思维的培养，推动数字技术与专门课程的整合，以促进跨学科的学习和发展。

四、培育方法

数字化工程师培育项目采用多元化的培育方法。这些方法相互补充，共同构成了一个全面、高效的数字环境能力培养体系。

（一）产教融合模式

1. 产教融合模式提升数字化人才培养效能

产教融合模式通过校企合作设计课程体系，全面提升职业教育质量，以满足企业对高质量应用型技术人才的需求，确保教育内容与企业需求紧密对接，是提升数字化人才培养效能的有效途径。

数字经济时代对人才培养提出了新要求，产教融合模式以不同形式呈

---

① 王茜. 新时代数字化工程人才培育路径研究 [J]. 中阿科技论坛（中英文），2022（12）：157-161.

现，包括校企自然融合培养模式、政校企合作培养模式和国际合作培养模式等①。这些模式有助于丰富专业前期课程内容，提升"双师"教学质量，加快创新型人才的培养进程，并积极塑造可复制、可示范的协同培养路径。

校企合作能够建立现代学徒制人才培养模式、优化工作导向的职业能力培养课程体系，并提高智能化工作模式的适应性，以促进职业教育技能人才的培养②。例如，中兴通讯与兰州工业学院合作推进 ICT 产教融合项目。在这个项目中，企业重新设计了项目任务，重塑了教学内容，强调虚拟仿真和现场实操相结合的实践教学设计，提升了学生的工程实践能力和创新能力③。

产教融合模式促进了教育链、人才链与产业链的有机衔接。数字化人才培养以制造业数字化场景实践为核心，以企业实际需求为引导，由学科导向转向行业需求导向④。这一模式有助于培养符合市场和创新需求的信息技术应用型人才。

基于数字工场的产教融合人才培养基地建设探索，通过建立示范性实训基地、创新创业孵化基地和"双师型"师资培养基地，构建了产教融合、协同育人的创新生态⑤。这一举措聚焦以工作过程为导向的人才培养模式改革，形成可复制、可示范的协同培养路径，在提升数字化人才培养效能方面取得了显著的成效。

2. 产教融合模式导向的数字化人才培养效果评价体系

产教融合模式是一种教育与产业相互联系的新型教育方式，旨在通过将产业与教育行业相联系，来培养出能够满足社会需求的人才。在数字经济时代，产教融合被视为构建现代职业教育体系和提升教育人才培养品质的重要战略。为评价其效果，需要重点考虑以下五个方面。

① 王云华，饶文碧，石兵等. 产教融合背景下的 ICT 创新人才培养模式改革与实践 [J]. 计算机教育，2022，328（4）：9-12.

② 张政清. 智能化工作模式下职业教育人才培养变革探究：深化产教融合、校企合作新路径探索 [J]. 中国职业技术教育，2018，674（22）：66-71.

③ 刘馨，秦玉娟，刘扬. 校企产教融合模式下应用型课程混合教学探索：以"数据通信技术"课程为例 [J]. 教育教学论坛，2021，519（20）：105-108.

④ 张永飞，杜玉雪，朱国良. 基于制造业数字化场景的人才培养探索 [J]. 中国仪器仪表，2022，375（6）：36-40.

⑤ 杜根远，王晓霞，张德喜. 产教融合背景下计算机应用型人才培养模式创新实践探索 [J]. 许昌学院学报，2020，39（5）：133-136.

第一，就业率和就业质量。产教融合模式的效果根据毕业生的就业情况来评估，包括就业率、就业行业分布以及职位层次等。特别是在"互联网+"和大数据技术应用领域，产教融合模式促进了企业与学生的精准对接，显著提高了就业率和就业质量。这些指标直观地反映了产教融合模式对数字化人才培养的实际影响，为评价其效果提供了有力依据。

第二，课程体系优化。课程体系的优化程度涉及情境化、知识项目化、实施协同化以及"双师型"教师队伍建设情况。情境化课程设置让学生在真实场景中学习；知识项目化有助于将知识应用到实际项目中；实施协同化促进不同学科间的整合与协作；"双师型"教师队伍建设提高教学质量，确保教学内容的深度和广度①。这些因素共同作用于课程体系的质量提升。

第三，学生技能与素养提升。评估学生的技术知识、能力和素养，可以了解产教融合模式是否有效提升了学生的实际操作能力和创新意识。这有助于全面了解学生在实际应用中的表现，从而评估产教融合模式对学生技能与素养提升的实际效果②。这种综合评估客观地反映产教融合模式影响学生的教育成果机制，为教育质量提升提供重要参考依据。

第四，产教融合办学模式的适应性和创新性。不同的产教融合办学模式（如"双元制""合作教学""三明治"等）在数字化背景下的应用效果和适应性具有差异③。分析这些不同模式的特点和实践效果，能够深入了解其在数字化时代的适应性和创新性，以及它们对教育信息化发展的推动作用。

第五，政策支持与资源投入。政府部门在产教融合中扮演着重要角色，其政策支持和资金投入对产教融合的效果至关重要。此外，建立多主体资源投入机制、人才交流机制等直接影响产教融合的实施效果和可持续发展。政府部门的积极参与和支持，为产教融合提供必要的资源和环境，促进各方合作，推动产教融合模式的创新和发展。

---

① 汤勇. 产教融合发展要求下应用型人才培养课程体系优化 [J]. 宜春学院学报，2021，43（10）：100-105.

② 刘曼. 数字媒体产、教结合创新人才培养模式在高职院校中的运用 [J]. 设计，2017，265（10）：116-117.

③ 施乐. 基于信息化背景下产教融合办学模式探究 [D]. 南昌：江西科技师范大学，2020.

3. 国际合作对产教融合模式数字化人才培养效能的影响

国际合作在产教融合模式中扮演着重要角色，显著提升数字化人才培养效能。通过国际合作引入先进的教育理念和技术，能够促进跨文化交流和合作，拓宽学生的国际视野，提升竞争力。搭建跨国合作平台，能够为学生提供更多的发展机会和资源支持，促进数字化人才培养质量的全面提升。

第一，促进教育资源的国际化配置。通过国际合作引入国际先进的教育理念和教学方法，能够丰富本国教育资源，推动教育的全球化发展，促进跨文化交流和合作①。这种多元化的教育资源配置模式，有助于提高教育的多样性和包容性，为培养具有全球视野和竞争力的人才打下坚实基础。

第二，加强产业与教育的深度融合。国际合作使得高等院校可以更好地了解和适应全球产业发展趋势，特别是在共建"一带一路"倡议下，与国际知名企业的合作，能够实现产业与教育的深度融合，培养符合国际职业资格标准的高素质技术技能人才②。这种合作模式促进了产业需求与教育供给的有效对接，拓宽了学生的国际视野和职业发展空间。

第三，拓宽学生的国际视野，提升竞争力。通过参与国际合作项目，学生得以接触国内外顶尖的教育资源，培养自身的跨文化沟通能力和团队合作能力，以及适应多元化环境的能力，从而提升综合素养③；同时通过参与国际合作项目，能够深入了解全球先进科技和发展趋势，拓宽视野，丰富学习经历，为未来的职业发展打下坚实基础。

第四，推动教育体系和人才培养模式的创新。国际合作促使各国在教育体系和人才培养模式上进行创新④。通过比较研究不同国家的产教融合模式，如美国的合作教育、德国的"双元制"等，各国可以相互借鉴经验。

第五，增强政策支持和制度建设。为确保国际合作的长期发展，必须

---

① 解军，罗琴. 高职与国际知名企业合作产教融合培养国际化技术技能人才研究［J］. 教育教学论坛，2018，348（6）：238-240.

② 施洋. 论校企合作与高等院校国际化人才培养［J］. 齐齐哈尔大学学报（哲学社会科学版），2014，209（1）：142-143.

③ 蔡翔华. 英美德等国家职业教育产教融合的制度经验及启示［J］. 上海第二工业大学学报，2020，37（1）：71-75.

④ 刘大卫，周辉. 中外高校产教融合模式比较研究［J］. 人民论坛，2022，730（3）：110-112.

配备相应的政策支持和制度建设。这涵盖加强宏观调控和引导、促进教育均衡发展以及打造创新联盟等方面。政府制定明确的政策框架，提供支持和激励措施，规范合作行为，以鼓励学术机构、企业和其他组织参与国际合作。

第六，激发行业和社会对职业教育的认同。国际合作能够提高社会对职业教育的认同感，激发行业协会的中介作用，使职业教育贴近实际需求，从而培养符合行业标准的高素质人才。促使企业积极参与专业标准的制定，有利于提高职业教育的质量和效果，有利于提高教育的实用性和适应性，有利于学生更好地适应职场[①]。这种紧密的产学合作关系构建职业教育的生态系统，推动教育与产业的深度融合，促进人才培养的质量提升。

（二）新型师徒制模式

1. 主要内容

新型师徒制模式是在现代教育和企业培训背景下对传统师徒制进行的创新和改进。这种模式融合了现代教育理念和技术手段，旨在保留师徒制在知识传承和技能培养方面的核心价值，并使其更好地适应社会发展和产业需求。通过新型师徒制模式，传统的师徒关系得以延续，并与现代教育方法相结合，实现了知识和经验的传承与更新。

第一，新型师徒制模式强调建设"教师+师傅"型师资队伍，因为高质量的师资队伍是实现人才培养成功的关键[②]。在这种模式下，师资队伍拥有扎实的理论知识，具备丰富的实践经验，直接指导学生的实际操作。教师和师傅紧密合作和互补，应用理论知识指导实践，促进了知识的传授和技能的提升，培养了学生的创新能力和问题解决能力，为学生提供了全方位的学习支持和指导。

第二，新型师徒制模式着重于产教融合和校企合作。通过校企联合招生、联合培养以及校企一体化育人的长效机制，学校和企业共同参与人才培养过程，为学生提供更多实践机会，同时企业能够根据自身需求培养人才。校企一体化育人模式整合了学校和企业的资源，推动了贴近市场需求

[①] 戴佳欣. 职业教育产教融合的国际经验与改进路径 [J]. 南方职业教育学刊，2021，11（4）：103-109.

[②] 王记彩，刘若竹. 现代学徒制模式下"教师+师傅"型师资队伍建设的研究与实践 [J]. 教育教学论坛，2016，261（23）：39-40.

的数字化教育，为学生提供了更全面的培养方案，促进了学生的全面发展。这种模式实现了数字化人才培养的双赢局面，既满足了企业的需求，也为学生提供了更具竞争力的就业前景。

第三，新型师徒制模式强调师徒双方的互动和反馈①。新教师在带教过程中，注重从师傅和学生的反馈中学习和成长，从而提升自身的教学水平和专业能力。良好的师徒文化氛围促进师徒之间的信任和合作，能够增强团队凝聚力，共同推动教学质量提升。实现师徒教学认知统一，能够确保教学目标的一致性，促进教学过程的顺利进行。这些举措有助于建立积极向上的师徒关系，推动现代学徒制长远健康发展，为教育培训领域注入活力②。

第四，新型师徒制模式注重利用现代技术手段，如能力管理体系，将传统的"师带徒"培训模式与能力管理体系相融合，实现对师徒培训过程的管理和监控，从而增强培训效果，提高培训效率③。签订师徒合同，明确双方责任和目标，建立明确的培训计划和评估体系，有利于培训过程的有序进行和效果评估。建立能力素质模型则有助于明确培训目标和要求，为师徒提供明确的培训方向和目标，促进培训效果的实现和提升。上述工作流程使"师带徒"模式更加科学化和系统化，形成培训—评估闭环良性循环，不断提升培训质量和效果。

第五，新型师徒制模式突出工学交替和实岗育人的核心价值。通过政府、企业、学校三方共同搭建现代学徒制的育人平台，以培养目标、培养内容、培养方式和质量评估四大模块构建数字化工程师培养模式，数字化工程师培养模式得以更加完善的构建，确保学生在培养过程中获得全面的知识和技能，以满足市场需求和社会发展的要求④。学生在学习过程中实现理论知识与实践技能的有机结合，通过实践工作的经验积累和反思，不断提升自身的专业水平和实践能力。

综上所述，新型师徒制模式是一种结合了现代教育理念和技术手段的

---

① 蔡元萍. 以现代学徒制试点为契机加大对"双师"型教师的培养 [J]. 高教学刊，2016，42（18）：203-204.

② 张兴华. 现代学徒制中的师徒关系 [J]. 教育科学论坛，2020，501（15）：45-48.

③ 逯铮. 论现代学徒制中"现代"新型师徒关系的构建 [J]. 牡丹江教育学院学报，2018，195（12）：17-19.

④ 杨胜宏. 论提升中职学生终身学习能力的"师徒制"教学模式的改革 [J]. 教育研究，2020，3（9）：23-24.

创新人才培养模式，它通过强化师资队伍建设、促进产教融合、加强师徒互动和反馈、利用现代技术手段以及实施工学交替等措施，旨在提高人才培养的质量和效率，更好地满足社会和产业的需求。

2. 实施策略

一是明确发展方向和模式理念。在明确现代学徒制发展方向、模式理念的基础上，构建切实可行的操作办法和保障机制，将现代学徒制打造成人才培养的新模式①。

二是企业教育化改造。完成企业教育化改造，包括完成人员适应性改造、设备适应性改造以及管理机制适应性改造，旨在将传统企业转变为具有"生产—教育"双重功能的新型企业，实现产教融合②。

三是校企合作与资源共享。通过政府引导、校企合作、资源共享等方式，加强高技能人才培养，包括教学方式和生产实践的创新对接、利用信息化平台技术手段促进产教融合等③。

四是现代学徒制模式的探索与实践。结合传统学徒培训和现代职业教育，实现企业和学校联合招生，重组教学过程、实现工学交替、开展产教融合，便于教师传授知识技能，提高人才培养质量④。

五是创新人才培养模式。实施企业主导下的创新型人才培养模式、产教协同育人改革，包括探索"名企大师工作室"协同创新师资建设、保障型教学管理改革⑤，按照"招生即招工、入校即入厂、产教联合培养"的要求，实现特定专业方向人才培养。

六是匹配产教融合教学管理运行机制。优化课程结构，重视教学过程设计，加强专兼结合师资队伍建设，校企职责共担，建立与产教融合相适应的教学管理与运行机制。

七是制度创新。"四链衔接"制度创新，构建职业形态的专业链、利

---

① 李杰，刘亚苹. 产教融合中现代学徒制建立与保障机制研究 [J]. 统计与管理，2017，237（4）：183-184.

② 崔发周. 基于现代学徒制的产教融合型企业标准与实施策略 [J]. 职教论坛，2019，711（11）：6-12.

③ 李雅丽，张雅楠，王静燕. 新型"学徒制"：教学方式与生产实践的对接促进产教融合 [J]. 长江丛刊，2018，406（13）：281.

④ 张丽. 产教融合校企双元育人下的现代学徒制模式的探索与实践 [J]. 创新创业理论研究与实践，2019，2（8）：127-128.

⑤ 吴春玉. 基于现代学徒制试点实践的职业院校产教融合机制探索与研究 [J]. 教育现代化，2020，7（12）：71-73.

益机制的利益链、职教生态的生态链以及终身学习的学习链。这四个方面的链条相互衔接，共同构成了一个完整的制度体系①。建立专业链，实现职业形态与市场需求的紧密对接，促进职业教育内容与实际职业要求的同步升级。建立利益链，优化利益分配机制，激励市场主体积极参与职业教育，确保利益分配合理公平，推动产业和教育的良性互动。生态链着眼于打造终身学习体系，为个体和组织提供持续教育机会，促进个人职业生涯的持续发展和进步，实现职教资源的优化配置和良性循环，推动社会经济的可持续发展。学习链强调终身学习的重要性，促进个体不断学习、成长和适应社会变化，让个人在不同阶段获取所需的知识和技能，实现个人发展和社会进步的良性循环。

这些链条相互联系、相互支撑，共同构建了一个完整的制度框架，旨在推动职业教育的发展，促进产教融合，为人才培养和社会发展提供更强有力的支持。

3. 构建良好的师徒关系

在新型师徒制模式下，构建和维护良好的师徒关系需要综合考虑多方因素。

一是制度化发展。现代学徒制中的师徒关系向制度化方向发展，包括制定师傅管理规范、完善师傅资格评价等级、重视师傅职业能力的培养以及形成师傅培训体系等，以确保师徒关系的稳定性和规范性，为双方提供明确的权利和义务框架②。

二是双向互动与反馈。师徒双向选择，形成双向互动学习与反馈机制，促进知识和技能的传递，增强师徒之间的沟通和理解，提高师徒关系的质量③。

三是共生伙伴关系。建立有机多元联系、构筑共生伙伴关系。这意味着师徒双方追求共同发展目标，鼓励知识共享行为，构建学习共同体，加强外部环境建设，增强师徒关系依附性④。

---

① 王玲玲. 现代职业教育产教融合模式构建及实施途径 [J]. 湖北社会科学，2015，344（8）：160-164.

② 张宇，徐国庆. 我国现代学徒制中师徒关系制度化的构建策略 [J]. 现代教育管理，2017，329（8）：87-92.

③ 郝延春. 现代学徒制中师徒关系制度化：变迁历程、影响因素及实现路径 [J]. 中国职业技术教育，2018，683（31）：38-43.

④ 李博，马海燕. 现代学徒制师徒关系重塑研究 [J]. 教育与职业，2020，975（23）：56-59.

四是责权明晰的交流保障制度。建立健全责权明晰的师生交流保障制度，解决界限模糊的权责划分问题，确保师徒双方的权利和责任得到合理分配和尊重①。

五是人力资源顶层设计。从人力资源顶层设计出发，适应企业管理变革的客观需求，兼顾稳定性与动态适应性，包括师傅甄选制度、师徒结对及管理，到师徒帮带实施过程的保障及评价体系等全方面策略②。

六是角色转变与职业认同感提升。师傅要承担起"技术经验的传授者"与"人生经验的传播者"的双重角色，学徒由"学校人"向"企业人"的角色转变，提升职业认同感③。

七是师德建设与道德伦理重塑。利用良好的师生关系，培养优秀青年教师，同时重视师德建设，在师生关系中强调尊师爱生的道德伦理④。

（三）前沿课程开发模式

1. 主要内容

开发与数字化转型相关的前沿课程，如大数据、云计算、物联网等，帮助学生掌握当前数字技术领域的最新知识和技能，以及采取多种模式和策略。

一是线上线下混合式教学。线上线下混合式教学是一种结合传统面对面教学和现代在线学习的教学模式，旨在增强教学效果，促使学生获取更多知识，同时加强教学管理。以大数据开发技术课程为例，采用线上线下混合式教学模式可从多个方面进行探索，包括课程设计、教学设计、评价体系和实施效果等。教师根据课程特点和学生需求，结合线上线下资源，设计多样化的教学活动和任务，激发学生学习的兴趣和积极性，促进学生对知识的深入理解和应用能力的提升。

二是智慧校园与在线开放课程融合。将智慧校园与在线开放课程相融合，利用人工智能、移动互联网、物联网等技术，构建新型的在线开放课

① 张健，于泽元. 现代学徒制中师生关系的钩沉与重塑［J］. 职教论坛，2018，689（1）：140-144.

② 王书晖，谭福河. 中国现代学徒制中的师徒关系：特征、困境与重构［J］. 高等职业教育探索，2019，18（3）：33-40.

③ 程天宇. 师傅视角下的现代学徒制师徒关系改进基于调查的分析与建议［J］. 教育科学论坛，2021（6）：67-71.

④ 刘铭刚，李勇，王廷春. 从新时期师生关系探索青年骨干员工参与"老师带徒"模式的"心"方向［J］. 科学咨询（科技·管理），2019，620（1）：47-48.

程教学模式，有效解决在线开放课程建设中的问题，推动教育信息化与教学深度融合，提升教学质量。同时，拓展教学边界，推动高校教育向更加智能、便捷和有效的方向发展。

三是产教融合"线上+线下"教学新模式。以产教融合为原则，构建基于"新一代信息技术""线上+线下"同时运作的教学新模式，如"云计算产品与应用"课程，从而有效加强教学管理能力，为今后进行类似教学改革提供宝贵经验。

四是基于"云班课"的高职教学模式变革。在数字化转型背景下，以"三教"改革的视角，分析信息技术发展对教学模式改革的新要求，并基于"云班课"进行云教学模式实践探索，以提高学生学习积极性，汇聚教学大数据，助力教法改进和创新[1]。

五是以综合型项目开发为驱动的物联网教学模式。这种模式通过项目让学生边做边学，教师边讲边引导学生自学，遇到什么问题解决什么问题，不再针对单一内容进行目录式教学，而是通过综合型项目开发来提升和扩展学生的实际操作能力和工程性思维[2]。

六是基于大数据思维的数字化教学模式构建。利用大数据思维模式构建新的教学模式，其中包含利用云计算解决的教学系统，以及基于物联网思维的服务系统。该模式可以不断增强教学效果，促进教学改革，提升学生的学习兴趣。

七是以信息技术为导向构建高校智慧教学新模式。通过运用信息和多媒体技术与高校现代化教学相结合，实现两者间的深度融合，以信息技术为导向，对教育教学提供行之有效的解决方案，建立崭新的智慧教学新模式[3]。

这些模式各有特点，但共同目标是利用最新的数字技术提升教育质量，使学生掌握当前数字技术领域的最新知识和技能。选择合适的模式需要根据具体课程内容、学生需求以及教育资源等因素综合考虑。

2. 基于"云班课"高职教学模式变革

---

① 杨光军，曹林. 数字化转型背景下基于云班课的高职教学模式变革 [J]. 中国教育信息化，2022，28（11）：90-97.

② 陈志奎，刘旸，王雷. 以综合型项目开发为驱动的物联网教学模式探索 [J]. 教育教学论坛，2014，146（13）：210-212.

③ 陶晓环. 基于大数据思维培养数字化人才的途径研究 [J]. 辽宁高职学报，2019，21（3）：96-99，108.

在基于"云班课"的高职教学模式变革中，通过云技术提高学生学习积极性和教法创新，关键在于实现教学资源的优化配置、促进师生互动以及提供个性化学习方案。

一是优化教学资源配置。利用云计算平台构建教学资源库，使教学资源分布更加均匀，共享程度更高，从而改变传统教学模式的单一性，提高教学质量。通过云平台技术，实现在线课堂、交互平台、课堂协同一站式服务，满足信息化教学需求①。

二是促进师生互动。基于"云班课"背景的混合式教学法，结合线上学生学习和线下师生互动，强化学生学习主体地位，加强师生互动交流②。此外，依托职教云、智能教学操作系统等技术，营造在线教学和学习环境，构建"软硬件支撑，多平台融合，互动式教学，过程性反馈"机制，以提升学生参与度，增强教学效果③。

三是提供个性化学习方案。利用大数据技术分析学生的线上和线下学习行为，为课程建设和诊改提供可靠的依据，从而改善课程教学效果、提高学校人才培养质量④。

四是实施实证研究和效果评估。通过对比实验，如将教学效果划分为课堂成绩、学习兴趣和实务能力三个维度，进行实证比较，分析"云班课"信息化教学模式与传统教学模式的不同影响，量化"云班课"信息化教学模式的教学优势⑤。

3. 综合型项目开发驱动的物联网教学模式

以综合型项目开发为驱动的物联网教学模式，在培养学生实际操作能力和工程性思维方面具有显著优势⑥。

---

① 马骏. 基于云平台的高职课程信息化教学研究与实践 [J]. 科技资讯, 2020, 18 (33)：29-31.

② 马海英. 基于云班课的高职院校混合式教学法 [J]. 濮阳职业技术学院学报, 2020, 33 (2)：32-35, 38.

③ 雷英栋. 基于职教云的互动式在线教学模式探索与实践 [J]. 汽车实用技术, 2021, 46 (18)：177-179.

④ 王兰. 基于云教学和大数据的高职学生学习行为研究 [J]. 无线互联科技, 2019, 16 (16)：95-96.

⑤ 段霄. 云班课信息化教学模式的探索与评价：基于教学效果的实证分析 [J]. 办公自动化, 2020, 25 (22)：30-32.

⑥ 焦金涛, 余文森, 阮星等. 优化实践教学体系 构建应用型物联网工程专业人才培养模式 [J]. 教育教学论坛, 2018, 389 (47)：150-151.

第一，综合型项目开发教学模式强调实践与理论的结合，通过实际项目的开发，学生能够在解决实际问题的过程中提升自己的动手能力和工程实践能力①。

第二，基于项目驱动的教学模式注重培养学生的创新精神和动手能力。在新工科背景下，基于项目驱动的教学模式成为一种重要教学方法，着重培养学生的创新精神和实践能力②。通过开放式教学、贴近工程和科研项目的方式，学生得以在实践中不断锤炼创新能力。实践教学模式结合了多学科交叉融合的课程体系，不仅夯实了专业基础，还制订了培养创新能力的教学方案，促进了学生实践能力和创新意识的提升③。

第三，项目化教学模式的实施，有助于培养数字化研发人才。这种教学方法通过项目实践，有效解决了数字化研发人才培养中的问题，提出了适用于数字化项目化教学的方案，能够满足社会发展的需求④。高职院校依托重点实验室建设项目，系统设计和组织数字化应用技术专业实践教学项目，从而显著提升人才培养质量⑤。

第四，校企合作的物联网实践教学模式通过授课、考核、教学、组织和运行等数字化创新，学生能够对学科的实践意义有更深层次的了解，并在实践过程中培养工程自学能力、辩证思考能力、沟通技巧和团队合作能力，从而提高综合素质⑥。

第五，基于工程实践能力培养的物联网综合实训教学模式，通过系统、深入地探索，以工程实践能力培养为核心，旨在满足物联网工程专业应用型人才培养的要求⑦。通过校企合作、产教融合等方式，实习实践基

---

① 周志青，李圣普，吕海莲. 基于项目驱动的物联网工程专业实践教学体系构建研究 [J]. 教育教学论坛，2015，228（42）：129-130.

② 樊谨，仇建. 物联网工程专业创新实践课程教学模式探讨 [J]. 计算机教育，2016，263（11）：119-122.

③ 杨桂松，彭志伟，何杏宇. 面向新工科的物联网工程实践教学模式探索 [J]. 实验室研究与探索，2020，39（8）：160-165.

④ 李春辉. 基于项目化教学的物联网研发人才培养的研究 [J]. 科技创新导报，2020，17（6）：189-190.

⑤ 雷文全，邹承俊. 高职物联网应用技术专业实践教学项目化模式研究 [J]. 教育现代化，2018，5（16）：205-206，208.

⑥ 吴贺俊，吴迪，左金芳. 校企合作的物联网实践教学模式探索 [J]. 教学研究，2014，37（4）：103-108.

⑦ 于洋，程宇辉，刘颖等. 基于培养方案探索物联网专业应用型人才培养新模式 [J]. 科技与创新，2018，97（1）：12-14.

地开始全面建设，实现学分置换制度，物联网专业综合实训和创新平台开始搭建，培养了学生的综合应用能力和创新创业能力①。

第六，基于工作过程的项目式教学模式，通过工作情景、项目描述和任务分解实现教学内容和工作过程的有效衔接，有利于学生综合职业能力的提升②。

（四）数字化平台认证模式

1. 主要内容

数字化平台认证模式通过整合和应用现代信息技术，为学习者提供了一个灵活、可访问且高效的学习环境。这种模式通过标准化测试评估学生的学习成果，提高了学习的灵活性和可访问性，确保了教育质量和效果。

数字微认证作为一种新兴的学习成果认证方式，为学习成果认证模式带来了新的机遇和可能性，已被证明是高等教育教学与发展中的关键技术之一③。通过知识模块化、开发敏捷化、证据绩效化等运作机制，数字微认证满足了开放学习结果的认证需求，丰富了人才资质交流话语体系。

我国在数字化学习资源及服务认证在机构性质、专家来源、认证费用、认证指标、认证流程以及认证有效期等方面需要改进。树立以学习者需求为中心的意识，将政府支持和第三方认证结合起来，积极开展认证前期培训和自我评估，注重实地考察和反馈，以制定更加科学的认证标准和构建更加公平有效的认证机制④。

在线平台过程化考核评价体系的实践表明，在线学习平台成功解决了实践类课程过程化考核中存在的片面性与主观性问题，成为推进过程化考核模式应用的有效途径⑤。特别是基于微信公众平台的数字化学习过程性

① 吴志刚，张书钦，王海龙. 基于工程实践能力培养的物联网综合实训教学模式研究 [J]. 物联网技术，2017，7（10）：118-120.

② 范水英. 基于工作过程的项目式教学模式探索：以物联网工程综合实训课程为例 [J]. 现代职业教育，2021，242（16）：40-41.

③ 程醉，李冰，张晓玲. 数字微认证推动学习成果认证制度创新 [J] 中国教育信息化. 2022，28（9）：41-51

④ 陈庚，李学敏，傅琴玲等. 国内外数字化学习资源及服务认证的比较分析 [J]. 现代远程教育研究，2013，123（3）：50-60.

⑤ 王元玮，王啸楠. 面向实践类课程的在线平台过程化考核评价体系探究 [J]. 黑河学院学报，2020，11（1）：145-147.

考核模式，为推广微信公众平台在高等职业教育领域的应用提供了有益借鉴①。

数字化学习教材认证系统的建立是保障数字化学习资源质量的有效手段。打造功能强大、操作简单而实用的第三方权威认证系统，能够高效率审查与优化网络市场上的数字化学习资源，确保学习者能够有效地应用数字化教学资源②。

数字化平台认证模式通过整合现代信息技术，提升了学习的灵活性和可访问性，同时通过标准化测试评估学生的学习成果，确保了教育质量和效果。要进一步增强这一模式的效果，就需要持续优化和改进相关的认证标准和流程，并加强对数字化学习资源的管理和监督。

2. 数字微认证运作机制

数字微认证运作机制基于能力导向、需求面向和个性化分享的评价方式，旨在满足开放学习结果的认证需求。这种认证方式通过科学精准地分解预认证的能力，制定简洁有效的认证规范，引领认证实践，从而有效认定非正式学习成果③。微认证体系的构建核心在于建立能力、任务、证据以及评价标准之间的对应关系，这一过程中采用了"以证据为中心"的教育评价模式，构建了"能力模型—证据模型—任务模型"的开发框架。

数字微认证平台提供一系列功能，支持学习者记录、查看和存储其学习成果。这些平台能够发放、查看和存储数字凭证，这些凭证记录了学习的证明，包括技能和能力的获取方式（无论通过正式或非正式学习活动），为学习者提供全面的学习成果展示和管理工具。数字微认证平台的功能以及开放徽章的作用为学习者提供了更灵活、可靠的学习成果管理和展示方式。通过数字凭证和开放徽章，学习者可以清晰记录自己的学习成果，展示个人能力和成就，同时也促进了学习者之间的交流与分享，推动学习社区的共同发展和成长④。

数字微认证不仅限于教师培训领域，还广泛应用于成人专业能力的认

---

① 胡孝彭，张艳梅，张晓婷等. 微信公众平台数字化学习的过程性考核模式研究 [J]. 中国教育信息化，2017，400（13）：31-33.

② 韩亚娜. 数字化学习教材认证系统设计与实现 [D]. 武汉：华中师范大学，2011.

③ 魏非，李树培. 微认证之认证规范开发：理念、框架与要领 [J]. 中国电化教育，2019，395（12）：24-30.

④ 押男，徐盟盟. 微认证：非正式学习成果的认定方式 [J]. 高等继续教育学报，2018，31（5）：17-21，75.

证。例如，教师信息技术应用能力的微认证体系旨在通过角色分析、能力分解、认证规范开发以及调研试用等，为微认证体系的开发提供了一种基本方法论。

数字微认证通过其灵活性和广泛的适用性，能够满足不同学习者的需求，以支持他们在生活和工作中的学习与发展。这一认证方式为个体提供了自主选择学习路径的机会，同时也为雇主和教育提供者提供了有效评估和认可学习者技能和能力的工具①。

3. 过程化考核评价体系的设计与实现

在线平台过程化考核评价体系的设计与实现包括以下几个方面。

一是推广标准化的 e-assessment 系统。制定和遵循特定的技术标准，能够使不同平台之间共享学习资源和评价组件，简化资源共享流程②。

二是采用大数据和云计算技术。使用云计算技术来支持高效的数据存储和处理，以提高系统的可扩展性和灵活性；利用大数据技术分析学生的学习行为和成绩，以提供精准的个性化评价结果③。

三是开发基于网络的多元化评价系统。设计适合不同类型课程（如项目化课程）的多元化过程性评价系统，包括需求分析、系统结构设计、后台数据库设计等，以满足不同课程的评价需求④。

四是构建基于过程考核的管理平台。基于过程考核的管理平台，能够自动统计学生的平时成绩和生成报告，减轻教师的工作负担，提高教学效率⑤。

五是采用区块链技术。基于区块链技术的学习成果认证管理系统解决开放教育环境中学习成果的认证难题⑥。区块链技术提供了不可篡改的数

① 魏非，闫寒冰，李树培等. 基于教育设计研究的微认证体系构建：以教师信息技术应用能力为例 [J]. 开放教育研究，2019，25（2）：97-104.

② AL-SMADI M, GÜTL C, et al. Towards a standardized e-assessment system: motivations, challenges and first findings [J]. International Journal of Emerging Technologies in Learning, 2009: 6-12.

③ 上超望，韩梦，刘清堂. 大数据背景下在线学习过程性评价系统设计研究 [J]. 中国电化教育，2018，376（5）：90-95.

④ 张彤芳. 基于云班课平台的过程性考核评价体系探索与实践 [J]. 陕西青年职业学院学报，2019，127（1）：20-22.

⑤ 张颖，李利杰，孙统达. 基于网络的项目化课程多元化过程性评价系统设计与实现 [J]. 中国教育信息化，2014，326（11）：72-74.

⑥ 黄贵鑫. 基于区块链技术的学习成果认证管理系统研究 [J]. 现代教育技术，2021，31（1）：69-75.

据记录和透明的交易验证，能确保认证过程的公正性和可追溯性。

六是制定详细的认证指标体系。高校网络教育数字化学习资源认证体系包含八项一级指标、三十五项二级指标，有助于标准化评估流程，确保认证的客观性和一致性①。

七是实现统一身份认证。通过使用 XML，LDAP 和 SOAP 技术，以及 CAS 等工具，实现教学资源门户的统一身份认证，提高了系统的安全性，简化了用户访问多个服务的过程②。

八是建立第三方教育认证机构。第三方教育认证机构提供独立、专业、权威的评价与认证服务。这些机构由政府、行业协会或其他教育机构共同设立，有明确的责权利界定和专业人才支持③。

九是利用数字徽章系统。数字徽章系统可以用来识别教师的专业发展和学习成果，增加了学习资源的吸引力，并通过可视化的方式展示学习者的成就。

十是持续更新和维护系统。任何技术系统都需要定期的更新和维护，以应对新的挑战和需求。要建立一个有效的反馈机制，收集用户和教育机构的反馈信息，不断优化系统性能和用户体验。

五、实施策略

数字化工程师培育项目的实施策略要综合考虑当前数字化转型的需求、未来工程师所需具备的能力以及教育资源的配置。

通过校企合作，以优化新型师徒制、开发前沿课程等方式，深度整合企业实际需求与教育内容④，确保培养的人才具有实践能力和创新思维，能直接满足产业发展的需要⑤。

采用项目化教学方法，将理论知识与实际项目相结合，以解决实际问题为导向，提高学生的动手能力和创新能力。利用数字化平台，增强教育资源的可访问性和互动性，为学生提供多样化的学习资源。持续更新教育

① 李学敏.高校网络教育数字化学习资源认证研究［D］.北京：北京交通大学，2014.

② 王华东，胡光武.教学资源门户统一认证系统设计与实现［J］.郑州轻工业学院学报（自然科学版），2007，83（1）：76-79.

③ 涂永前.第三方教育认证初探：概念、内涵、程序及我们的选择［J］.社会科学家，2020，273（1）：137-148.

④ 刘茂祥.数字化教育环境下高阶技术型创新人才早期培育的实践探索［J］.创新人才教育，2015，11（3）：15-20.

⑤ 朱凌，施锦诚，吴婧姗.培养工程师的数字化能力［J］.高等工程教育研究，2020，182（3）：60-67.

内容，更新教学方法，确保教育内容与时俱进，满足对未来工程师的能力要求，包括引入最新的数字技术、人工智能、大数据分析等领域的软件工具①。

通过开展数字技能竞赛、建立再育体系等方式，加强学生的数字技能职业培训，激发学生的学习兴趣和创新意识。同时，鼓励学生参与科研项目，提高其解决实际问题的能力。

政府相关部门应制定和完善支持数字技术工程师培育的政策措施，包括资金支持、人才引进和留存机制、职业发展路径规划等，为数字技术工程师的培养提供良好的外部环境②。

在人工智能和大数据分析的数字化时代，更新教育内容、优化教学方法，已成为教育改革的重要方向。可以采用翻转课堂、MOOC和微课程等新型教学模式，促进学生自主学习，实现以教师为中心向以学生为中心的转变③。应用大数据和人工智能技术优化教学过程，挖掘教学行为数据和海量知识资源，把握学生学习需求，提供更加个性化的学习路径和资源④。在人工智能时代，知识教学的目标转向知识理解与自主建构知识意义的能力，因此要提升知识迁移应用能力。人工智能技术用于智能在线答疑和精细化评测方面，能够提高教学质量和效率。

推动教育方式的个性化和智慧化。重构教学主体关系，充分发挥人的主观能动性。数字化时代要求教育方式更加个性化，教育信息更加泛化，教育环境更加智慧化，教育评价更加智能化。教育变革涉及学习内容、学习群体、教学群体、教学方式和师生关系等方面，教学变革需要注重教学情感的培养，理解知识表达的意义，合理利用人工智能技术提升教学变革的效率。

培养混合式、人机融合式的教学模式创构能力。面对人工智能时代的挑战，教育者需要立足于立德树人的根本宗旨，创造丰富多样的综合实践

① 杜秀丽，李晓梅，张瑾. 基于项目教学法的数字电子技术教学探究［J］. 大连大学学报，2016，37（3）：119-122.

② 王茜. 新时代数字化工程人才培育路径研究［J］. 中阿科技论坛（中英文），2022（12）：157-161.

③ 金陵. 大数据与信息化教学变革［J］. 中国电化教育，2013，321（10）：8-13.

④ 郑庆华，董博，钱步月等. 智慧教育研究现状与发展趋势［J］. 计算机研究与发展，2019，56（1）：209-224.

活动形式，促进学生德智体美劳全面发展①。

六、数字化工程师培育实践

（1）数字化工程师教育体系改革

通过教育体系改革有效培养数字化工程师，综合考虑课程内容、教学方法、实践机会以及评价体系的改革是关键突破口。

一是课程内容与体系改革。为满足数字化时代对工程人才的需求，教育机构正在改革课程内容和体系，致力于培养学生解决复杂工程问题的能力，这包括增设实践类课程、引入思政元素，以提升学生对专业的认同感和社会责任感②。通过优化课程内容，教育机构确保课程体系与专业培养目标和毕业要求相互支撑。

二是教学方法的创新。为了提高教学质量，教学方法要创新。教育机构采用现代工具如仿真软件，实现线上线下教学的无缝对接。借助项目式教学建立的分解—综合层次化实验内容体系，旨在培养学生的综合工程思维模式，提升学生的工程问题分析和解决能力。

三是加强实践教学。为加强实践教学，教育机构要采取校企协同共商、全过程持续共建、动态监督共勉、卓越成果共享的方式，通过增加前沿讲座学时、强化数字化理论学习、提供更多实际操作和项目开发机会等举措，来激励学生将理论知识应用于实际问题，从而提升问题解决与实践创新的能力。

四是评价体系的改革至关重要。借鉴 CDIO 工程训练模式（即Conceive 构思、Design 设计、Implement 实施和 Operate 运营），教育机构正致力于构建科学量化的成绩考核评价标准③。这一举措的目的在于激发学生完成实验学习的积极性，提升他们的实验水平。同时，教育机构采用多渠道并用的方式优化教学评价，努力平衡理论与实践课程比例，以确保评价体系能够全面反映学生的学习成果和能力水平。

五是信息化教育系统的建设。为加强工程教育信息化，教育机构致力于信息化教育系统建设完善，包括学习环境的数字化、课程教学的信息化

---

① 陈理宣，刘炎欣. 人工智能背景下教学形态的嬗变：特点、挑战与应对［J］. 当代教育科学，2021（1）：35-42.

② 李建霞，闫朝阳. 工程教育专业认证背景下数字电子技术实验改革［J］. 实验室研究与探索，2017，36（1）：156-159.

③ 丁淑辉，李芊艺，王海霞，等. 工程教育专业认证背景下数字化设计课程体系设置及其持续改进［J］. 大学教育. 2021（4）：59-61.

以及虚拟仿真实验教学等。积极构建虚拟网络辅助教学平台和预约平台，综合利用国家示范教学中心网站资源，旨在为学生提供丰富的学习资源，实现学习资源的纵横向延伸，增强学生的学习效果和学习体验。

六是为适应数字化时代的教学需求，教育机构要持续优化师资队伍，提升教师素质，确保教师与时俱进，适应数字化时代教学，提供更优质的教育服务。

上述措施能够有效地培养适应数字化时代需求的高素质、高技术水平的信息化、国际化工程人才。

（二）数字化工程师培养的企业实践

在数字化转型的背景下，企业评估和选择合适的数字化工程师是一个复杂而关键的过程。要遵循以下步骤框架，优化人才选择策略。

第一，明确数字化人才的定义。企业需要明确数字化转型所需的人才类型，并了解这些人才应具备的技能、知识和能力。例如，对于高科技企业而言，数字化人才可能需要具备大数据技术、云计算、人工智能等相关领域的知识。

第二，采用战略性的招聘方法。招聘不仅是为了找到合适的人才，而且是推动公司内部变革的关键环节。招聘部门需要适应新的目标群体，不断培养新的自我理解力，并承担起支持组织数字化转型的桥梁作用[①]。也就是说，企业需要从战略层面，通过招聘活动促进数字化转型，确保招聘活动与组织的战略目标和数字化转型方向相一致，推动组织朝着数字化转型的方向迈进。

第三，构建数字化人力资源管理体系。为了助力企业的数字化转型之路，企业要构建基于大数据的数字化人力资源管理体系，将信息化手段全面融入招聘配置、培训开发、职业生涯规划以及绩效管理等关键环节，旨在提升企业自身的可持续发展能力，实现更高效的人力资源管理，为企业的数字化转型提供有力支持[②]。

第四，利用数字技术优化招聘流程。借助数字技术优化招聘流程是企业提高效率、降低成本并实现流程自动化的关键举措，包括利用社交媒体平台进行品牌宣传、在线招聘等方式来吸引人才，运用人工智能工具来快

---

① GILCH P, SIEWEKE J. Recruiting digital talent：the strategic role of recruitment in organisations' digital transformation [J]. German Journal of Human Resource Management，2020（35）：53—82.

② 严丹妮. 企业数字化转型背景下的人才生态系统构建 [J]. 财经界，2019，522（23）：245.

速、准确地筛选简历。这样的数字化招聘流程提升了招聘效率，增加了企业与人才的互动，提升了整体招聘质量和成功率。

第五，关注人才短缺问题并寻找解决方案。面对数字化人才需求旺盛但人才短缺的问题，企业应积极探索解决方案，包括与教育机构合作，建立"产—学—研"一体化的人才培养体系，以确保培养出符合企业需求的数字化人才①。企业通过内部培训和技能提升计划，增强现有员工的数字化能力，以满足数字化转型的需求。

第六，综合考虑多种人才管理方法。在选择人才管理方法时，企业应综合考虑数字技术应用、包容性人才管理、排他性人才管理以及非均衡投资等因素。这种综合考虑有助于企业利用数字技术和不同的人才管理方法，提高组织绩效并实现更好的人才战略。通过结合数字技术与人才管理方法，企业能够更有效地吸引、培养和留住优秀人才，从而推动组织的持续发展。

▷第二节　推进数字技能提升行动

一、数字技能内涵

数字技能是指在数字化时代中所需的技能和能力，以有效地理解、应用和利用数字技术为主要内容。这些技能涵盖了广泛的领域，包括但不限于计算机基础知识、网络和互联网应用、数据分析和处理、信息安全、编程和软件开发等，具体包括认知性硬技能、社交性软技能、综合性技能。

（一）认知性硬技能

认知性数字技能包括新媒体素养、数字计算能力和信息管理能力等。

---

① 顾春燕. 关于大数据时代企业数字化人才培养的思考及探索 [J]. 经济师，2018，352（6）：256-257.

提升认知性数字技能是适应数字化时代的重要任务①。数字能力包括工具性知识与技能、高级知识与技能以及知识与技能的应用态度三个维度。

在数字经济背景下，重视顶层设计、明确数字人才培养目标是关键。要强化数字设施、营造良好的数字环境以及深化课程改革等措施，沿着"技能需求预测—技能现状评估—技能供给覆盖"的路径，建立起适应数字化时代变化的全生命周期劳动者数字技能培训体系②。以高端数字人才引领全民数字素养与技能行动，培养学生数字素养的终身学习理念，是打通学生就业后的数字素养再提升通道的重要环节③。

（二）社交性软技能

社交能力、跨文化管理能力以及合作能力，是数字技能中的社交性软技能。

社交能力是指个体在社会交往中建立和维护人际关系的能力。这包括有效沟通、同理心、团队合作和冲突解决等方面。在数字环境中，社交能力还涉及在线协作和虚拟团队管理。

跨文化管理能力包括对不同文化背景下的行为、价值观和交流方式的理解和适应能力，涉及语言的使用，包括非言语行为的理解和尊重④。根据全球化语境对跨文化能力的新要求，采用递进—交互培养模式，即通过知识习得、动机培养、技能训练逐层递进的方式，强调交际双方的交流互动⑤，应用"多维度"跨文化交际能力培养模式（包括互联网辅助下的课堂文化教学、第二课堂文化活动以及国外短期交流体验等三个维度），以实现交际效果、提高学生的跨文化敏感度和培养跨文化能力⑥。

合作能力是指个体在团队中与他人协作以实现共同目标的能力。这包

---

① 王佑镁，杨晓兰，胡玮等. 从数字素养到数字能力：概念流变、构成要素与整合模型 [J]. 远程教育杂志，2013，31（3）：24-29.

② 刘晓，刘铭心. 数字技能：内涵、要素与培养路径：基于国际组织与不同国家的数字技能文件的比较分析 [J]. 河北师范大学学报（教育科学版），2022，24（6）：65-74.

③ 何剑. 高校教师数字素养整合模型及提升策略 [J]. 苏州市职业大学学报，2021，32（3）：73-78.

④ 杨柳，唐德根. 试论跨文化交际能力的培养 [J]. 湖南农业大学学报（社会科学版），2005（3）：103-105.

⑤ 许力生等. 跨文化能力递进—交互培养模式构建 [J]. 浙江大学学报（人文社会科学版），2013，43（4）：113-121.

⑥ 崔海英，王静. 应用型高校"多维度"跨文化交际能力培养模式的构建 [J]. 河北科技师范学院学报（社会科学版），2018，17（3）：79-85.

括共享资源、协调行动、解决冲突和集体决策等。

在数字智能时代，社交性软技能（包括社交能力、跨文化管理能力和合作能力）成为职业技能中不可或缺的一部分。这些技能相互促进协同发展，形成一种密切的逻辑关系。因此，培养模式从传授实施者向学习设计者转化，从硬技能向综合技能转化，从课程学习向项目实践转化。

提升社交能力、跨文化管理能力和合作能力，综合考虑理论知识、实践经验和数字技术的应用，以及跨文化意识的培养，通过多维度、递进—交互的培养模式，实现学生全面发展。

（三）综合性技能

综合性技能提升包括跨学科素养、设计能力、直觉能力以及适应性与创新性能力，其培养模式从传授实施者向学习设计者转化，从硬技能向综合技能转化，从课程学习向项目实践转化[①]。数字技能的培养要通过学习者的亲身经历和参与体验逐渐形成。

培养跨学科素养需要以学科教学为依托，提高教师跨学科教学能力，整合不同学科的知识和技能，构建跨学科素养的评价体系，促进学生的全面发展[②]。

设计能力是综合性技能的一部分，它涉及技术与人的需求相结合方式。在数字化时代，设计能力不仅仅局限于视觉艺术或产品设计，还包括利用数字工具和平台设计实现复杂系统或解决方案。直觉能力是指在没有明确规则的情况下做出快速决策的能力。在数字技能的培养中，直觉能力帮助学习者快速理解和应用新技术，并对复杂问题做出有效判断。适应性是指个体在不断变化的环境中保持灵活性和开放性的能力[③]。学习者能够迅速适应新的技术和工作方式，在不断变化的环境中找到自己的定位和发展方向。

为了推进数字技能的培养，教育机构需要采取一系列措施：重视顶层设计，明确数字人才培养目标；强化数字设施，营造良好的数字环境；深化课程改革，打造数字"金课"；加大数字师资队伍建设力度；以及多方

---

① 尹波，宋君. 数字智能时代职业技能内涵与培养路径研究［J］. 职教论坛，2019，711（11）：21-27.

② 高柏. 跨学科素养的培养方式与策略［J］. 现代中小学教育. 2020，36（8）：23-28.

③ 朱凌，施锦诚，吴婧姗. 培养工程师的数字化能力［J］. 高等工程教育研究，2020，182（3）：60-67.

协同共建教育机制。

二、行动目标

第一，全面提升全民数字素养与技能。通过高端数字化人才的引领和培养，推动全民数字素养与技能的提升，构建起动态化、个性化、实用化的全生命周期劳动者数字技能培训体系，包括掌握和运用数字技术的能力，以及适应数字社会生活的情感、态度、素质与价值观①。

第二，建立终身学习体系。促进全民终身数字学习，重点围绕全方位提升学校数字教育教学水平，完善数字技能职业教育培训体系，加快提升退役军人数字技能等工作任务②。同时，借鉴欧盟的经验，实现地方战略引领，制定中国特色框架，跟进全民技能需求，实施多种培育项目③。

第三，数字技能培训的创新与实践。加强技工院校数字技能类人才培养，开展人工智能、大数据、云计算等数字技能培训。此外，通过游戏化等方法激发员工学习数字技能的动机，提高其在工作中的应用效率。

第四，数字技能与经济社会发展的紧密结合。随着劳动人口红利逐步消失，提升劳动力技能使之与经济数字化转型需求相匹配，既是数字经济发展的内在要求，也是经济高质量发展的重要保证④。这意味着数字技能提升不仅关注技术层面，还要关注其对经济社会发展的贡献。

第五，构建包容型社会。利用数字技术赋能扫盲学习，提升公民媒体素养，从而推动和实现经济和社会的数字化转型⑤。这表明数字技能提升行动还应关注社会公平和包容性，确保所有人都能享受到数字化带来的好处。

第六，国际视野下的数字技能培养。关注创造力提升、特殊群体服务等前沿要求，拓展生活、工作、学习、创新四大数字场景，围绕重点任务

---

① 刘晓，刘铭心. 数字技能：内涵、要素与培养路径：基于国际组织与不同国家的数字技能文件的比较分析 [J]. 河北师范大学学报（教育科学版）. 2022, 24 (6)：65-74.

② 中央网信办等部门.《2022 年提升全民数字素养与技能工作要点》：促进全民终身数字学习 [J]. 中国教育信息化, 2022, 28 (3)：3.

③ 商宪丽，张俊. 欧盟全民数字素养与技能培育实践要素及启示 [J]. 图书馆学研究, 2022, 520 (5)：67-76.

④ 陈煜波，马晔风，黄鹤等. 全球数字人才与数字技能发展趋势 [J]. 清华管理评论, 2022, 103 (Z2)：7-17.

⑤ 赵文理，董丽丽. 爱尔兰提升全民数字技能最新举措述评 [J]. 世界教育信息, 2022, 35 (6)：60-65.

和工程部署全面行动①。这意味着在推进数字技能提升行动时，还需要考虑国际视野和全球化趋势，学习借鉴国际成功经验。

综上，推进数字技能提升行动的目标，包括全民数字素养与技能的提升、终身学习体系的建立、培训方式的创新、与经济社会发展的紧密结合、包容性社会的构建以及具有国际视野的策略的培养，旨在构建全面、系统、可持续发展的数字技能提升框架。

三、培训内容

数字环境通识技能，包括基本的数字技术操作能力，如使用各种软件、网络浏览、数据处理等。

数字专业领域技能，包括但不限于人工智能、大数据、云计算等领域的知识和应用能力，特别是在高端数字化人才培养方面，需要重点关注对这些领域的深入学习和实践应用。

数字社会综合技能，包括跨文化管理能力、合作能力、社交能力等软技能，以及适应性和创新性能力等综合性技能②。这涉及如何在数字化社会中有效地沟通、协作以及解决问题。

第一，终身学习与自我发展。鉴于数字技术的快速迭代和不断变化，终身学习成为令人关注焦点。因此，培训内容鼓励和指导学员如何持续学习新知识、新技能，以适应未来可能出现的变化。

第二，信息安全与伦理。培训内容包括信息安全意识、网络伦理和法律法规等方面的教育。在数字化时代，保护个人隐私和数据安全变得尤为重要③。

第三，创新与创造力培养。鼓励学员发挥创造力，通过数字技术解决实际问题，提高创新能力。

第四，实践与项目经验。理论知识与实践技能相结合是增强学习效果的关键，培训内容包含大量的实践操作、项目案例分析和实际问题解决等，以增强学员的实战能力。

---

①　肖鹏，赵庆香. 通往数字人才强国之路：《提升全民数字素养与技能行动纲要》与大学生数字素养教育战略 [J]. 农业图书情报学报，2021，33（12）：6-15.

②　尹波，宋君. 数字智能时代职业技能内涵与培养路径研究 [J]. 职教论坛，2019，711（11）：21-27.

③　MILENKOVA V，MANOV B. Digital competences and skills in the frame of education and training. In Proceedings of the 2nd International Conference on Contemporary Education and Economic Development，October 26，2019 [C]. Beijing，2019.

第五，个性化与动态化学习路径。考虑到不同学员的背景、兴趣和职业需求不同，培训内容提供个性化和动态化的学习路径，以满足不同学员的需求。

总之，推进数字技能提升行动的培训内容全面、系统，覆盖数字技术的基础知识和应用技能，以及软技能、终身学习能力、信息安全意识等多方面内容；同时注重理论与实践的结合，以及个性化和动态化的学习路径设计。

四、主要培训方法

培训模式创新在于激发学习者的学习兴趣和积极性、培养数字技能、推动数字化时代的人才培养。其关键在于整合先进技术、提供多样化选择，并关注学习成效的提升。

（一）从传授实施者向学习设计者转变

学习设计者在教师专业发展中具有重要意义。通过强调学习设计作为教师专业发展的核心追求，树立学习设计者意识，帮助教育工作者更深刻地理解教育的本质，并基于学习设计者所需的素质要求展开专业发展[1]。学习设计者不仅是教育工作者，更是教学过程的设计者和引导者，其围绕教学设计、创新思维、教学评估等方面的能力提升，承担着营造学习环境、促进学生发展的责任，因此在教师专业发展中扮演着关键角色。

第一，采用第三代教学模型。第三代教学模型基于以学生为中心、注重实践和互动的教学理念，旨在增强学生的学习效果和能力发展，以适应信息化、数字化、智能化教育需求。该模型着重于在培训设计阶段引导学习者的发展和设计过程，提高学习者的学习效果和参与度，而非仅仅选择培训方法[2]。这种方法旨在促进学生深入理解和应用所学的知识技能，有助于培养学习设计者的能力，推动更有效的学习设计。

第二，考虑个体差异。在设计培训时，考虑学习者的个体差异，如学习风格、认知能力、兴趣等方面差异，制订培训方案，匹配培训方法，贴近学习者需求，增强培训效果[3]。

第三，应用 Learn，Experience，Reflect 框架。*Learn，Experience，Reflect*

---

① 孟健. 学习设计者：新时期教师的专业发展追求 [J]. 教育理论与实践，2018，38（17）：36-38.

② KRAIGER K. Third-generation instructional models：more about guiding development and design than selecting training methods [J]. Industrial and Organizational Psychology，2008（1）：501-507.

③ BOSTROM R P，OLFMAN L，SEIN M. The importance of learning style in end-user training [J]. MIS Quarterly，1990，14（1）：101-119.

（学习、体验、反思）框架是一种综合性的教学设计模型，通过提供理论信息、实践机会和反思机会，促进学习者的全面发展。Learn 提供理论知识讲解，帮助学习者建立概念框架和理解基础，为后续的实践活动奠定基础。Experience 提供实践机会，设计实践性的学习任务和活动，让学习者在真实情境中应用所学知识，培养实际操作能力和解决问题的能力。Reflect 提供反思机会，鼓励学习者对学习过程进行深入思考和总结，促进知识的内化和转化。

（二）从课程学习向项目实践转化

将课程学习模式转变为项目实践，提升数字技能培训效果，主要有六大策略。

第一，采用项目式学习（PBL）。项目式学习是让学生通过探究、合作研究和创建项目来驱动自己学习的方法。这有助于学生掌握新技术技能，成为熟练的沟通者和高级问题解决者。

第二，模块化教学。集成技能提升、劳动教育、工匠精神等多个模块，构建以项目为载体、模块化教学为驱动的创新人才培养模式，培养具有技术能力和职业能力的高素质软件技术技能人才。

第三，全覆盖式参与。开展基于创新项目驱动的创新实践课程教学改革，确保所有学生都能参与创新实践活动，通过体验式创新实践训练来提升创新思维水平及编程实践能力。

第四，理论与实践的有效结合。在教学活动中注重学生理论与实践的有效结合，特别是在数字电子技术等实用性较强的学科中，项目式教学能够科学、高效地提高学生的实践创新能力。

第五，工作过程导向的项目化教学。以工作过程为导向进行教学设计改革，确定合理的实训项目，并设计情景化的学习任务。以学生为中心，采用过程考核为主的项目化教学，有效激发学生的学习兴趣，提高自主学习能力，同时锻炼分析问题和解决问题的能力。

第六，企业项目案例实践与顶岗实习。通过实验室开放项目、企业项目案例、企业顶岗实习等方式，搭建在线项目管理平台，科学把握项目进度及工作量统计，培养学生的创新意识及自主学习能力。

上述策略可以有效地将课程学习模式创新转变为项目实践，增强数字技能培训效果。

（三）教学方式从平面静态向立体交互转化

平面静态教学模式向立体交互式教学模式的转化，本质在于立体交互式教学模式强调通过多维度、跨界的互动方式，提供多种学习资源和工具，使学习过程更加生动、有效。这种转化能够更好地满足学生个性化学习需求和社会对创新人才的培养要求。

第一，构建线上线下立体化动态教学体系。将线上和线下元素相结合，形成互补和互动的教学模式，充分利用丰富的学习资源，实现理论与实践的有机结合，借助实践活动巩固所学知识，满足了学生的个性化学习需求，培养了学生的实际操作能力和解决问题的能力，提升了学员综合素质。

第二，开发多维互动创新型课堂教学模式。改变传统的"填鸭式"教学方法，采用多种教学手段，如案例教学、实验教学、项目化教学等，调动学生多方面的感知器官和思维途径，充分挖掘学生的各种智力因素和非智力因素。

第三，利用现代信息技术。在"互联网+"时代背景下，充分利用网络课程、网络新媒体等多元化学习资源，建立起一个开放、灵活的学习环境，以促进学生的自主学习和协作学习。

第四，实施跨地域、跨学科的互动式教学实践。通过跨地域、跨学科、跨空间、跨领域、跨群体的多维跨界互动，拓宽学生视野，实现多方机构互惠共赢，推动师生之间的教学相长，落实教育资源共享共用理念。

第五，采用翻转课堂和微课形式。通过翻转课堂和微课形式，将传统的以教为主的教学模式转化为以研究为主的互动的教学新秩序，培养大量创新型的专业人才。

第六，强化评价体系建设。建立一个全面、多元化的评价体系，关注学生的知识掌握水平、创新能力、实践能力，以及团队合作能力等多维度指标，促进学生全面发展。

上述策略的实施，可以有效地实现从平面静态向立体交互的培训模式转化，为学生提供一个更加丰富、有效、个性化的学习环境，从而更好地满足社会对创新人才的培养需求。

五、实施与评估

（1）CIPP 培训效果评估模型

CIPP 评估模型通过 context、input、process、product 四个方面的评估，全面了解培训的实施效果，有助于优化培训设计、提高培训质量，为持续改进提供指导。

CIPP 模型评估提供了一个全面的框架，用于评估培训项目的 context（背景）、input（输入）、process（过程）和 product（产出）四个方面，从而全面了解培训的效果和影响①。评估培训项目的背景和环境因素（context），包括组织文化、学习需求、资源支持等，确保培训项目与实际需求契合。培训设计和资源投入（input），确保培训方案的充分准备和有效实施。关注培训实施过程（process），评估教学方法、学习活动、参与程度等，优化培训实施方式。关注培训结果和效果（product），评估学习成果、能力提升、实际应用情况等，全面评估培训的终极成果和影响②。

一是逻辑关联性。与其他一些评估模型相比，CIPP 模型强调各个评估环节之间的逻辑关联性，确保了评估过程能够系统地反映培训活动的实际效果，而不是仅仅关注某一方面③。

二是科学性和实效性。通过对培训前、培训中、培训后的各个阶段进行综合评估，CIPP 模型准确地测量培训成果，为培训的持续改进提供依据，提高培训评估的科学性和实效性④。

三是针对性和有效性。CIPP 模型根据具体的培训需求和目标，灵活调整评估指标和方法，使培训评估更加具有针对性，有效地指导培训内容和优化方法，以满足不同培训对象的需求。

四是促进培训质量的提升。CIPP 模型基于评估结果的反馈机制，及时发现培训过程中的问题和不足，采取相应改进措施，不断提升培训质量，实现培训目标⑤。

五是适应性。CIPP 模型具有良好的适应性，可以根据不同的培训环境和条件进行调整。无论是教育机构还是企业内部，都可以根据具体情况选择合适的评估维度和方法，这使得 CIPP 模型成为一个灵活且有效的培训

① MOKHTARZADEGAN M, AMINI M, et al. Inservice trainings for Shiraz University of Medical Sciences employees: effectiveness assessment by using the CIPP model [J]. Journal of Advances in Medical Education and Professionalism, 2015 (3): 77–83.

② GUNUNG I N, DARMA I K. Implementing the context, input, process, product (CIPP) evaluation model to measure the effectiveness of the implementation of teaching at Politeknik Negeri Bali (PNB) [J]. International Research Journal of Engineering, IT & Scientific Research, 2019, 5 (3): 1–13.

③ 朱昭霖. 培训评估模型研究：基于 CIPP 的动态型循环圈 [J]. 河南社会科学, 2018, 26 (4): 121–124.

④ 陈婉莹. 基于 CIPP 模型的干部培训评估研究 [D]. 济南：山东大学, 2021.

⑤ 马吉建, 崔凯, 王强. 实训课程 CIPP 教学评价模式的实践研究 [J]. 现代职业教育, 2020, 207 (33): 154–155.

评估工具①。

总之，CIPP 评估模型，通过其全面的评估框架、对逻辑关联性的强调、对科学性和实效性的提升、对针对性和有效性的增强、促进培训质量提升以及良好的适应性，成为评估培训效果的一个强有力的工具。

（二）基于柯氏四层次评估模型的评估体系

基于柯氏四层次评估模型的数字技能提升行动效果评估体系，主要包括四个层次：反应、学习、行为、结果。

一是反应层评估。主要关注参与培训的人员对培训活动的直接反应，包括学员对培训内容、培训方式、培训环境等方面的满意度和反馈。通过问卷调查、面试或其他形式的反馈收集数据。

二是学习层评估。重点评估学员在培训后对知识和技能掌握程度的变化。通常通过测试、考试或其他形式的评估来实现，确保学员能够达到预定的学习目标。

三是行为层评估。评估学员将所学知识和技能应用到实际工作中的情况。通过观察、同事反馈、工作表现等多种方式来进行评估。行为层评估有助于了解培训效果是否真正转化为工作绩效的提升。

四是结果层评估。评估培训对组织整体业绩的影响。这涉及对比培训前后的业务指标，如销售额、生产效率、客户满意度等关键绩效指标（KPIs）的变化。结果层评估帮助管理层理解培训投资的回报，并为未来的培训决策提供依据。

整个评估体系是一个循环过程，不仅仅是在培训结束时进行一次性评估，而是持续跟踪和评估，以确保培训效果的最大化。考虑到不同层次之间的联系和互动，在评估过程中要确保每一层次的评估都能有效支持下一层次的目标实现。

---

① DIZON A G. Historical development of CIPP as a curriculum evaluation model [J]. Historia de la Educación, 2022, 40（2）：109-128.

▷第三节　开展数字人才国际交流活动

一、交流目的

数字人才国际交流活动旨在促进信息技术应用与国际合作，加速信息合理流动，推动知识技能的共享，提高优秀人才的跨界交流合作水平，激发人才数据潜能，提升反应速度和灵敏度，驱动新技术商业化进程，对于强化中国科技创新能力具有重大意义。

（一）推动科技革命和产业变革

数字人才国际交流活动采取线上线下融合的方式，搭建远程国际科技合作交流平台，便于跨国界的知识和技术传递，从而促进不同文化背景下的技术创新和应用。此外，通过国际合作推进数字经济创新，改善国内外环境，解决世界数字经济创新共性与个性问题，是实现"双循环"战略和参与全球数字治理的重要途径。

在实践层面，数字人才国际交流活动包括对外开展平等互利的开放合作、对内加快建设全国统一大市场、重点布局国内外战略支点以及参与制定国际规则标准体系，这些活动覆盖数字经济创新发展全局，体现国际合作的深度和广度，有助于构建具有较强韧性及较高安全性的国际创新协作网络。

（二）提升跨文化交际能力

通过网络化的全球合作项目，如共同开发硕士课程，数字人才国际交流活动展示了如何利用网络和信息技术克服机构和系统性障碍，实现教育合作。这种合作模式促进了知识和技能的共享，加强了参与者之间的互惠关系，有助于持续创新和改进各自的教育体系。

数字媒体作为一种新兴工具，在国际交流中扮演着至关重要的角色。其有效影响公众舆论，促进社会变革和话语变化的能力不容忽视。利用数字媒体，可以更广泛地传播关于全球治理议题的信息，增强国际社会对特定问题的关注和理解。

数字人才国际交流活动在全球治理方面同样扮演着重要角色，能够增强国际组织在信息时代的作用，促进国际合作。信息技术的引入使得国际组织能够更有效地监控国家遵守国际义务的情况，从而提高国际规则的执行效率。

二、参与对象

（1）鼓励大学生参与国际交流活动

大学生参与国际数字人才交流活动将显著提高学生的跨文化能力。对这种能力的评估通常采用定量和定性的方法，包括访谈、观察以及自我及他人评价[①]。通过参与国际交流活动，学生接触不同文化和工作方式，能够提高跨文化沟通与理解能力。学生在与国际同行合作、跨文化沟通、解决问题的过程中，不断提升自己的能力水平，拓展了思维方式，扩大了全球视野，在数字人才交流领域取得显著的进步。

国际学生交换项目能够帮助学生提高跨文化技能和增进跨文化理解[②]。这意味着，对国际交流活动感兴趣的学生可能会更积极地参与这些项目，从而在跨文化交流方面积累更多的经验和技能。

国际学生交换项目为学生提供了与不同文化背景的人交流学习的机会。学生通过实践体验，可以培养自身的跨文化技能，加深对不同文化差异的理解，提升自身的跨文化能力[③]。通过参与国际学生交换项目，学生将有机会积累更多的跨文化交流经验和技能，学习新知识和技能，从而培养开放包容的心态，提高自身的全球视野和竞争力。

（二）选拔 IT 应用型人才参与国际交流活动

在选拔 IT 应用型人才参与国际数字人才交流时，学生应具备国际化的视野和扎实的专业知识，如对国际规则的熟悉、开展国际活动的能力等。此外，还需要具备跨境思维、多元化的知识结构和创新实践能力，以满足

---

① DEARDORFF D. Identification and assessment of intercultural competence as a student outcome of internationalization [J]. Journal of Studies in International Education, 2006, 10 (3): 181-192.

② DOYLE S, GENDALL P, et al. An investigation of factors associated with student participation in study abroad [J]. Journal of Studies in International Education, 2010, 14 (5): 471-490.

③ SCHENKER T. The effects of a virtual exchange on students´ interest in learning about culture [J]. Computers & Education, 2013 (68): 491-507.

全球化时代对人才的需求①。这种综合素质的培养有助于个人的职业发展，推动着全球人才交流与合作的进程。

在选拔 IT 应用型人才时，学生应具备丰富的实践经验和强大的技术技能。同时，在通过增加程序设计课程和操作技能课程的实践学时比例来提升学生的实践能力的同时，学校与 IT 企业和培训机构联合办学，确保学生达到 IT 行业对专业技术人才的职业素养要求②。通过加强实践课程、与行业合作，学校培养出具备丰富实践经验和强大技术技能的 IT 应用型人才，为学生提供更广阔的职业发展空间，为 IT 行业的发展注入新的活力。

在 IT 应用型人才选拔中，除了专业技能和知识外，对候选人的沟通能力和团队合作精神也应给予重视③。这些素质不仅关乎个人的职业发展，更直接影响团队和组织的整体效能和绩效。因此，注重培养和评估这些关键素质，将有助于选拔出更具综合素养的人才，推动团队和组织的持续发展。

在 IT 应用型人才选拔中，持续学习和适应能力是至关重要的素质。这些能力帮助候选人不断拓展自身能力和知识，适应行业变化的挑战，为个人和组织的发展注入活力。在选拔过程中，要重视评估候选人的学习潜力和适应性，选拔出具备未来竞争力的 IT 人才，推动行业持续创新和发展④。

在 IT 应用型人才选拔中，虽然教育背景和资格认证不是唯一标准，但它们仍然是评估候选人是否具备参与国际交流活动所需知识和技能的重要依据。例如，南京大学的研究表明，技术资格是进入 IT 行业的一个基本要求。

选拔 IT 应用型人才参与国际交流活动时，应综合考虑候选人的国际视野、专业知识、实践能力、沟通能力、持续学习与适应能力、国际合作经

①　GUO S, LI M. Probe into the training path of local college it talents based on international perspective [J]. DEStech Transactions on Economics, Business and Management, 2019（2）：95-100.

②　曹小峰，王则林. 国际视野下 IT 类专业人才培养模式研究 [J]. 电子商务，2020，252（12）：80-81.

③　BERNAVSKAYA M V, IVANOVA V A, et al. Methodology for formation of professional communicative competence of future IT specialists [C]. In IOP Conference Series：Materials Science and Engineering，2020，771（1）：12-21.

④　CALITZ A, WATSON M, et al. Identification and selection of successful future IT personnel in a changing technological and business environment [J]. Proceedings of the 1997 ACM SIGCPR Conference on Computer Personnel Research 1997（1）：87-97.

验以及教育背景等多方面因素，选拔出既符合 IT 行业需求又能成功参与国际交流活动的高素质人才①。

（三）选拔计算机精英人才参与数字人才国际交流

选拔计算机精英人才参与数字人才国际交流，需要综合考虑多方面因素和采取多种策略。

一是建立与国际接轨的课程体系。确保教育课程与国际标准相融合，包括采用国际化的教学方法、课程内容以及评估标准，引入国际化的教学资源、案例研究和实践项目②。

二是强化师资队伍的国际化。选拔和培养具有国际背景的教师，或邀请国际知名专家开展讲座和研讨会，以提高教学质量，拓宽学生的国际视野③。加强教师的国际交流和合作，提升其国际化水平。

三是营造国际化的学习环境。通过与世界一流大学和企业合作，为学生提供实习、交流和研究的机会，增强学生的实际操作能力，在真实的国际工作环境中学习和成长④。

四是促进跨文化沟通能力的培养。除了专业技能外，还应重视对学生跨文化沟通能力的培养，通过组织国际会议、研讨会以及团队合作项目，让学生有机会与不同文化背景的人合作。

五是实施"产—学—研"一体化的人才培养模式。通过"产—学—研"一体化，将行业需求与教育培养紧密结合，培养既懂技术又具备国际视野的复合型人才，有助于学生更好地理解国际市场的需求，提高其就业竞争力⑤。

六是加强国际合作与交流。积极参与国际科技交流合作项目，通过项

---

① 朱雅兰，何开辉，黄素贞. 培养国际组织人才提升科技外交实力 [J]. 全球科技经济瞭望，2016，31（10）：62-67.

② 俞鹤伟. 具有国际视野的计算机精英人才培养模式探索 [J]. 华南理工大学学报（社会科学版），2012，14（5）：146-150.

③ 郭小明. 培养国际化、个性化、创新型的计算机人才：访北京大学信息科学技术学院张铭教授 [J]. 计算机教育，2007（7）：4-7.

④ 冯建华，周立柱，武永卫，等. 构建计算机学科国际化培养体系 促进高水平创新人才成长 [J]. 计算机教育，2015，239（11）：7-11.

⑤ HABERMAN B，YEHEZKEL C，et al. Making the computing professional domain more attractive：an outreach program for prospective students [J]. Proceedings of the 2009 ACM Workshop on Computer Science Education，2009（1）：534-546.

目式学习等方式，提升学生的国际合作能力和科技创新能力①。通过国际合作项目吸引更多具有国际视野的优秀人才加入。

七是提供个性化和创新型的人才培养方案。根据不同学生的特点和需求，提供个性化的指导，培养其创新思维和独立研究能力，培养出具有独特视角和创新能力的计算机精英人才②。

通过上述策略，有效选拔和招募具有国际视野的计算机精英人才，参与数字人才国际交流活动，可以提升我国计算机科学领域的国际竞争力。

三、实施效果

（1）数字人才国际交流活动的正面影响

一是促进科技合作与创新。信息技术的广泛应用为国际科技合作和人才交流提供了便利，提升了其反应速度和灵敏度，有利于跨国团队实时协作，快速响应市场需求和科技变革，激发了人才数据潜能，人才的知识和技能得以更广泛传播和应用，促进了信息的合理流动，推动了科技进步和产业发展③。数字人才国际交流活动加速了科技革命和产业变革，为参与国家带来了新的发展机遇。在全球化背景下，加强数字人才国际交流，促进科技合作与创新，能够为各国带来更广阔的发展空间和合作机遇，推动全球科技发展迈上新的高度。

二是提高教育质量与国际化水平。数字化教育的推广，使学生活动从传统的物理校园迁移到数字化校园，同时，为高等教育机构的教职员工和学生提供了丰富的学习机会。这种转变提高了教育的质量，加速了教育的国际化进程，让更多学生能够接受国际化水平的教育④。通过在线课程、虚拟实验室等工具，学生能够随时随地进行学习，拓展了学习的空间，增加了学习的时间，提升了学习的便捷性和灵活性。教职员工利用数字化工具设计互动性和个性化的教学内容，提升教学效果；学生通过在线资源获取更广泛的知识，拓宽视野，激发学习兴趣，提高教育的质量。

---

① 叶萌. 基于深化科技交流合作需要的计算机人才培养路径 [J]. 中阿科技论坛（中英文），2021，33（11）：139-142.

② AL-JANABI S T F, SVERDLIK W. Towards long-term international collaboration in computer science education [J]. EDUCON, 2011（1）：86-90.

③ 苏光明. 数字化、网络化背景下的国际人才交流：态势与展望 [J]. 中国人事科学，2020，33（9）：53-56.

④ CHANG S, GOMES C. Why the digitalization of international education matters [J]. Journal of Studies in International Education, 2022, 26（2）：119-127.

三是增强跨文化、语言和数字能力。虚拟交流（VE）通过互联网技术连接来自世界各地的人，为实践21世纪的关键知识技能提供了一个有效的平台。它不仅积极促进了跨文化理解、语言技能和数字能力的发展，还帮助参与者提高了沟通技巧、树立了团队合作精神、形成了批判性思维，这些都是21世纪不可或缺的技能。在虚拟交流中，参与者能够与来自不同文化背景的人进行互动，提高语言能力，同时通过使用数字工具和平台，增强自身的数字素养。通过这种方式，虚拟交流为个人和专业发展提供了宝贵的跨文化经验和技能提升机会。

四是增加留学意愿。国际虚拟交流课程对学生后续选择留学的可能性产生了显著影响，学生选择留学意愿增加了一倍。这表明数字人才国际交流活动能够激发学生的国际视野和学习兴趣，促进他们的进一步学习和探索①。数字人才国际交流活动，激发出学生更强烈的学习兴趣和探索欲望，推动学生更深入地了解国际教育资源，积极寻求留学机会，为未来的学习和职业发展打下坚实基础。

五是促进跨文化理解与合作。通过远程国际合作项目，如社交媒体工具的使用，个体和组织在零财务成本情况下，与其他国家的学者建立新伙伴关系，探索新文化，改善和扩展服务，提升个人和组织的国际形象，促进不同文化之间的理解和尊重。

六是加速小微企业的国际化进程。数字互动平台（DIP）的使用为中小企业（SMEs）提供了服务商互动的便利，加速了国际化进程，提高了沟通效率，有助于企业更好地了解内外部环境，制定有效的国际化战略②。这种基于实时数据和反馈的战略制定，有助于企业有针对性地开拓国际市场，提高国际化的成功率。

综上，数字人才国际交流活动通过促进科技合作与创新、提高教育质量与国际化水平，增强跨文化、语言和数字能力，增加留学意愿、促进跨文化理解与合作以及加速小微企业的国际化进程等多个方面，对参与国家和个人产生了深远的正面影响。

（二）数字人才国际交流活动的实施效果

一是促进科技合作与人才交流。信息技术的应用有效提升了国际科技

---

① LEE J I, LEIBOWITZ J, et al. The impact of international virtual exchange on participation in education abroad [J]. Journal of Studies in International Education, 2021, 25（1）：202-221.

② MOHAMAD A, RIZAL A M, et al. Embracing digital interactive platforms for rapid internationalization [J]. Journal of Southwest Jiaotong University, 2022, 57（3），2-15.

合作和人才交流的反应速度和灵敏度，激发了人才数据潜能，促进了信息的合理流动①。举例来说，第十八届中国国际人才交流大会首次采用云端模式，运用 AR/VR/3D 等信息技术手段搭建街景式展厅，展示了甘肃省近年来在科技引才引智和国际合作交流方面取得的重要进展及成果②。

二是提高教育质量与效率。信息技术在教育领域的应用，如远程教学、数字化学习资源的开发和利用，已经成为提高教育质量和效率的重要手段③。

三是增强国际商务与贸易能力。数字技能的培养对于人才适应数字化时代的变化至关重要，包括掌握和运用数字技术的能力以及适应数字社会生活的情感、态度、素质与价值观。数字贸易已成为后疫情时代我国传统外贸转型升级、发展外贸新业态的创新模式。然而，对于高技能人才的需求导致众多高校培养输送的商务人才难以满足数字贸易快速发展的需求④。

四是推动国际合作项目的可持续发展。在信息技术的视野下，国际交流与合作项目的整合及优化研究表明，构建全新立体化教学模式，能够为国际交流与合作项目的可持续发展提供宝贵经验⑤。举例来说，山东华天软件公司通过国际合作成功开发出具有自主知识产权的三维 CAD/CAM 系统，这一举措降低了国内企业的软件使用和维护成本，显著提升了制造业产品的创新能力⑥。

五是促进跨文化交流与理解。信息技术在促进跨文化交流与理解方面发挥着重要作用。举例来说，虚拟国际化项目能够促进学生跨文化交流能力的提高，而群组软件的使用则为国际协作学习提供了便捷而高效的平台。

---

① 苏光明. 数字化、网络化背景下的国际人才交流：态势与展望［J］. 中国人事科学，2020，33（9）：53-56.

② 本刊辑. 引智成果"云端"绽放：第十八届中国国际人才交流大会上线开展［J］. 机械研究与应用，2020，33（4）：221.

③ GODWIN-JONES R. Telecollaboration as an approach to developing intercultural communication competence［J］. Language Learning & Technology，2019，23（3）：8-28.

④ 刘斯敖等. 数字贸易视阈下对国际商务高技能人才培养的思考［J］. 商业经济，2020，531（11）：102-104.

⑤ 石纬林，王轶. 信息技术视野下国际交流与合作项目整合及优化研究［J］. 中国电化教育，2015，343（8）：128-132.

⑥ 中国科学技术部国际合作司调研组. 借助国际合作提升我国制造业信息化软件水平：山东华天软件公司国际合作成果调研报告［J］. 全球科技经济瞭望，2013，28（5）：24-29.

综上所述，数字人才国际交流活动的实施效果体现了信息技术在促进科技合作、提高教育质量、增强国际商务与贸易能力、推动国际合作项目可持续发展，以及促进跨文化交流与理解等方面的赋能作用，展示了信息技术在国际合作中的重要性，为未来国际人才交流活动提供了宝贵的经验和启示。

（三）数字技能发展：国际交流的转型动力

在国际交流活动中实施数字技能发展路径具有显著的效益。这包括提升参与者的数字能力、促进跨文化交流、增强国际合作能力，以及推动教育和职业培训的数字化转型。

首先，数字技能的发展有效地提升了参与者的数字能力。例如，在国际教学周活动中，通过使用电子工具包（e-toolkit），参与者在数字内容创作和问题解决等方面的能力得到了显著提高，同时也增加了对数字工具实用性和易用性的认可。

其次，数字技能的发展促进了跨文化交流。例如，通过远程协作项目Telecollaboration，学生们有机会在不同文化背景下进行交流，这不仅提高了他们的外语技能和跨文化交流能力，还加深了学生对目标语言的理解，激励他们对不同文化的包容。

再次，数字技能的发展还增强了国际合作能力。数字技能的提升显著增强了企业全球沟通与协作的能力，这不仅优化了合作流程，还深化了合作层次，推动了更高质量的国际合作。信息和通信技术（ICT）在国际谈判中的应用，极大地提升了谈判的效率和成效。借助在线会议、协作平台以及数据共享系统，参与方能够迅速交换信息，实时跟踪谈判进展，有效应对谈判中的复杂情况。在全球化的市场环境中，通过提升数字技能，企业能够更准确地把握全球市场动态，灵活应对市场变化，并制定出更具针对性的国际市场策略。跨境数字平台为企业提供了一个向国际市场展示产品和服务的舞台，同时也为企业开拓新客户群体、拓展市场以及提升品牌知名度创造了条件。鉴于这些平台能够提高企业的市场曝光度并促进国际合作，因此它们被视为企业增强国际竞争优势的重要手段。

最后，数字技能的发展推动了教育和职业培训的数字化转型。例如，欧盟将数字能力融入职业教育，加速了职业教育的数字化转型，提高了职业教育在后疫情时代的响应力、适应性和弹性度。终身学习项目的实施，如《数字教育行动计划》和《欧洲技能议程》，旨在回应数字化和新技能需求，建设高质量全民终身学习体系。

数字技能发展路径在国际交流活动中的实施效果是全方位的，不仅提升了个人和企业的能力，还促进了教育和培训的现代化，为全球化社会的发展做出了重要贡献。

▶第四节　开展数字人才创新创业行动

开展数字人才创新创业行动的背景与目标、支持措施以及评估与激励机制可以从多个维度进行分析和构建。

一、创新创业行动的背景与目标

（一）"大众创业，万众创新"的时代背景

在中国经济发展进入新常态的关键时期，"大众创业，万众创新"战略旨在鼓励广泛的创业创新活动，推动经济增长与结构调整，核心目标是激发社会各界的创新活力、促进就业、优化经济结构，最终实现高质量的经济发展[①]。

政府制定相关政策、提供财政支持、优化创新环境等，能够有效推进创业和创新活动[②]。政府工作报告中明确提出推进大众创业、万众创新，打造中国经济发展的"新引擎"。地方政府不断提高自身的创新能力和服务能力，推动万众创新活动的有效开展。

在鼓励企业和市场主体创新的同时，聚焦教育、技术和金融等方面综合发力，借鉴国外成熟商业模式进行"中国化"的创新实践。政府、高校、第三方融资机构等主体的交互行为显著影响大学生创新创业成功率[③]。

---

① 官典，邹源甄. 大众创业、万众创新的基本原则研究 [J]. 现代经济信息，2016 (7)：108-109.

② 瞿晓理. "大众创业，万众创新"时代背景下我国创新创业人才政策分析 [J]. 科技管理研究，2016，36 (17)：41-47.

③ 王俊勇，王冀宁. 大学生创新创业行为演化路径研究：基于大众创业、万众创新时代背景 [J]. 企业经济，2016，429 (5)：69-74.

"大众创业，万众创新"时代背景是在中国经济发展新常态下的重要战略，这一战略涉及多个层面和领域，包括政策支持、教育培训、技术应用等，旨在形成全社会的创新创业氛围，推动经济向高质量发展转型。

"大众创业，万众创新"战略的具体实施措施内容包括以下几点。

一是建设创新创业载体。建设众创空间、科技孵化器等平台，为创业者提供必要的资源、服务和网络，降低创业早期阶段创业成本①。

二是推动科技成果转化。推动科研成果快速转化为实际的产品和服务，加速科技成果的市场化进程。

三是打造创新创业团队。引进高端人才和专家，提升团队的整体创新水平。

四是完善财税金融支持机制。优化财税政策，为创新创业企业提供更多的资金支持和金融服务，增强企业资金实力。

五是提升创业服务能力。加强对创业者的培训和指导，提高其业务能力和市场竞争力，提升公共服务的质量和效率，满足创业者的需求②。

六是打造地区创新创业品牌。通过建设具有地方特色的创新创业品牌，提升地区的知名度和影响力，吸引更多的投资和人才③。

七是搭建开放型创业平台。向国内外开放创业平台，汇聚全球资源、人才和经验，促进国际交流与合作，提升本地创业创新能力。

（二）提升国家、地区、企业的综合竞争力

首先，在国家层面，"大众创业，万众创新"已被视作推动经济发展新常态的核心力量。政府高度重视创新驱动发展战略的实施，旨在充分激发广大人民群众的智慧潜能和创造力。通过这一战略，政府致力于促进社会阶层的纵向流动，并坚定维护社会的公平正义④。通过优化创新创业环境、聚集创新资源等措施，有效地打造国家自主创新示范区。

其次，在地区层面，"大众创业，万众创新"同样展现出其不可或缺

---

① 金轩岩. 认真学习加快实施创新驱动战略 推进大众创新创业的部署要求 ［J］. 求知, 2015, 376 (5)：30.

② 梅伟惠，孟莹. 中国高校创新创业教育：政府、高校和社会的角色定位与行动策略 ［J］. 高等教育研究，2016，37 (8)：9-15.

③ 张其香. 论大众创业、万众创新政策背景下中国创业教育的新格局 ［J］. 新疆师范大学学报（哲学社会科学版），2017，38 (3)：140-146.

④ 彭瑞华. 大众创业 万众创新 助推国家自主创新示范区建设 ［J］. 中国高新区，2016，183 (18)：68-71.

的价值。以河南省为例，该省深入剖析了在推进"大众创业，万众创新"过程中所面对的挑战，同时紧密结合其地域优势和产业特色，有针对性地提出了应对策略和建议。这一举措清晰地体现了地方政府在执行国家政策时，必须紧密结合当地实际情况，因地制宜地制定精细化策略，从而最大限度地挖掘和释放"大众创业、万众创新"的巨大潜能。

最后，对于企业而言，"大众创业，万众创新"有效扩大了就业规模、提升了居民收入水平，在推动社会纵向流动和实现公平正义方面发挥着重要作用。积极培育具备核心竞争力的创新型企业，能够显著促进创新活动的深入发展，提升整个国家的核心竞争力。同时，营商环境的优化，对于提升地区创新能力具有举足轻重的意义，特别是在推动中小企业发展方面，能够产生创新"涟漪效应"。

综上所述，"大众创业，万众创新"政策通过优化创新创业环境、聚集创新资源、促进经济结构调整和产业升级等多方面措施，有效提升了国家、地区、企业的综合竞争力。

（三）适应技术原创和引领战略阶段的需求

"大众创业，万众创新"战略是推动经济增长的新动力和新模式，其依靠创新驱动新技术产生，与经济发展新优势融合，助推大众创新创业。

在技术原创与引领战略的关键阶段，要深入探究技术逻辑对企业创新行为的引导机制，并了解这种导向如何影响企业的创新绩效[①]。创新企业在不同的发展阶段采取不同的创新策略，其中技术创新在某些阶段可能会占据主导地位。值得注意的是，企业技术的不断进步和技术创新模式的升级，是引进、消化、吸收并最终实现再创新的重要过程[②]。为了确保最佳的创新效益，企业的技术能力和其采用的技术创新模式必须相互契合。

为了有效推进技术原创与引领战略，必须构建一个从前端到后端的完整孵化链条。以广东省科技孵化体系建设为例，该体系通过孵化器、加速器和专业园区的有机结合，为大众创业创新提供了坚实的支撑平台。国家层面的政策扶持扮演着举足轻重的角色[③]。特别是《实施〈中华人民共和

① 李宏贵，曹迎迎. 新创企业的发展阶段、技术逻辑导向与创新行为 [J]. 科技管理研究，2020，40（24）：127-137.

② 林春培，张振刚，田帅. 基于企业技术能力和技术创新模式相互匹配的引进消化吸收再创新 [J]. 中国科技论坛，2009（9）：47-51.

③ 广东省政府发展研究中心课题组，李惠武，叶彤. 加快科技孵化体系建设 促进大众创业创新 [J]. 广东经济，2016，235（2）：14-19.

国促进科技成果转化法〉若干规定》的颁布，不仅凸显了国家打通科技与经济融合渠道的决心，更进一步推动了大众创业、万众创新的热潮。

"大众创业，万众创新"战略阶段的需求包括：①强化技术创新行为，特别是在创新企业的不同发展阶段采取适当的创新行为；②企业技术能力与技术创新模式相互匹配，以提升创新效益；③构建完整的科技孵化体系，为创业创新提供强力支撑；④国家层面的政策支持，为创业创新提供良好的外部环境。这些措施共同作用，有助于推动"大众创业，万众创新"战略的深入发展。

（四）新一代信息技术产业发展的需求

在"大众创业，万众创新"的战略背景下，新一代信息技术产业的创新能力评价指数逐年上升，显示出该产业的蓬勃发展势头。新一代信息技术产业持续加强研发投入与人才培养，从而保持自身在全球竞争中的产业主导地位[1]。人工智能、核心电子产业、下一代信息网络产业等产业的发展，呈现出积极的趋势。

人才培养层面，新一代信息技术产业的发展离不开专业人才的支持。优化人才培养模式，适应新一代信息技术产业的发展需求。通过构建创业教育电子信息类专业组织的生态系统，促进高素质技术技能人才的培养[2]。

产业融合层面，政府和企业推动产业间的融合，打破体制壁垒，创造良好的政策支持环境。新一代信息技术与其他产业深度融合，推动产业结构的优化和升级，信息技术革命催化了技术创新，推动了传统产业的转型升级，加快了新兴产业的发展步伐[3]。

国际合作层面，针对新一代信息技术产业的发展，要着重加强与国际的交流合作，引进世界先进的信息技术，借此推动我国新一代信息技术产业的持续进步，提升我国在该领域的国际竞争力[4]。

综上所述，新一代信息技术产业的发展焦点，主要集中在创新能力提升、人才培养模式优化、产业深度融合以及国际合作强化等多个维度。该

---

① 侯军岐. 基于新一代信息技术产业发展的创新创业人才培养模式［J］. 价值工程，2012，31（23）：225-227.

② 贺俊程等. 推动新一代信息技术产业发展的几点建议［J］. 经济研究参考，2015，2704（72）：17-21.

③ 李平，江飞涛，王宏伟. 信息化条件下的产业转型与创新［J］. 工程研究：跨学科视野中的工程，2013，5（2）：173-183.

④ 黄荔梅. 优化创新创业生态环境［J］. 社科纵横，2016，31（11）：63-65.

产业为国家经济的繁荣做出显著的贡献。

二、创新创业支持措施

（一）支持政策体系

创新创业支持政策体系涉及多方面、多层次的过程，包括政府、企业、教育机构等多个主体。

第一，金融支持。政府提供融资机会支持创新创业活动是普遍采取的措施，包括直接的财政资金支持、给予税收优惠政策以及建立融资平台等[①]。然而，长期财政担保或贴息会增加财政负担，不利于融资市场发育[②]。

第二，教育和培训支持。加强创新创业教育体系，培养具有创新精神和创业能力的人才，包括改进课程体系、加强师资队伍建设、构建实践平台等。创新创业支持体系的建设，需要高质量产业园区建设、复合型人才培养、融资渠道拓宽和服务体系完善等措施的支持[③]。

第三，政策环境建设。营造创新创业的政策环境，是推动创新创业发展的关键，包括扩大创新创业宣传、构建服务体系、转变政府角色、放松创新创业人才的规制等。

第四，区域和行业特点的支持。针对不同区域和行业的特点，采取相应的支持措施，包括考虑区域的客观条件、确定目标、选择创新模式等。对于中小企业而言，技术创新需要政府的政策扶持，包括法律法规保障、管理机构完善、融资体系和信用担保体系完善等。

第五，科技人员的激励。鼓励科技人员参与创新创业，促进科技成果转化，是加快实施创新驱动发展战略的重要组成部分[④]。通过梳理相关政策，能够让科技人员了解政策、树立信心，加快创新创业事业的发展。

因此，创新创业支持措施的多元化、系统化，包括金融支持、教育培训、政策环境建设、区域行业特点支持以及科技人员激励等多个方面，从而形成一个全面、高效的创新创业支持体系。

---

① 葛宝臻. 完善创新创业教育体系 构建创新创业实践平台 [J]. 实验室研究与探索，2015，34（12）：1-4.

② LERNER J. Government incentives for entrepreneurship [J]. Social Science Research Network，2020：213-235.

③ 李健睿，李琪. 大学生创新创业支持平台建设 [J]. 企业经济，2020，39（9）：95-101.

④ 马顺彬，马斌. 关于鼓励科技人员创新创业政策梳理 [J]. 大众科技，2016，18（8）：139-140，122.

（二）财政资金支持和税收优惠政策设计

设计有效的财政资金支持和税收优惠政策，吸引和保留创新创业资金，需要综合考虑政策现状、市场需求以及科技创新特点。

推进普惠性政策激励。借助《深化财税体制改革总体方案》，推进普惠性政策激励，以促进科技创新型国家的建设。通过税收优惠政策，重点针对高新技术领域，覆盖更广泛的创新活动，实现普惠性的政策支持，激发创新活力，推动科技创新成果的转化和应用[1]。

增加科技创新投资的前端税收激励，推动科技创新和产业发展。通过降低税率、减免税额、延期纳税等措施，以及增值税退（免）税等有益补充，激励投资者参与科技创新，推动科技成果转化和商业化[2]。

强化对科技创新成果转化环节的税收激励，推动科技成果商业化。设立针对性税收优惠政策、提供多样化的税收优惠形式、强化激励的针对性和灵活性，以及加强监督和评估机制，促进科技成果的商业化，推动科技创新成果转化为经济效益，助力科技创新成果的快速应用和推广[3]。

差异化实施创业投资税收优惠政策，有效促进科技型初创企业发展。根据地区市场化水平差异化实施政策，确保政策覆盖科技型初创企业，激励投资促进科技创新，推动初创企业的健康发展[4]。

建立多层次所得税优惠政策体系，促进中小企业创新能力培养。合理搭配优惠方式、优化激励环节与对象选择以及普惠与特惠相结合，促进中小企业的创新发展[5]。

动态监控税收优惠政策的有效性是确保政策实施的关键。加强高新技术企业认定过程管理，建立动态监控机制，及时调整和完善政策，保障税收优惠政策的有效落地，促进高新技术企业的持续健康发展[6]。

加大创新人才的税收优惠力度是促进科技创新发展的重要举措。政府

---

[1] 贾康，刘薇. 论支持科技创新的税收政策 [J]. 税务研究，2015，359（1）：16-20.

[2] 胡文龙. 当前我国创新激励税收优惠政策存在问题及对策 [J]. 中国流通经济，2017，31（9）：100-108.

[3] 包健. 促进科技创新的税收激励政策分析 [J]. 税务研究，2017，395（12）：40-43.

[4] 周文斌，后青松. 创业投资税收优惠政策与创投企业资金流向 [J]. 税务研究，2021，438（7）：44-51.

[5] 韩灵丽，黄冠豪. 促进科技创新的企业所得税优惠政策分析 [J]. 浙江学刊，2014，205（2）：187-191.

[6] 于洪，张洁，张美琳. 促进科技创新的税收优惠政策研究 [J]. 地方财政研究，2016，139（5）：23-27，34.

制定灵活、有针对性的税收政策，针对不同类型的创新人才给予差异化的税收优惠措施，从而提高其创新积极性。科学的政策设计和有效实施，能够吸引和留住关键人才，推动科技创新的蓬勃发展，为经济社会的可持续发展提供有力支撑。

税收优惠政策能够解决国有企业创新激励无效或低效的问题，使国有企业加大创新人才的税收优惠力度，吸引和保留关键人才，为科技创新提供强有力的支持。

（三）构建多元化、系统化的创新创业支持体系

构建多元化、系统化的创新创业支持体系，能够促进科技成果的转化和产业升级。

第一，国家创新体系建设。国家创新体系建设是推动科技成果转化的重要举措。加强政策体系构建、区域协同机制等方面的建设，制定完善相关法律法规，建立有效的政策激励机制，能够促进科技成果的转化和应用，推动国家创新发展。

第二，创新链集成。科技创新平台体系建设是促进科技成果转化的重要手段。要优化创新链中的知识流动和技术转移，重视科技园区、大学研发中心等平台建设。这些平台为科技成果提供必要的技术支持和市场接入，从而推动科技成果的商业化和产业化，助力科技创新发展[①]。

第三，数字技术赋能。数字技术赋能科技成果转化是提高创新效率和效能的重要手段。优化信息共享、资源配置等环节，利用数字技术提升科技成果转化的效率和速度，可以推动科技创新成果的商业化和应用。《数字赋能创新链提升企业科技成果转化效能的机制研究》一文指出，利用数字技术优化创新链的各个环节，包括信息共享、资源配置等，可以提高科技成果的转化效率，推动科技创新成果向市场转化[②]。

第四，科技创新服务平台搭建。根据《强化科技创新服务平台促进科技成果的全面转化》的观点，建立健全的科技创新服务平台是实现科技成果全面转化的关键，包括提供技术咨询、市场分析、资金支持等一系列服

---

① 胡一波. 科技创新平台体系建设与成果转化机制研究 [J]. 科学管理研究，2015，33（1）：24-27.

② 晏文隽，陈辰，冷奥琳. 数字赋能创新链提升企业科技成果转化效能的机制研究 [J]. 西安交通大学学报（社会科学版），2022，42（4）：51-60.

务，为科技创新提供全方位支持①。

第五，创新生态系统协同。推动协同创新生态系统的建设是促进科技成果转化的重要途径。这需要政策支持、市场机制和社会资本的共同参与，以搭建一个有利于科技成果转化的多方合作平台。

第六，政策和激励机制建立。应继续完善相关的政策和激励机制，例如税收优惠、资金支持机制等，以激发更多创新活动和企业参与，推动科技成果的转化和应用。

（四）创新创业支持措施的顶层设计

创新创业支持措施的顶层设计，主要指的是通过系统性的规划、整体性的管理以及多方面的合作与协同，推动创新创业活动的有效进行。

一是顶层设计。涉及创新创业政策、教育体系、资金支持等方面的综合规划与设计。各项措施有效支持与协同配合，能够促进创新创业活动的税收优惠、创业补贴、知识产权保护、创业基金、风险投资基金等政策规制放松有序发展，形成合力②。以成都高新区推出的"创业十条"为例，该顶层设计案例明确了支持高端创业人才、孵化载体、金融机构等多个方面，旨在打通人才、载体、金融、服务等各环节的创业经络。

二是综合协调，打造互利共赢的创新创业生态系统。为促进创新创业活动的蓬勃发展，政府、高校、企业以及社会各界之间的有效沟通和相互协作至关重要③。建立互利共赢的合作关系，打造一个健康有序的创新创业生态系统，政产学研协同创新，有助于发挥各方优势，推动政府、高校和企业之间的深度合作。构建"四位一体"的创新创业教育协同推进机制，则是实现综合协调的重要途径。

三是政策保障与资金支持。为了促进创新创业活动的顺利进行，就要建立相应的政策保障和资金支持体系，包括制定有利于创新创业的法律法规，提供必要的财政资金支持等④。构建创新创业资金支持和政府保障体系是创新创业工作的重要基础。

---

① 程爱卿. 强化科技创新服务平台促进科技成果的全面转化 [J]. 科技资讯，2022，20（13）：97-100.

② 董晓宏，郭爱英，宋长生. 构建企业多要素协同创新的内部支撑环境 [J]. 中国人力资源开发，2007，209（11）：23-26.

③ 刘广. 大学生创新创业支撑体系建设研究 [J]. 科技进步与对策，2015，32（23）：151-155.

④ 杨明杏，徐硕强，夏志强. 完善优化创新创业体制机制与环境 努力推进湖北科学发展与跨越发展 [J]. 湖北社会科学，2013，322（10）：48-51.

四是环境优化。优化创新创业环境，包括优化创新创业体制机制、改善创新创业环境条件等，从而促进创新创业活动的蓬勃发展。

综上所述，加强顶层设计与综合协调，通过系统性规划、整体性管理和多方合作，能够构建有利于创新创业发展的生态系统，包括政策、资金的支持，还包括优化创新创业环境，以及促进政府、高校、企业以及社会各界之间的有效沟通和协作。

三、评估理论

创新型科技人才的评估理论模型包括自我建构理论、行动理论、胜任力理论等模型。这些理论模型构成了创新人才的基本素质，形成了良好的映射关系。

（一）自我建构理论

自我建构理论是由美国心理学家乔治·赫伯特·米德提出和发展的一个重要理论。该理论认为，个体通过利用内在的认知框架和外部信息，以及自我概念来解释和理解自己的经历和行为，塑造、建构和完善自我认知，进而影响其情感、行为以及人际关系[1]。这个过程的自我概念因受到内在因素（如个体的性格、态度等）和外部因素（如社会环境、他人评价等）的影响而动态变化，是由个体对自己的认知、评价以及期望构成的认知总结，塑造了个体认知结构和自我认知的独特性。个体通过自我建构过程来维持自尊、塑造身份认同，并在社会互动中发挥作用[2]。这一理论为理解个体自我认知的形成发展、个体行为以及心理健康等影响因素提供了重要的理论框架。

自我建构理论关注个体内化外部社会关系的过程，对个体的认知、情感、动机、行为以及适应社会环境具有重要影响。在职业发展领域，生涯建构理论将个体的职业发展视为追求主观自我与外在客观世界相互适应的动态建构过程。不同个体所构建的职业发展内容和结果各异，这受个体特征和情境因素对生涯建构结果的重要影响。因此，自我建构理论为个体提供了思考框架，有助于个体理解自我与职业发展之间的关系，从而制订符

---

① 郑治国，刘建平. 认识你自己：自我建构理论相关研究述评［J］. 福建师范大学学报（哲学社会科学版），2018，208（1）：160-167，172.

② 关翩翩，李敏. 生涯建构理论：内涵、框架与应用［J］. 心理科学进展，2015，23（12）：2177-2186.

合自身特点的职业规划①。

（二）行为主义理论和社会学习理论

行动理论中的行为主义理论和社会学习理论显著影响个体的行为模式。行为主义理论强调刺激与反应之间的有效联结，认为外部条件如环境和刺激的作用可以促进或改变个体的行为②。基于行为主义理论，在教育领域实施个别化教学、合理运用强化机制以及进行良好的课堂管理，可以有效地增强学习者的学习效果。

社会学习理论则是在行为主义理论的基础上发展起来的，更加强调观察学习和模仿行为的作用。班杜拉的社会学习理论指出，个体可以通过观察他人的行为及其后果来学习新的行为模式③。罗特进一步整合了强化观和认知观，强调外部强化作用与内部期待共同决定人格形成，使理论突破了传统学习理论的局限性④。

这两种理论都明确了在行为改变中环境因素的重要性，但如何解释行为变化的机制，却存在差异。行为主义理论关注直接的刺激—反应关系，而社会学习理论则通过观察、学习以及模仿的过程，使得个体通过观察他人的行为及其后果来学习新的行为模式。

行动理论模型提供了一种理解个体行为的框架，基于区分度预期—价值理论，将情境特定的构造（如各种方面的价值和预期）与个体的一般化自我参照认知联系起来，预测个体的行为。这种模型强调了个体对自身能力的概念、控制取向、信任、概念化水平和价值取向等行动理论人格变量的中心地位。这些变量对于研究人与情境的互动具有重要意义⑤。

（三）胜任力理论

胜任力理论的核心在于评估和提升个体或员工完成特定工作所需的能力和潜能，包括技术能力、知识结构、职业精神、价值观念、性格特征和心理特征等多个维度⑥。胜任力理论在人力资源管理、企业经营、教育等

① 徐晔华. 利用好教材促进学生英语学习的自我建构 [D]. 苏州：苏州大学，2008.

② 张军凤. 有效学习：基于行为主义学习理论 [J]. 天津市教科院学报，2012，132（4）：59-61.

③ 高申春. 论班杜拉社会学习理论的人本主义倾向 [J]. 心理科学，2000（1）：16-19，124.

④ 隋美荣. 罗特的社会行为学习理论研究 [D]. 济南：山东师范大学，2004.

⑤ KRAMPEN G. Toward an action-theoretical model of personality [J]. European Journal of Personality，1988，2（1）：39-55.

⑥ 陈云川，雷轶. 胜任力研究与应用综述及发展趋向 [J]. 科研管理，2004（6）：141-144.

领域的应用日益广泛。

胜任力模型的构建方法包括行为事件访谈法（行为法）、职能分析法、情景法、绩效法和多维度法等。这些方法旨在确保所构建的胜任力模型能够准确反映岗位需求和个人能力之间的匹配情况，深入了解岗位所需的关键胜任力，为招聘、评估和培训提供有效的指导。在人力资源管理中，胜任力模型的应用主要集中在培训发展、选拔任用和绩效管理方面。胜任力模型被用于员工招聘，其关注求职者的当前业绩表现及其潜在的成长性和胜任力。

面对社会经济的变化和组织需求的多样化，胜任力理论的未来发展趋势主要体现在以下五个方面。

一是更加注重可迁移能力的培养。全球化进程进一步加快，员工需要具备跨行业、跨文化的工作能力。联合国未来胜任力模型强调了价值观和可迁移能力的重要性，可迁移能力将成为核心要素之一[①]。

强化价值观的培养。除了专业技能外，个人的价值观被认为是影响其职业成功的关键因素。联合国的胜任力模型中提到的三项核心价值观（责任感、尊重他人和团队合作），对个人的职业发展和综合素质起着关键性的影响[②]。

二是持续更新和细化胜任力模型。胜任力模型及时响应市场变化，适应新的工作需求。企业领导者胜任力模型的构建是根据当前经济环境和企业管理体制的需要而进行的动态调整[③]。

三是加强对创业者胜任力的研究。创业活动在推动经济发展中扮演着越来越重要的角色。创业者胜任力的研究帮助创业者自身获得成功，为相关政策制定和教育培训提供依据。

四是整合核心胜任特征与组织战略。组织的核心竞争力源自其独特的核心胜任特征。未来的胜任力理论将强调如何通过人力资源管理活动，如

---

① 滕珺，曲梅. 联合国未来胜任力模型分析及其启示［J］. 中国教育学刊，2013，239（3）：5-7.

② 梁建春，时勘. 组织理论的新发展：组织的核心胜任特征理论［J］. 重庆工学院学报，2005（12）：12-15.

③ 陈建安，金晶，法何. 创业胜任力研究前沿探析与未来展望［J］. 外国经济与管理，2013，35（9）：2-14，24.

招聘、培训和绩效管理，来实现这些核心特征，从而提升组织的整体竞争力[①]。

总结来说，胜任力理论注重可迁移能力和价值观的培养，同时要不断更新和优化胜任力模型，以适应快速变化的市场和技术环境。

四、评估与激励机制

(一) 理论引导个体职业成功的路径

通过整合自我发展理论、行动理论和胜任力理论促进个体职业成功，有以下七个关键步骤。

第一，理解个体与环境的互动。认识到个体的职业发展受到内在因素如人格特质、外部环境如组织文化以及社会关系的影响[②]。环境和机会两个因素在职业选择和发展方面具有重要作用。

第二，评估和发展人格特质。根据大五人格模型（FFM），可以评估个体的人格特质，包括情绪稳定性、外向性、开放性、宜人性和尽责性。这些特质对职业成功有直接影响。对这些特质进行发展，可以提高个体的职业表现和成功率[③]。

第三，加强自我职业生涯管理。鼓励个体进行有效的自我职业生涯管理，包括职业探索、生涯规划、专注工作和延伸管理等方面，帮助个体了解自己的职业兴趣，提高职业适应性。

第四，提供职业指导和支持。组织提供职业指导和支持服务，如职业咨询和个人管理，帮助员工发展必要的职业技能和胜任力，解决职业发展过程中存在的问题[④]。

第五，构建支持性的组织文化。组织应培育支持性的文化，鼓励员工的职业成长，包括提供公平的晋升机会、注重员工培训和发展以及营造开放和包容的工作环境。

第六，利用心理资本。心理资本，如自信、希望、韧性和乐观，是预

---

① 时勘，王继承，李超平. 企业高层管理者胜任特征模型评价的研究 [J]. 心理学报，2002（3）：306-311.

② BLUSTEIN D L, NOUMAIR D A. Self and identity in career development：implications for theory and practice [J]. Journal of Counseling and Development, 1996 (74)：433-441.

③ LEE F K, JOHNSTON J A., et al. Using the five-factor model of personality to enhance career development and organizational functioning in the workplace [J]. Journal of Career Development, 2000, 27 (2)：419-427.

④ 钱程. 人格特质、组织职业生涯管理与职业成长的关系研究 [D]. 杭州：浙江工商大学，2016.

测职业成功的关键因素。要通过增强心理资本，提高个体的职业成功率①。

第七，关注职业自我效能。提高个体的职业自我效能，即增强个体完成特定职业任务的能力与信心。这需要通过设定合理的目标、提供成功经验和正面反馈来实现②。

（二）创新创业人才的实践能力评价

实践能力在创新创业人才评价中的具体评价方法有以下五种。

第一，模糊层次分析法（FAHP）和模糊综合评价。这种方法适用于大学生科技创新实践能力的定量多因素综合评价。构建评价指标层次结构模型，能够有效地解决创新能力的多维性、模糊性和不确定性问题。

第二，扩展模型。这种模型适用于评估大学生的创新能力培养。要基于扩展理论，建立系统的评价模型，设计相应的评价算法，通过案例分析验证模型和算法的可操作性③。

第三，SPIC评价体系。这种体系以学生为中心，强调教师引导学生完成创新创业项目，以锻炼学生的实践能力和创新能力。这种模式能够激发学生主动参与的意识。

第四，创新创业素质评价量表。通过文献研究法和专家访谈，识别并探究创新创业素质的成分，建立创新创业素质模型与指标体系。将这些指标体系转换为可测量的心理学指标，并通过问卷调查的方式检验其信度与效度，最终形成大学生创新创业素质评价量表④。

第五，AHP和FCE结合方法。这种方法适用于评估技术企业家的质量和能力。通过结合层次分析法（AHP）和全面评价（FCE），并利用数据包络分析（DEA）来分析评价方法的有效性。这种方法适用于中国企业家的质量和能力标准系统。

实践能力在创新创业人才评价中的具体评价方法包括但不限于模糊层次分析法和模糊综合评价、扩展模型、SPIC评价体系、创新创业素质评价

① 周文霞，辛迅，潘静洲等.职业成功的资本论：构建个体层面职业成功影响因素的综合模型［J］.中国人力资源开发，2015，335（17）：38-45.

② GAGE M，POLATAJKO H J. Enhancing occupational performance through an understanding of perceived self-efficacy［J］. American Journal of Occupational Therapy，1994，48（10）：452-461.

③ WANG K，YAN C.（2020）. An evaluation model for the cultivation and improvement of the innovation ability of college students［J］. International Journal of Emerging Technologies in Learning，2020，15（17）：181-194.

④ 孔宇航.大学生创新创业素质评价研究［D］.大连：大连理工大学，2018.

量表以及 AHP 和 FCE 结合方法。

（三）科技人才选拔中的多元化评价体系应用

多元化评价体系在科技人才选拔中的应用案例丰富。

第一，高层次科技人才的多元评价指标体系构建。可以基于冰山模型，结合高层次科技人才的素质特征，构建包括基础研究型、工程技术型、创新创业型三类人才的多元化评价应用场景。该体系采用层次分析法确定指标权重，以满足不同类型人才基于不同评价目的时素质特征需求的多样化[①]。

第二，创新型科技人才多元评价系统的构建与实施。通过文献研究法，构建一个包含评价对象多元、评价标准多元、评价主体多元、评价方式方法多元的总体框架[②]。该系统强调建立协同保障机制、强化综合监督机制和设立评价申诉系统，以改进科技人才评价激励机制。

第三，多层次科技人才综合测评。首次系统地采用心理测试方法对科技人才进行多角度测试，并通过主因素分析降维处理，将 73 个维度降为 8 个维度，进而对被试者进行聚类分析，分为四大类具有不同特征的群体[③]。

第四，大学招生中的多元评价体系。例如，西安交通大学通过建立人才综合素质评价体系，在实践探索中逐步形成了多元选拔人才的招生模式，着眼于选拔具有创新潜质的优秀学生[④]。

第五，基于竞优评析的高层次科技人才评价。可以构建包括"品德、知识、能力、业绩、影响力"五位一体的高层次科技人才评价指标体系，并采用竞优评析法设计出指标权重以及相应评价模型，有效识别出高层次科技人才的个体优势[⑤]。

第六，"多元协同、多维评价"工程人才培养模式。融合建构主义理论与项目驱动理念，构建以学生为中心的"3S 协同"育人机制和"4C 评

①　刘亚静，潘云涛，赵筱媛. 高层次科技人才多元评价指标体系构建研究 [J]. 科技管理研究，2017，37（24）：61-67.

②　杨月坤. 创新型科技人才多元评价系统的构建与实施 [J]. 经济论坛，2018，580（11）：90-95.

③　汪群，王建中. 多层次科技人才综合测评的研究分析 [J]. 中国科学基金，1996（1）：45-50.

④　宋红霞，郑庆华. 着眼创新潜质 建立招生多元评价体系 [J]. 中国高等教育，2012，491（22）：43-44，49.

⑤　贾明媚，张兰霞，付竞瑶等. 基于竞优评析的高层次科技人才评价 [J]. 科技进步与对策，2017，34（16）：120-125.

价"方法，形成创新型工程人才培养模式①。

第七，基于"多元绩点"的高职软件人才评价机制改革。通过分析当前课程评价系统和评价方法，提出创新的软件和服务外包人才课程评估模型改革，该模型不仅提高了学生对实际软件课程的掌握，还得到了高科技企业的认可②。

第八，多维创新人才评价及升学测评体系研究。构建创新人才综合素质"三维—八度"评价模型，并依据该模型构建以静态逻辑知识考查为基础、动态实践能力测评为重点的"动静结合"多维升学测评体系，以促进创新人才的选拔③。

第九，基于多维绩效观的创新型科技人才评价体系构建。从任务绩效、关系绩效和适应性绩效三个维度出发，构建包括七个评价要素的创新型科技人才评价理论模型，并在实证部分验证模型的适配度良好，为创新型科技人才分类评价提供指导。

▶第五节　举办数字职业技术技能竞赛活动

数字职业技术技能竞赛活动需要综合考虑教育理念、教学方法、学生培养、企业合作等多个方面，通过建立完善的竞赛体系、采用新型的指导模式、引领专业课程体系的建设以及推进信息化教学，从而有效提升学生的职业技能水平，促进职业教育的发展。

---

① 王泓荔. 多维创新人才评价及升学测评体系研究［D］. 黄石：湖北师范大学，2016.

② 袁学松，张静. 基于"多元绩点"的高职软件人才评价机制改革与研究［J］. 无线互联科技，2016（7）：89-91.

③ 张春良，刘长红，江帆，等. "多元协同、多维评价"工程人才培养模式探索［J］. 高等工程教育研究，2022，194（3）：112-116.

一、竞赛目的

（一）理论联系实践，职教联系市场

第一，促进职业教育与市场需求的紧密对接。通过技能竞赛，将生产过程中遇到的关键性技术难点和前瞻性操作技法引入日常学生实践操作能力培养，提升职业教育人才培养质量[1]，有助于学生掌握企业工作岗位所需的实际知识技能，满足高素质技术技能型人才的市场需求[2]。

第二，推动职业教育教学改革。技能竞赛是展示、宣传、评定、激励和导向的重要工具，也是推进实践教学的助推剂。通过技能竞赛，促进教学内容与竞赛内容衔接、教学标准与竞赛标准对接、教学评价与竞赛评价接轨，建立竞赛与教学的融通互促机制[3]。

第三，提升学生的职业技能水平。技能竞赛提供了实践锻炼的机会，激发了学生学习的热情，促进了特定领域的技能提升。尤其是信息技术类竞赛，要设置多样化的项目以满足行业需求，引导学校专注于专业培养和专业教学等方面的发展[4]。

第四，构建技能型社会。技能竞赛在转变传统社会观念、提升技能人才培养质量、构建技能型社会以及提升我国职业教育国际地位等方面具有重要价值。要通过技能竞赛，充分发挥其作为窗口、名片和平台的作用。中国技能人才培养模式、中国制造以及技术标准向国际社会展示、推广，助力职业教育国际化发展[5]。

综上，数字职业技术技能竞赛活动的理论与实践联系，能够促进职业教育与市场需求的紧密对接，推动职业教育教学改革，提升学生的职业技能水平，构建技能型社会，服务于地方经济建设。

（二）提升学生职业技能水平

数字职业技术技能竞赛是展示和评估学生专业技能的平台，更是推动

---

[1] 朱永永. 职业教育技能竞赛与实践教学整合对接研究 [J]. 高等工程教育研究，2015，154（5）：169-172，178.

[2] 朱永永. 技能竞赛与实践教学融通整合思路和契合切入研究 [J]. 高等农业教育，2014，281（11）：64-67.

[3] 丁水平. 本科职业教育技能竞赛与实践教学融通对接研究 [J]. 教育与职业，2020，976（24）：99-103.

[4] 沈燕华. 信息技术类技能竞赛对职业教育专业教学的改革研究：以数字影音后期制作项目为例 [J]. 科学大众（科学教育），2019，1164（11）：172.

[5] 芮志彬. 职业技能竞赛对构建技能型社会的价值研究 [J]. 职业教育研究，2021，216（12）：54-59.

职业教育改革、促进教育与市场需求紧密结合、提升国家和地区在全球技能人才培养领域地位的重要手段①。

第一，展示功能。通过竞赛，可以展示参赛者的专业技能和创新能力，为社会、企业提供优秀的人才资源。

第二，宣传功能。竞赛宣传职业教育的重要性，提高公众对职业教育的认识和支持。

第三，评定功能。通过竞赛，客观评估学生的专业技能水平，为教育教学改革提供依据。

第四，激励功能。竞赛激发学生的学习兴趣，让学生积极参与专业学习，提高学习效率。

第五，导向功能。竞赛指明人才培养的方向，有助于教育内容和方法的改革与优化。

第六，促进教育改革。技能竞赛推动着高职技术技能型人才培养的创新改革，是技术技能型人才培养的正确之路，也是促进学生进步、教师成长、专业发展，带动学生学习最直接的动力，能够积极促进就业②。

第七，提升国际地位。通过参与国际技能竞赛，能够提升我国职业教育和技能培训的国际地位，推动中国技能人才培养模式向世界。

第八，服务社会经济发展。技能竞赛对于构建技能型社会具有重要价值，能够转变传统社会观念，提升技能人才培养质量，服务于社会经济的发展。

（三）推动专业教学改革与发展

数字职业技术技能竞赛活动通过促进教学内容与职场要求的紧密结合、提升学生的实践技能和职业素能、强化学生的创新实践能力、优化专业课程设置和改进教学方法等多种方式，有效推动了专业教学改革与发展。

数字职业技术技能竞赛推动专业教学改革，促进教学内容与职场要求紧密结合，解决传统教学中知识灌输、机械训练和评价单一的问题，提高

---

① 廖海，王恩亮，华驰. 电子技能竞赛与高职电子信息专业人才培养结合探索［J］. 湖南大众传媒职业技术学院学报，2017，17（3）：56-58.

② 张新. 从职业技能竞赛视角审视技术技能型人才培养［J］. 中国商论，2016，676（9）：185-187.

学生的实际操作能力和职业素养①。通过技能竞赛，能够培养学生的职业素能，为更多学生提供优质资源，提升职业素能。技能竞赛强化学生的创新实践能力，创设既具有专业特色又符合发展新趋势的实践教学模式。

具体实施层面，引入职业技能竞赛，改变传统的教学方式，提升学生实践技能，为职业教育探索出一条新路。竞赛培训和平常教学要深度融合，以赛促改、以赛促建，总结出更适用的课程和教学模式。通过"课岗对接，课证融合，课赛融通"的课程教学模式，实现教学内容的改革，对接岗位需求。

依托技能竞赛，高职电信专业等领域的教学改革显得紧迫且重要。通过优化专业课程设置，开设实用性强的课程，改进教学方法与手段，推进师资队伍建设，促进实训条件改善，提高学生的职业能力。技能竞赛要提高学生的技能水平，展示学生的职业素养，激发学习积极性，提高指导教师队伍的理论与实践结合能力，促使其向"双师型"教师转变②。

（四）实现人才培养方案与市场需求对接

数字职业技术技能竞赛活动通过促进教育改革，整合实践教学，提高学生自我管理能力及教学质量，服务专业人才培养质量提升，发现、选拔和培养高技能人才以及校企合作等多个方面，实现人才培养方案与市场需求的有效对接。

第一，促进教育改革和质量提升。职业技能竞赛作为教育改革的一项制度创新，对提升办学质量具有重要作用。通过设计"五大模块课程体系"和"六大竞赛项目"，可以实现以赛促教、以赛促学、以赛促改的竞赛观，全面提升人才培养质量③。

第二，整合实践教学。技能竞赛与实践教学要融通整合，将生产过程中的关键性技术难点和前瞻性的操作技法引入学生实践操作能力培养，加强和完善技能竞赛与实践教学标准对接、内容对接、方法对接以及评测对

---

① 马成荣，尤学贵，龙晓君，等.职业学校技能大赛促进专业技能教学体系改革的研究与实践［J］.中国职业技术教育，2015，561（17）：27-32.

② 刘桂兰.以技能大赛为切入点，创新教学内容，对接岗位需求：高职网络技术专业课证岗赛融合的改革与实践［J］.电子测试，2019，415（10）：116-118.

③ 徐媛媛.基于职业技能竞赛的高职人才培养方案构建［J］.中国职业技术教育，2013，480（8）：74-77.

接，促进职业教育实践性人才培养①。

第三，提高学生自我管理能力及教学质量。在"互联网+"的数字经济背景下，电子商务实训教学与技能竞赛的整合，提高了学生的自我管理能力，提升了教学质量和教学效果，为社会培养出更多的专业人才②。

第四，专业人才培养质量提升。为提升专业人才培养质量，要将职业技能竞赛融入专业人才培养方案。这种融合方式是指选手的素养与劳动素质相结合、竞赛训练融入实践性教学环节，使职业技能竞赛与专业人才培养方案相互促进，提升专业人才培养质量，培养具备实战能力和创新精神的专业人才，为未来职业发展奠定坚实基础③。

第五，发现、选拔和培养高技能人才。技能竞赛是激发技能人员主动学习技术、钻研技能的有效手段，是发现、选拔和培养高技能人才的重要途径④。要通过构建以技能竞赛为牵引的高技能人才培养体系，探索出助推高技能人才队伍建设的有效方法和路径。

二、竞赛组织与实施

数字职业技术技能竞赛提供了一个展示和测试平台，有效培养学生的专业技能和素质，促进教学改革，提高教学质量。

（一）数字媒体专业技能竞赛

第一，竞赛内容。技能竞赛的内容包括数字影音后期制作技术、数字媒体艺术设计等项目，涵盖了传统的数字媒体技术、新兴的技术以及创新实践如办公文秘、图形图像处理、影视制作与编辑等项目。数字影音后期制作技术项目在技能大赛中尤为重要⑤。

第二，竞赛形式。技能竞赛采取的是一种"教—赛—训"相结合的教学模式，即通过竞赛来推动教学改革，将竞赛资源转化为教学内容，提高学生的实践能力和创新能力。这种模式要求学生参与实际的竞赛活动，要

---

① 朱永永. 职业教育技能竞赛与实践教学整合对接研究 [J]. 高等工程教育研究，2015，154（5）：169-172，178.

② 张新. 从职业技能竞赛视角审视技术技能型人才培养 [J]. 中国商论，2016，676（9）：185-187.

③ 彭芬. 职业院校技能竞赛引领高职物联网专业定位与课程体系建设探索 [J]. 武汉职业技术学院学报，2021，20（3）：40-45.

④ 黄岚等. 构建高职教育校企合作技能竞赛新模式 [J]. 昆明冶金高等专科学校学报，2017，33（2）：44-47.

⑤ 徐岩. 技能大赛推动教学的实证研究：以数字影音后期制作技术为例 [J]. 职教通讯，2016，433（30）：35-38.

求教师在指导过程中总结教学经验，使每次设计竞赛都成为教学的平台①。

第三，教学改革。技能竞赛对数字媒体专业教学改革具有积极作用，促进了学校专业教学的发展，提高了教学质量，培养了学生的创新能力和实践能力。要通过引入学科竞赛，激发学生的潜能，促进他们的综合素质提升与实践创新。

因此，从调整专业课程设置、加大竞赛宣传力度、拓展学科竞赛内容等方面采取积极措施，进一步增强技能竞赛的效果。

（二）计算机类专业职业技能竞赛

计算机类专业职业技能竞赛体系包含的内容和形式是多样化的，旨在提高学生的操作能力、实践能力以及就业竞争能力。

第一，竞赛内容与形式。计算机类专业的职业技能竞赛内容涵盖了广泛的领域，如蓝桥杯大赛、华为软件精英挑战赛、阿里巴巴人工智能对抗算法竞赛、腾讯广告算法大赛、全国高校人工智能算法挑战赛等。这些竞赛既有对理论知识的考查，也有对实际操作能力的测试，覆盖了计算机科学与技术的各个方面。

第二，竞赛目的与意义。通过参与这些竞赛，学生可以提升自己的专业技能，增强团队合作能力、解决实际问题的能力以及创新实践能力。同时，竞赛成绩也是检验一所院校教育成效的重要指标之一。

第三，竞赛对教学改革的促进作用。职业技能竞赛促进计算机专业教学改革，包含课程设计引导、教学方法创新、教学团队建设、校企合作、教学改革方向、课程设置优化等方面，能够提高教学质量，满足市场需求②。

第四，竞赛与人才培养模式。职业技能竞赛，作为考察人才培养成果与学生实践能力水平的方式，对构建计算机类专业人才的培养模式具有重要作用。通过明确人才培养目标、教学方法、人才培养评价体系等，完善职业技能竞赛对于计算机类专业人才培养模式的构建途径。

第五，竞赛的组织与实施。职业技能竞赛的组织与实施，既要考虑赛项设置的全面性和贴近教学的实际需求，也要考虑技术发展和企业的需

① 陈丽莲. 大赛资源转化下中职数字媒体技术专业教学改革探讨：基于全国职业院校技能大赛数字影音后期制作技术赛项 [J]. 西部素质教育，2022，8（12）：174-177.

② 徐冉. 高职院校技能大赛背景下计算机类专业人才培养模式构建 [J]. 中国新通信，2022，24（9）：131-133.

要。竞赛提供实时评分和反馈、奖励测试、测试用例创建、具有递进难度的任务、协作任务、练习比赛和入门级比赛等，确保所有参赛者都能获得有价值的经验和成就感。

综上所述，计算机类专业职业技能竞赛体系是一个综合性的体系，包括了丰富多样的竞赛内容和形式，涉及了教学改革、人才培养模式构建以及竞赛的组织与实施等多个方面。

（三）电子技能竞赛

电子技能竞赛与电子信息专业人才培养之间存在着密切的联系。

电子技能竞赛作为创新人才培养模式的一部分，是检验学生综合素质、推动电子信息类专业教学改革、促进人才培养模式创新的重要手段。参与竞赛可以使学生在实践中培养创新精神、实践能力以及团队协作能力。

第一，促进课程体系和教学方法的改革。引入电子技能竞赛，可以推动教育机构改革课程内容和优化教学方法，以满足社会对高素质应用型人才的需求。这种举措有助于更新和完善教学内容和实践平台，打造以技能大赛为引领的课程体系。同时，教育机构适应快速发展的科技行业需求，培养学生的实践技能和创新能力，为他们未来的职业发展提供更广阔的空间和更多的机遇。

第二，提高学生的专业技能水平。通过组织学生参加电子技能竞赛，可以提升学生的职业技能水平。以赛促教、以赛促学的模式，改变了传统的教学方式，激发了学生的学习能动性。

第三，构建协同育人机制。电子技能竞赛的成功举办需要学校、教师、学生以及社会各方面的共同努力。要建立协同育人机制，如"平台共赢，科研共享"的人才优先培养理念，以及"梯队式"的参赛队伍培养模式等，以提升创新型人才的培养质量。

电子技能竞赛是电子信息专业人才培养中的重要组成部分，有助于提升学生的专业技能和创新能力，推动教育教学方法的改革和优化。

三、竞赛成果展示

综上所述，数字职业技术技能竞赛成果展示的核心在于通过各种形式的竞赛活动，促进学生专业技能的提升，推动教育教学改革，优化课程体系。

第一，促进专业教学改革。信息技术类技能竞赛对职业教育的专业教学提出新要求，推动学校专业教学改革。技能竞赛作为一种有效的教学方式，有助于培养学生的专业技能和综合素质，构建起学校与行业之间的桥梁。

第二，提升实践创新能力。参加技能竞赛显著提升学生的团队合作能力、实践动手能力和创新能力等。技能竞赛是展示技能的舞台，是学生提升创新能力和团队协作能力的重要途径。学生参与技能竞赛，在实践中培养解决问题的能力、树立创新思维和团队合作精神，为职业发展奠定坚实基础。

第三，优化课程体系和教学内容。将技能竞赛的成果转化为教学成果的路径包括优化专业标准、通过竞赛任务改革教学内容等措施。这些实践举措有助于学校完善专业建设、升级实训室配置、优化课程设置、加强实践教学、提升师资水平以及改进教学评价机制等。

第四，推动校企深度融合。利用竞赛技术和产品链条推动校企深度融合，为竞赛组织单位和院校的竞赛成果转化提供指导。这种紧密融合提升了学生的实践操作能力，加强了学校与企业之间的紧密联系，为学生的就业和创业创造了更多机会。通过校企深度融合，学生在实践中接触到最新技术，获得来自企业的实际指导，以适应市场需求和行业发展趋势。

第五，促进电子信息专业课程体系改革。技能竞赛引领课程内容和教学方法改革，强化技能教学，推动专业课程体系改革、专业建设和人才培养方案设计的研究和探索。

综上所述，数字职业技术技能竞赛作为展示学生专业技能的平台，是推动教育教学改革、优化课程体系、提升学生实践创新能力、促进校企深度融合以及创新竞赛模式的重要手段。

第八章

数字人才未来展望

随着数字经济的增长范式变革、新质生产力的涌现，对数字人才的培育要满足市场要求。人工智能、区块链、云计算、大数据等技术的应用，已成为企业数字化转型的关键。无论在体量还是质量方面，数字化时代的新型数字化人才定位异于传统经济时代。随着产业数字化转型进程加速，数字化人才需求结构也随之发生变化①。

当前，在构建数据科学教育体系时，高校基于数学、统计学和计算机等基础学科开展交叉学科培养，以培养学生的综合能力；同时，针对特定行业的大数据分析与应用，开展实践应用能力培养，在跨学科知识和行业实践中获得全面发展。未来，数字人才培养体系围绕学科交叉和行业应用需要进一步完善②。

数字人才的未来展望还涵盖推动全民数字素养与技能提升行动。《提升全民数字素养与技能行动纲要》强调，要突出高端数字人才的引领作用，让他们成为推动全民数字素养提升与技能行动的引领者。

在数字化时代，数字人才需要具备综合性技能。职业技能的新要求包括认知性硬技能、社交性软技能和综合性技能三大类，这些技能之间相互促进、协同发展，形成一种紧密的逻辑关系。

数字人才的发展呈现全球化和多元化的趋势。研究显示，国内数字人才领域的发展迅速，产出丰富；而国外的研究热点主要集中在人工智能、数字化转型等领域。这表明，未来要充分利用数字技术，遵循国家数字化政策，适应数字经济时代的背景，优化数字人才管理模式③。

数字人才的未来也面临挑战。要在教育体系、产业需求、技术发展等多个方面进行综合考虑和策略部署，以培养和引进符合数字化转型需要的人才。

① 张晓雯，杜万里，杜双. 数字化人才研究热点与发展趋势研究［J］. 价格理论与实践，2023（1）：70-73，183.

② 李佩洁，王娟. 高校数字人才培养体系建设现状与展望［J］. 社会科学家，2021，292（8）：156-160.

③ 王世伟. 以高端数字化人才引领并推动全民数字素养与技能行动［J］. 图书馆论坛，2022，42（3）：11-13.

▶ 第一节 需求持续增长

数字人才需求的持续增长是一个全球性的趋势。随着数字经济的快速发展，对相关人才的需求相应地不断增加[①]。数字经济被视为驱动全球经济增长的重要力量，其本质是技术驱动的经济，需要大量的人才支撑。此外，中国信息通信研究院的研究报告显示，预计到 2030 年，我国数字经济规模将上升到国民经济总产值的 50%，进一步强调了数字人才成为关键财富的必要性[②]。

从教育和培养体系的角度来看，高校和职业教育机构正在积极调整和优化课程设置，以满足数字时代对数字人才的紧迫需求[③]。这包括开展跨学科知识培养，涵盖数学、统计学和计算机等基础学科，以及实践应用能力培养，特别是针对某个行业的大数据分析与应用问题。同时，"职业教育 4.0"的提出标志着数字化职业教育人才培养模式的变革，其强调以信息化和数字化为核心的人才培养方向[④]。

随着传统行业逐渐实施数字化转型，相关政策也在推动数字经济的发展，导致对数字人才的需求急剧增加[⑤]。同时，ICT 产业面临着人才短缺的问题。据国家统计局、教育部的数据分析，2017 年我国数字经济总量已达 27.2 万亿元，但 ICT 产业人才需求缺口高达 765 万人，凸显了数字人才的重要性。

尽管对数字人才的需求不断增加，但我国数字人才面临着数量不足、

---

① 吴禀雅. 赋能数字经济的人才培养模式探索 [J]. 科技视界，2020（12）：98-100.

② 吴军. 数字化人才发展的问题及对策 [J]. 人才资源开发，2021，440（5）：22-24.

③ 李佩洁，王娟. 高校数字人才培养体系建设现状与展望 [J]. 社会科学家，2021，292（8）：156-160.

④ 刘润民，杨志强."职业教育 4.0"背景下数字化人才需求的变革与发展 [J]. 当代职业教育，2018，93（3）：53-58.

⑤ 梁亚玲，高铭. 数字化人才需求状况分析 [J]. 中国管理信息化，2022，25（13）：198-203.

素质不高和结构不合理等三类问题。

数字人才需求的持续增长受到数字经济快速发展、教育体系调整优化以及市场需求增加的共同推动。尽管存在一些挑战，但通过优化培养体系和加强人才管理，能够有效地应对这些挑战，满足数字时代对数字人才的需求。

▷第二节 技能要求提高

在数字化转型的时代，全球普遍认为提升数字人才的技能水平至关重要。这包括加强技术技能，全面重视软技能、创新能力以及终身学习能力。

数字人才需要掌握一系列特定的技术和能力，包括业务流程管理（BPM）、机器人流程自动化、云计算、新兴技术、敏捷项目管理、网络安全，以及有效的内外部沟通技能。这些技能是数字化转型成功的关键因素。随着大数据、人工智能、机器人技术和 3D 打印等技术的不断发展，数字人才需要具备高技能水平，以匹配不断提升的能力要求[①]。

数字时代对职业技能提出了新的要求，包括认知性硬技能、社交性软技能和综合性技能这三大类。新一代信息技术产业高技能人才的核心能力涵盖信息技术分析、创新和实践应用能力，这进一步强调了综合能力的重要性[②]。

《提升全民数字素养与技能行动纲要》提出了以高端数字化人才引领并推动全民数字素养与技能行动的倡议。数字人才的培养在提升个人能力的同时，也是推动整个社会数字素养提升的重要途径[③]。

提升数字人才技能是一个多维度的过程，包括技术技能、软技能、创新

---

① ANDRIOLE S. Skills and competencies for digital transformation [J]. IT Professional, 2018, 20 (1): 78-81.

② 许艳丽，樊宁宁. 新一代信息技术产业高技能人才核心能力建构及其培养路径 [J]. 职教论坛, 2017, 673 (21): 5-9.

③ 王世伟. 以高端数字化人才引领并推动全民数字素养与技能行动 [J]. 图书馆论坛, 2022, 42 (3): 11-13.

能力以及终身学习能力的培养。从教育体系、企业培训和社会政策等多个层面入手，关注到数字技能的序列性和条件性，设计有效的培训和评价机制，构建适应数字经济发展的人才培养模式，促进数字技能人才的成长。

▷第三节　数字人才培养体系的建立

未来，数字人才培养体系聚焦于培养高端人才、深度融合教育信息化、构建数据科学教育体系、建立一体化学生数字素养培育体系，以及认知性硬技能、社交性软技能和综合性技能的协同发展。

高端数字人才的引领作用对于推动全民数字素养与技能的提升至关重要[①]。未来的数字人才培养体系将重点关注培养高端人才，并通过他们的引领和示范，提高全民的数字素养水平。

高等教育领域存在治理能力不足和信息化教育系统监管不力等问题[②]。这说明，未来的数字人才培养体系需要加强对相关应用程序和计算机系统的管理，创新数字化人才培养模式，设立新目标并开拓新思路，并且明确正确的价值导向以指导培养模式的发展。

进入数据要素驱动的新发展阶段后，数字人才储备不足已经成为制约我国经济高质量发展的瓶颈之一。构建数据科学教育体系、培养满足经济社会发展急需的数字人才已成为相关部门的重要课题。

在教育信息化的背景下，高校人才培养体系正在经历重大变革。数字人才培养体系需要主动适应教育信息化的特点，加强师资队伍建设，建立信息化平台，优化教学方法等，从而推动高校的信息化发展。

建构一体化的学生数字素养培育体系已迫在眉睫。未来的数字人才培

① 王世伟. 以高端数字化人才引领并推动全民数字素养与技能行动 [J]. 图书馆论坛，2022，42（3）：11-13.
② 李佩洁，王娟. 高校数字人才培养体系建设现状与展望 [J]. 社会科学家，2021，292（8）：156-160.

养体系要基于系统化视角，坚持协同发展与自主发展相结合、全面发展与特色发展相结合、个人价值与社会价值相结合的理论导向①。

数字时代职业技能以认知性硬技能、社交性软技能和综合性技能三大类技能为构成要素，这些技能之间相互促进、协同发展，构成逻辑关系②。未来数字人才培养体系要重视技能的培养，以及它们之间的协同发展。

要通过顶层设计、明确数字人才培养目标、改善数字设施、营造良好的数字环境等措施，提升大学生数字素养，从而使其适应数字经济时代的人才需求。

▶ 第四节　高校人才培养体系的信息化变革

在教育信息化背景下，高校人才培养体系的变革具有多元化特征。

一是教学模式的创新。随着信息技术的发展，以教师讲授为核心的教学方式正在向以学生自主学习、师生共同深度拓展为核心的教学方式转型③。翻转课堂、MOOC和微课程等新型教学模式强调以学生为中心，促进教学资源的个性化和多样化。

二是课程体系的重构。为了适应信息化教学的需要，高校重构专业课程体系，优化教育教学内容，包括将信息技术融入各学科课程、全信息化的课程资源以及教学资源管理平台信息化，以提高教学质量。

三是教育资源的数字化。高等教育数字化改革涉及教育理念、学校文化、资源与基础设施、内容与载体等多个方面。高校要建立和完善数字化教学资源库，利用云计算、大数据等技术手段，丰富或更新教学资源。

----

① 吴砥等. 学生数字素养培育体系的一体化建构：挑战、原则与路径 [J]. 中国电化教育，2022, 426（7）：43-49, 63.

② 尹波，宋君. 数字智能时代职业技能内涵与培养路径研究 [J]. 职教论坛，2019, 711（11）：21-27.

③ 金陵. 大数据与信息化教学变革 [J]. 中国电化教育，2013, 321（10）：8-13.

四是教育管理模式的转变。高校正在转变教育管理模式，摒弃传统守旧的方式，转向建立信息化教育管理模式；并通过利用移动互联网等技术手段，提高学生教育管理效率[①]。同时，也需要警惕劣质信息的传播可能给学生带来的负面影响。

五是教师角色的转变。教师从传统的"演员型"教师向"导演型"教师转变，即从单一的知识传授者转变为学习过程的引导者和促进者[②]。教师需要掌握扎实的专业知识，具备利用信息技术进行教学设计和实施的能力。

六是评价与认证机制的创新。创新学生的评价方式，包括采用更加多元化、个性化的评价方法，建立更加科学合理的评价标准和认证体系，以反映学生的实际学习成果和能力[③]。

七是人才队伍建设的机制创新。高校围绕智慧校园的体制机制创新、教学应用融合和校园生态构建等方向纵深发展，建设一支既懂专业知识又精通信息技术应用的人才队伍，以推动教育信息化工作的全面开展[④]。

▷第五节　数字人才面临的挑战

一、数字人才储备不足

数字人才短缺已成为数字经济发展的瓶颈。从供给端来看，随着数字化技术的迅速发展，人才需求量急剧增加，但教育体系和培训机制未能及

---

① 徐晓飞，张策. 我国高等教育数字化改革的要素与途径［J］. 中国高教研究，2022，347（7）：31-35.

② 胡钦太. 高校信息化人才队伍建设的机制创新与实现路径研究［J］. 中国教育信息化，2016，376（13）：58-62.

③ 乔建永. 信息化时代大学的教育教学改革［J］. 中国高等教育，2016，568（Z2）：61-63.

④ 徐晓飞，张策. 我国高等教育数字化改革的要素与途径［J］. 中国高教研究，2022，347（7）：31-35.

时调整，导致高素质数字人才供不应求①。我国数字经济规模不断扩大，预计到 2030 年将占国民经济总产值的 50%，因此需要大量数字人才来支撑数字经济的发展。目前，我国数字人才总体缺口约在 2 500 万至 3 000 万人之间，整体供需矛盾突出。

从需求端看，随着数字化转型的加速，企业对具备高级 ICT 技能的人才的需求不断增长。然而，许多公司面临着难以招聘到所需技能人才的困境。这种供需不平衡给企业在数字化转型时带来了重大挑战，影响了其竞争力和发展速度②。

数字人才短缺问题与人才质量和结构密切相关。数字人才数量不足，且现有数字人才可能缺乏必要的软技能或特定领域的专业知识，无法满足企业对复合型、创新型人才的需求③。这种素质和结构上的短缺进一步带来了数字人才储备不足的挑战④。

二、数字化技术对职业技能的新要求

第一，数字环境适应能力。在数字时代，工程师等专业人士具备适应数字环境的能力，包括智能设备操控能力、数字抽象分析能力和仿真模拟能力⑤。无论是从事传统行业还是新兴行业的工作者，都需要快速适应并有效利用数字工具。

第二，跨学科素养和创新能力。数字时代要求职业技能包括认知性硬技能（如新媒体素养、数字计算能力和信息管理能力）、社交性软技能（如社交能力、跨文化管理能力和合作能力）以及综合性技能（如跨学科素养、设计能力、直觉能力、适应性和创新性能力）。这些技能相互促进、协同发展，构成了数字时代职业技能的核心⑥。

---

① 张琳，王李祥，胡燕妮. 我国数字化人才短缺的问题成因及建议 [J]. 信息通信技术与政策，2021，330 (12)：76-80.

② LOCKWOOD D, ANSARI A. Recruiting and retaining scarce information technology talent: a focus group study [J]. Industrial Management and Data Systems, 1999, 99 (6): 251-256.

③ DERY K, SEBASTIAN I M. Managing talent for digital [J]. Association for Information Systems, 2017 (1): 1-5.

④ ŠTOFKOVÁ J, POLIAKOVÁ A, et al. Digital skills as a significant factor of human resources development [J]. Sustainability, 2022, 14 (20): 13-17.

⑤ 朱凌，施锦诚，吴婧姗. 培养工程师的数字化能力 [J]. 高等工程教育研究，2020，182 (3)：60-67.

⑥ 戚聿东，丁述磊，刘翠花. 数字经济时代新职业发展与新型劳动关系的构建 [J]. 改革，2021，331 (9)：65-81.

第三，数字化转型相关技能。数字化转型需要数字人才具备一系列特定的技能和能力，如业务流程管理（BPM）、机器人过程自动化、云计算、敏捷项目管理、网络安全以及有效的内外部沟通技能。

第四，终身学习和自我发展能力。随着技术的快速发展，个人需要不断学习新技能，以保持竞争力，从而适应不断变化的技术环境和职业需求①。

第五，数字化素养与技能。提高全民数字素养是应对数字化挑战的核心。要培养高端数字人才，引领全民数字素养的提升。通过战略引领和建立培训体系，从而推动整个社会向数字化转型②。

职业技能的数字化要求包括基础的数字操作能力、高级的创新思维以及终身学习能力等多个方面。个人需要通过学校教育获取必要的知识和技能，并在职业生涯中不断学习以适应新技术的发展。

三、数字劳动者职业演进前景

随着数字经济的加速发展，新旧职业更替加速③。第三产业职业显著增加，而第一、二产业职业呈减少趋势。这一变化体现在就业政策扶持、数字经济发展、组织模式变革以及就业观念转变方面，推动了职业朝着服务化、智能化、技术化方向发展④。

在劳动力市场方面，数字经济所带来的新产业、新业态和新模式不断塑造着劳动力市场和就业格局，新兴的就业形势给劳动力市场带来了许多新挑战⑤。同时，数字劳动已无处不在，媒介技术和数字资本共同推动了数字劳动技能的两极分化⑥。

随着数字职业的不断演进和持续涌现，我国数字劳动者职业分类体系在细化与新生中重构。当前我国数字劳动者呈现出三次产业全覆盖、数字

---

① WERITZ P. Hey leaders, it's time to train the workforce: critical skills in the digital workplace [J]. Administrative Sciences, 2022, 12 (3): 89-94.

② 王世伟. 以高端数字化人才引领并推动全民数字素养与技能行动 [J]. 图书馆论坛, 2022, 42 (3): 11-13.

③ 丁述磊，咸奎东，刘翠花. 数字经济时代职业重构与青年职业发展 [J]. 改革, 2022, 340 (6): 91-105.

④ 尹波，宋君. 数字智能时代职业技能内涵与培养路径研究 [J]. 职教论坛, 2019, 711 (11): 21-27.

⑤ 胡放之. 数字经济、新就业形态与劳动力市场变革 [J]. 学习与实践, 2021, 452 (10): 71-77.

⑥ 吴鼎铭，吕山. 数字劳动的未来图景与发展对策 [J]. 新闻与写作, 2021, 440 (2): 29-35.

经济核心产业广分布等典型特点。与其他职业群体相比，数字劳动者的职业发展有其特定的规律，大致沿着"技能改进""技术创新""技术融合""素质提升"等路径跃升广阔的职业发展前景和巨大的市场需求空间日益呈现①。

为了应对数字经济带来的职业变革，多方需要共同努力，进一步健全就业促进机制和就业优先政策体系，加快建设数字经济多层次人才培养体系②。要推动数字职业健康稳定发展，完善数字职业法律政策体系、构建多元协同的数字职业保障制度、建设数字职业可持续发展机制③。政府、工会和行业协会、企业以及劳动者要共同发挥作用，促进新职业健康发展。

通过持续学习，以及有效的政策支持和社会保障，数字劳动者可以更好地适应数字经济时代的发展需求。

---

① 黄梅. 数字劳动者职业演进和前景方向 [J]. 人民论坛，2023（18）：64-67.
② 龚六堂. 数字经济就业的特征、影响及应对策略 [J]. 国家治理，2021, 335（23）：29-35.
③ 王馨誉. 数字职业发展的新特征与着力点 [J]. 人民论坛，2023（10）：71-73.

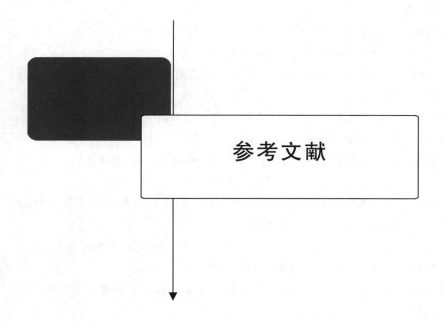

参考文献

安俊秀，李超，谢千河，等. 面向软件产业的人才培养生态环境建设 [J]. 计算机教育，2012（20）：8-10.

白晓玉. 数字化时代下的数字人才培育与引进策略 [C] //工程信息研究院. 第七届创新教育学术会议论文集. 北京：社会科学文献出版社，2023：340-341.

包健. 促进科技创新的税收激励政策分析 [J]. 税务研究，2017，395（12）：40-43.

本刊辑. 引智成果"云端"绽放：第十八届中国国际人才交流大会上线开展 [J]. 机械研究与应用，2020，33（4）：221.

毕照卿. 异化劳动与劳动过程：理论、历史与现实 [M]. 北京：社会科学文献出版社，2023.

毕照卿. 资本、机器与劳动：《1857—1858 年经济学手稿》异化理论的核心问题 [J]. 思想教育研究，2019（5）：65-70.

蔡翔华. 英美德等国家职业教育产教融合的制度经验及启示 [J]. 上海第二工业大学学报，2020，37（1）：71-75.

蔡元萍. 以现代学徒制试点为契机加大对"双师"型教师的培养 [J]. 高教学刊，2016，42（18）：203-204.

蔡志奇，黄晓珩. 构建多层次全方位校企合作的实践教学体系 [J]. 实验室研究与探索，2013，32（6）：359-362.

曹小峰，王则林. 国际视野下 IT 类专业人才培养模式研究 [J]. 电子商务，2020，252（12）：80-81.

曾波涛，朱凤. 培育通信行业数字人才，助力数字经济发展：以"信雅达"的实践为例 [J]. 中国培训，2022，398（5）：84-88.

曾文瑜，闵旭光. "数字化赋能"视阈下制造业技术技能型人才需求矛盾及对策研究 [J]. 实验技术与管理，2020，37（5）：212-214.

常忠义. 区域创新创业政策支持体系研究 [J]. 中国科技论坛，2008，146（6）：21-24，30.

钞秋玲，王梦晨. 英国创新人才培养体系探究及启示 [J]. 西安交通大学学报（社会科学版），2015，35（2）：119-123，128.

陈诚. 企业导师指导行为的影响因素及作用机制研究 [D]. 武汉：华中科技大学，2013.

陈东，郭文光. 数字化转型、工资增长与企业间收入差距：兼论"灯塔工厂"的行业引导效应 [J]. 财经研究, 2023, 50 (4): 50-64.

陈庚, 李学敏, 傅琴玲等. 国内外数字化学习资源及服务认证的比较分析 [J]. 现代远程教育研究, 2013, 123 (3): 50-60.

陈建安, 金晶, 法何. 创业胜任力研究前沿探析与未来展望 [J]. 外国经济与管理, 2013, 35 (9): 2-14, 24.

陈理宣, 刘炎欣. 人工智能背景下教学形态的嬗变: 特点、挑战与应对 [J]. 当代教育科学, 2021 (1): 35-42.

陈丽莲. 大赛资源转化下中职数字媒体技术专业教学改革探讨: 基于全国职业院校技能大赛数字影音后期制作技术赛项 [J]. 西部素质教育, 2022, 8 (12): 174-177.

陈婉莹. 基于 CIPP 模型的干部培训评估研究[D]. 济南: 山东大学, 2021.

陈煜波, 马晔风, 黄鹤, 等. 全球数字人才与数字技能发展趋势 [J]. 清华管理评论, 2022, 103 (Z2): 7-17.

陈煜波. 数字化转型: 数字人才与中国数字经济发展 [M]. 北京: 中国社会科学出版社, 2023.

陈云川, 雷轶. 胜任力研究与应用综述及发展趋向 [J]. 科研管理, 2004 (6): 141-144.

陈再齐, 李德情. 数字化转型对中国企业国际化发展的影响 [J]. 华南师范大学学报 (社会科学版), 2023 (4): 81-95, 206.

陈志奎, 刘旸, 王雷. 以综合型项目开发为驱动的物联网教学模式探索 [J]. 教育教学论坛, 2014, 146 (13): 210-212.

程爱卿. 强化科技创新服务平台促进科技成果的全面转化 [J]. 科技资讯, 2022, 20 (13): 97-100.

程荣荣, 董琳. 高校跨学科协同实践教学模式探讨: 以远景学院为例 [J]. 高教学刊, 2019, 113 (17): 104-106.

程天宇. 师傅视角下的现代学徒制师徒关系改进基于调查的分析与建议 [J]. 教育科学论坛. 2021 (6): 67-71.

程醉, 李冰, 张晓玲. 数字微认证推动学习成果认证制度创新[J] 中国教育信息化. 2022, 28 (9): 41-51.

崔发周. 基于现代学徒制的产教融合型企业标准与实施策略 [J]. 职教论坛, 2019, 711 (11): 6-12.

崔海英, 王静. 应用型高校"多维度"跨文化交际能力培养模式的构

建 [J]. 河北科技师范学院学报（社会科学版），2018，17（3）：79-85.

戴国洪，张友良. 实现数字化设计与制造的关键技术 [J]. 机床与液压，2004（3）：94-96.

戴佳欣. 职业教育产教融合的国际经验与改进路径 [J]. 南方职业教育学刊，2021，11（4）：103-109.

德鲁克. 德鲁克管理思想精要 [M]. 李维安，王世权，刘金岩，译. 北京：机械工业出版社，2007.

邓奉先，卓书尧. 基于 CIPP 模式的高职《软件工程》项目化教学评价的研究 [J]. 电脑知识与技术，2017，13（27）：158-159.

丁堡骏. 评萨缪尔森对劳动价值论的批判 [J]. 中国社会科学，2012（2）：79-93.

丁蔓，闫开印. 深化双语教学改革，促进国际人才培养 [J]. 北京大学学报（哲学社会科学版），2007（S2）：57-59.

丁淑辉，李学艺，王海霞，等. 工程教育专业认证背景下数字化设计课程体系设置及其持续改进 [J]. 大学教育. 2021（4）：59-61.

丁述磊，戚聿东，刘翠花. 数字经济时代职业重构与青年职业发展 [J]. 改革，2022，340（6）：91-105.

丁水平. 本科职业教育技能竞赛与实践教学融通对接研究 [J]. 教育与职业，2020，976（24）：99-103.

董晓宏，郭爱英，宋长生. 构建企业多要素协同创新的内部支撑环境 [J]. 中国人力资源开发，2007，209（11）：23-26.

杜根远，王晓霞，张德喜. 产教融合背景下计算机应用型人才培养模式创新实践探索 [J]. 许昌学院学报，2020，39（5）：133-136.

杜秀丽，李晓梅，张瑾. 基于项目教学法的数字电子技术教学探究 [J]. 大连大学学报，2016，37（3）：119-122.

段霄. 云班课信息化教学模式的探索与评价：基于教学效果的实证分析 [J]. 办公自动化，2020，25（22）：30-32.

樊洪斌. 基于学科竞赛的计算机应用型创新人才培养研究 [J]. 中国教育技术装备，2019，471（21）：4-6，9.

樊谨，仇建. 物联网工程专业创新实践课程教学模式探讨 [J]. 计算机教育，2016，263（11）：119-122.

范水英. 基于工作过程的项目式教学模式探索：以物联网工程综合实

训课程为例［J］.现代职业教育，2021，242（16）：40-41.

冯光明.人力资本投资与经济增长方式转变［J］.中国人口科学，1999（1）：53-56.

冯建华，周立柱，武永卫，等.构建计算机学科国际化培养体系 促进高水平创新人才成长［J］.计算机教育，2015，239（11）：7-11.

冯喜英.从基于教科书的教学到基于课程标准的教学［J］.中国教育学刊，2011，220（8）：58-60，67.

甘娅丽.深化实践教学体制改革，提高实践教学质量［J］.实验科学与技术，2003（2）：6-10.

高柏.跨学科素养的培养方式与策略［J］.现代中小学教育.2020，36（8）：23-28.

高春梅.论知识经济时代人力资本的管理、开发和利用［J］.经济问题，2001（4）：15-17.

高奎亭，袁士桐，殷志栋.现代与传统的对视：MOOC浪潮中的学校体育［J］.中国学校体育（高等教育），2016，3（3）：60-64.

高乔.中国数字化人才缺口去年接近1100万，人才供给待提升［N/OL］.人民日报海外版，2021-11-19［2024-04-30］.https://www.chinanews.com.cn/gn/2021/11-19/9612081.shtml.

高申春.论班杜拉社会学习理论的人本主义倾向［J］.心理科学，2000（1）：16-19，124.

葛宝臻.完善创新创业教育体系 构建创新创业实践平台［J］.实验室研究与探索，2015，34（12）：1-4.

宫准.关于形成具有国际竞争力的人才培养制度优势的思考［J］.山东高等教育，2019，7（3）：47-51.

龚六堂.数字经济就业的特征、影响及应对策略［J］.国家治理，2021，335（23）：29-35.

顾春燕.关于大数据时代企业数字化人才培养的思考及探索［J］.经济师，2018，352（6）：256-257.

关翩翩，李敏.生涯建构理论：内涵、框架与应用［J］.心理科学进展，2015，23（12）：2177-2186.

官典，邹源甦.大众创业、万众创新的基本原则研究［J］.现代经济信息，2016（7）：108-109.

广东省政府发展研究中心课题组，李惠武，叶彤. 加快科技孵化体系建设 促进大众创业创新 [J]. 广东经济，2016，235（2）：14-19.

郭小明. 培养国际化、个性化、创新型的计算机人才：访北京大学信息科学技术学院张铭教授 [J]. 计算机教育，2007（7）：4-7.

郭彦丽，薛云. 数字经济时代新商科实践人才培养模式探索 [J]. 高教学刊，2020（36）：165-168.

哈斯朝勒，郝志军. 学科育人价值的特性及其实现 [J]. 教育理论与实践，2020，40（7）：14-17.

韩灵丽，黄冠豪. 促进科技创新的企业所得税优惠政策分析 [J]. 浙江学刊，2014，205（2）：187-191.

韩亚娜. 数字化学习教材认证系统设计与实现 [D]. 武汉：华中师范大学，2011.

郝凤霞，黄含. 投入服务化对制造业全球价值链参与程度及分工地位的影响 [J]. 产经评论，2019，10（6）：58-69.

郝延春. 现代学徒制中师徒关系制度化：变迁历程、影响因素及实现路径 [J]. 中国职业技术教育，2018，683（31）：38-43.

何剑. 高校教师数字素养整合模型及提升策略 [J]. 苏州市职业大学学报，2021，32（3）：73-78.

何菊莲，罗能生. 人力资本价值提升与加快经济发展方式转变 [J]. 财经理论与实践，2012，33（2）：85-88.

贺俊程等. 推动新一代信息技术产业发展的几点建议 [J]. 经济研究参考，2015，2704（72）：17-21.

贺梅，王燕梅. 制造业企业数字化转型如何影响员工工资 [J]. 财贸经济，2023，44（4）：123-139.

侯军岐. 基于新一代信息技术产业发展的创新创业人才培养模式 [J]. 价值工程，2012，31（23）：225-227.

胡博文. 非认知能力对劳动者收入的影响：机制探讨和实证分析 [D]. 杭州：浙江大学，2017.

胡垂立等. "互联网+"环境下创新创业教育支持服务体系构建研究 [J]. 佳木斯大学社会科学学报，2019，37（2）：182-186.

胡放之. 数字经济、新就业形态与劳动力市场变革 [J]. 学习与实践，2021，452（10）：71-77.

胡兰，折然君. 集聚全球创新资源 推进跨国技术转移［J］. 中国高新区，2012，135（11）：20.

胡钦太. 高校信息化人才队伍建设的机制创新与实现路径研究［J］. 中国教育信息化，2016，376（13）：58-62.

胡文龙. 当前我国创新激励税收优惠政策存在问题及对策［J］. 中国流通经济，2017，31（9）：100-108.

胡孝彭，张艳梅，张晓婷，等. 微信公众平台数字化学习的过程性考核模式研究［J］. 中国教育信息化，2017，400（13）：31-33.

胡一波. 科技创新平台体系建设与成果转化机制研究［J］. 科学管理研究，2015，33（1）：24-27.

胡拥军，关乐宁. 数字经济的就业创造效应与就业替代效应探究［J］. 改革，2022（4）：33-42.

黄贵懿. 基于区块链技术的学习成果认证管理系统研究［J］. 现代教育技术，2021，31（1）：69-75.

黄红芳. 强化数字经济人才全链条保障［N］. 新华日报，2022-05-24（004）.

黄璜. 如何打造协同高效数字政府治理体系［N］. 南方都市报，2022-04-19（001）.

黄岚等. 构建高职教育校企合作技能竞赛新模式［J］. 昆明冶金高等专科学校学报，2017，33（2）：44-47.

黄荔梅. 优化创新创业生态环境［J］. 社科纵横，2016，31（11）：63-65.

黄梅. 数字劳动者职业演进和前景方向［J］. 人民论坛，2023（18）：64-67.

黄燕芬等. 我国信息化人才战略研究［J］. 经济与管理研究，2005（12）：5-10.

黄真真. 数字经济背景下高职学生创新创业教育优化路径［J］. 科技经济市场，2022（2）：140-142.

黄振育等. 数字化时代高校创新创业教育优化策略思考［J］. 文化与传播，2021，10（4）：92-95.

纪丹. 人工智能视域下终身教育网络"金课"建设［J］. 电大理工，2023（2）：62-65.

季燕，朱逸湟. 马克思劳动价值论的哲学意蕴研究［J］. 哲学进展，

2022, 11（4）：789-792.

贾康，刘薇. 论支持科技创新的税收政策 ［J］. 税务研究，2015, 359（1）：16-20.

贾明媚，张兰霞，付竞瑶，等. 基于竞优评析的高层次科技人才评价 ［J］. 科技进步与对策，2017, 34（16）：120-125.

姜锋. 培养具有全球视野和世界眼光的高层次国际化人才 ［J］. 中国高等教育，2020, 658（21）：26-28.

姜文辉. 数字化投入能否提升中国全球价值链参与：基于我国 33 个产业的实证分析 ［J］. 汕头大学学报（人文社会科学版），2021, 37（4）：82-91.

焦金涛，余文森，阮星，等. 优化实践教学体系 构建应用型物联网工程专业人才培养模式 ［J］. 教育教学论坛，2018, 389（47）：150-151.

解建红，陈翠丽，王彤. 跨学科多专业综合实践教学有效性路径探索 ［J］. 高等农业教育，2018, 307（1）：52-55.

解军，罗琴. 高职与国际知名企业合作产教融合培养国际化技术技能人才研究 ［J］. 教育教学论坛，2018, 348（6）：238-240.

金陵. 大数据与信息化教学变革 ［J］. 中国电化教育，2013, 321（10）：8-13.

金轩岩. 认真学习加快实施创新驱动战略 推进大众创新创业的部署要求 ［J］. 求知，2015, 376（5）：30.

金阳. "互联网+" 背景下大学生创新创业政策体系优化研究 ［J］. 延边大学学报（社会科学版），2022, 55（5）：133-140.

靳卫东，何丽. 实现技术进步型经济增长的条件、路径和策略研究：基于人力资本投资的视角 ［J］. 当代财经，2011, 323（10）：15-25.

靳学法. 内部劳动力市场理论在政府组织中的适用性 ［J］. 湖北社会科学，2011（4）：43-46.

康宛竹，艾康. 国外企业导师制的研究路径与走向 ［J］. 国外社会科学，2013, 298（4）：127-133.

柯闻. AI 风控引入大模型，蚂蚁数科 "走深向实" ［N/OL］. 人民邮电报，2024-06-26. https://www.cnii.com.cn/gxxww/rmydb/202406/t20240626_579833.html.

孔宇航. 大学生创新创业素质评价研究 ［D］. 大连：大连理工大学，2018.

雷金屹. 国外创新教育的启示 ［J］. 职大学报（哲学社会科学），2005

（3）：123-124，104.

雷文全，邹承俊. 高职物联网应用技术专业实践教学项目化模式研究 [J]. 教育现代化，2018，5（16）：205-206，208.

雷英栋. 基于职教云的互动式在线教学模式探索与实践 [J]. 汽车实用技术，2021，46（18）：177-179.

李博，马海燕. 现代学徒制师徒关系重塑研究 [J]. 教育与职业，2020，975（23）：56-59.

李晨阳. 欲创"中国诺奖"请先忘记诺奖 [N/OL]. 中国科学报，2019-10-16 [2024-07-01]. https://news. sciencenet. cn/sbhtmlnews/2019/10/350221. shtm.

李春辉. 基于项目化教学的物联网研发人才培养的研究 [J]. 科技创新导报，2020，17（6）：189-190.

李帆等. 北京市数字人才政策发展现状及对策建议 [J]. 人才资源开发，2022，478（19）：10-11.

李宏贵，曹迎迎. 新创企业的发展阶段、技术逻辑导向与创新行为 [J]. 科技管理研究，2020，40（24）：127-137.

李建霞，闫朝阳. 工程教育专业认证背景下数字电子技术实验改革 [J]. 实验室研究与探索，2017，36（1）：156-159.

李健睿，李琪. 大学生创新创业支持平台建设 [J]. 企业经济，2020，39（9）：95-101.

李杰，刘亚苹. 产教融合中现代学徒制建立与保障机制研究 [J]. 统计与管理，2017，237（4）：183-184.

李隽，李新建，王玉姣. 人力资源管理角色发展动因的多视角分析与研究展望 [J]. 外国经济与管理，2014，36（5）：40-49，80.

李括，余南平. 美国数字经济治理的特点与中美竞争 [J]. 国际观察，2021（6）：27-54.

李丽娟等. 跨学科多专业融合的新工科人才培养模式探索与实践 [J]. 高等工程教育研究，2020（1）：25-30.

李琳等. 以竞赛为驱动的产教合作创新型网络人才培养模式的研究 [J]. 当代教育实践与教学研究，2018（9）：97-98，101.

李佩洁，王娟. 高校数字人才培养体系建设现状与展望 [J]. 社会科学家，2021，292（8）：156-160.

李平，江飞涛，王宏伟. 信息化条件下的产业转型与创新 [J]. 工程研究：跨学科视野中的工程，2013，5（2）：173-183.

李瑞琴，王立勇. 数字技术革命促进中国制造业出口贸易高质量发展的机制、挑战和对策 [J]. 国际贸易，2022，491（11）：11-18.

李学敏. 高校网络教育数字化学习资源认证研究 [D]. 北京：北京交通大学，2014.

李雅丽，张雅楠，王静燕. 新型"学徒制"：教学方式与生产实践的对接促进产教融合 [J]. 长江丛刊，2018，406（13）：281.

李亚非，林启慧. 研究生培养机制改革下的导师队伍建设 [J]. 教育与职业，2015，826（6）：74-75.

李彦宏. 智能经济时代：八项关键技术将决胜未来 [EB/OL].（2021-07-29）[2024-07-01]. https://baijiahao. baidu. com/s？ id = 1706584009277316280&wfr = spider&for = pc.

李阳，潘海生. 欧盟数字能力融入职业教育的行动逻辑与改革路向 [J]. 比较教育研究，2022，44（10）：76-85.

李玉蕾，袁乐平. 战略人力资源管理对企业绩效的影响研究 [J]. 统计研究，2013，30（10）：92-96.

李志民. 教育数字化转型：转什么与怎么转 [J]. 中国教育信息化，2024（1）：71-75.

李祖超，王甲旬. 美国研究型大学培养科技创新人才的经验与特色 [J]. 清华大学教育研究，2016，37（2）：35-43，50.

梁建春，时勘. 组织理论的新发展：组织的核心胜任特征理论 [J]. 重庆工学院学报，2005（12）：12-15.

梁亚玲，高铭. 数字化人才需求状况分析 [J]. 中国管理信息化，2022，25（13）：198-203.

廖福崇. 数字治理体系建设：要素、特征与生成机制 [J]. 公共管理与政策评论，2022，11（4）：84-92.

廖海，王恩亮，华驰. 电子技能竞赛与高职电子信息专业人才培养结合探索 [J]. 湖南大众传媒职业技术学院学报，2017，17（3）：56-58.

林春培，张振刚，田帅. 基于企业技术能力和技术创新模式相互匹配的引进消化吸收再创新 [J]. 中国科技论坛，2009（9）：47-51.

林道立，刘正良，郑群. 现代人力资本理论的形成与演化 [J]. 淮海工学院学报（人文社会科学版），2012，10（6）：107-111.

林贤明. 马克思劳动价值论回应时代诉求 [J]. 中国社会科学报，2021（5）：32-38.

刘春来，丁祥海，阮渊鹏. 新工科背景下数字化工程管理人才培养模式探索与实践 [J]. 高等工程教育研究，2020，184（5）：48-52，63.

刘大卫，周辉. 中外高校产教融合模式比较研究 [J]. 人民论坛，2022，730（3）：110-112.

刘大卫. 人力资源管理实践与理论发展的相互作用和影响 [J]. 求索，2007，174（2）：70-72.

刘广. 大学生创新创业支撑体系建设研究 [J]. 科技进步与对策，2015，32（23）：151-155.

刘桂兰. 以技能大赛为切入点，创新教学内容，对接岗位需求：高职网络技术专业课证岗赛融合的改革与实践 [J]. 电子测试，2019，415（10）：116-118.

刘红，谢冉，任言. 交叉学科教育的现实困境和理想路径 [J]. 研究生教育研究，2022，68（2）：32-36，90.

刘姣. 知识资本与组织绩效关系的研究 [J]. 科技情报开发与经济，2009，19（17）：128-129.

刘利霞. 企业导师制研究 [J]. 合作经济与科技，2020，630（7）：95-97.

刘璐. 线上国际交流合作提升跨文化交际能力教学模式构建 [J]. 国际公关，2021（5）：118-119.

刘曼. 数字媒体产、教结合创新人才培养模式在高职院校中的运用 [J]. 设计，2017，265（10）：116-117.

刘茂祥. 数字化教育环境下高阶技术型创新人才早期培育的实践探索 [J]. 创新人才教育，2015，11（3）：15-20.

刘铭刚，李勇，王廷春. 从新时期师生关系探索青年骨干员工参与"老师带徒"模式的"心"方向 [J]. 科学咨询（科技·管理），2019，620（1）：47-48.

刘润民，杨志强. "职业教育4.0"背景下数字化人才需求的变革与发展 [J]. 当代职业教育，2018，93（3）：53-58.

刘水云等. 欧美教育政策研究与学科发展及其与中国的比较分析 [J]. 教育学报，2014，10（3）：62-68.

刘斯教等. 数字贸易视阈下对国际商务高技能人才培养的思考 [J]. 商业经济, 2020, 531 (11): 102-104.

刘晓, 刘铭心. 数字技能：内涵、要素与培养路径：基于国际组织与不同国家的数字技能文件的比较分析 [J]. 河北师范大学学报（教育科学版）. 2022, 24 (6): 65-74.

刘晓勇等. 基于学科竞赛的计算机类专业创新型人才培养模式研究 [J]. 高教学刊, 2018, 91 (19): 42-44.

刘馨, 秦玉娟, 刘扬. 校企产教融合模式下应用型课程混合教学探索：以"数据通信技术"课程为例 [J]. 教育教学论坛, 2021, 519 (20): 105-108.

刘亚静, 潘云涛, 赵筱媛. 高层次科技人才多元评价指标体系构建研究 [J]. 科技管理研究, 2017, 37 (24): 61-67.

刘亚琳, 申广军, 姚洋. 我国劳动收入份额：新变化与再考察 [J]. 经济学（季刊）, 2022 (5): 56-62.

刘晔, 彭正龙. 人力资本对企业能力的作用机制研究：基于知识视角的分析 [J]. 科学管理研究, 2006 (4): 90-92, 102.

刘永安. 知识经济条件下企业人力资源管理变化的趋势 [J]. 江西社会科学, 2003 (6): 115-116.

刘育锋. 加强职业教育国际交流与合作的新方向与新要求 [J]. 中国职业技术教育, 2014, 529 (21): 227-230.

陆家嘴金融网. 名医+AI, 让每个家庭拥有一个"私家医生" [EB/OL]. (2019-09-12) [2024-07-01]. https://www.ljzfin.com/news/info/51188.html.

逯铮. 论现代学徒制中"现代"新型师徒关系的构建 [J]. 牡丹江教育学院学报, 2018, 195 (12): 17-19.

路正莲等. 强化机制创新, 建设协同培养创新创业型人才平台 [J]. 实验技术与管理, 2017, 34 (10): 18-20, 24.

马成荣, 尤学贵, 龙晓君, 等. 职业学校技能大赛促进专业技能教学体系改革的研究与实践 [J]. 中国职业技术教育, 2015, 561 (17): 27-32.

马刚. 战略性人力资源管理系统及其与组织绩效间关系分析 [J]. 生产力研究, 2011, 227 (6): 182-184.

马国富, 王子贤, 刘太行, 等. 大数据时代下的线上线下混合教学模式研究［J］. 教育文化论坛，2017，9（2）：22-24，43.

马海英. 基于云班课的高职院校混合式教学法［J］. 濮阳职业技术学院学报，2020，33（2）：32-35，38.

马焕灵等. 研究生导师立德树人职责履行评价指标体系的构建［J］. 现代教育管理，2020，365（8）：84-92.

马吉建，崔凯，王强. 实训课程 CIPP 教学评价模式的实践研究［J］. 现代职业教育，2020，207（33）：154-155.

马骏. 基于云平台的高职课程信息化教学研究与实践［J］. 科技资讯，2020，18（33）：29-31.

马顺彬，马斌. 关于鼓励科技人员创新创业政策梳理［J］. 大众科技，2016，18（8）：139-140，122.

马晔风，蔡跃洲. 基于官方统计和领英平台数据的中国 ICT 劳动力结构与数字经济发展潜力研究［J］. 贵州社会科学，2019（10）：106-115.

马子惠，李芳慧，司建楠等. 欧盟数字平台建设的典型案例和经验［J］. 工业信息安全，2022，6（6）：90-95.

毛秀丽等. 从课程角度探讨提高人才培养质量［J］. 黑龙江教育（高教研究与评估），2022，1387（5）：67-70..

梅伟惠，孟莹. 中国高校创新创业教育：政府、高校和社会的角色定位与行动策略［J］. 高等教育研究，2016，37（8）：9-15.

孟健. 学习设计者：新时期教师的专业发展追求［J］. 教育理论与实践，2018，38（17）：36-38.

孟书云等. 应用型工科大学生导师制培养的实践与思考［J］. 科技资讯，2020，18（16）：215-217，221.

孟望生，杜子欣，张扬. 数字经济发展对服务业结构升级的影响：基于"宽带中国"战略的准自然实验［J］. 开发研究，2023（1）：77-87.

欧阳日辉. 推动网络安全和数据安全产业高质量发展［J］. 中国经济评论，2023（2）：62-65.

潘思维，杨明亨. 人力资源开发理论的演进［J］. 西南民族大学学报（人文社科版），2006（12）：244-247.

彭芬. 职业院校技能竞赛引领高职物联网专业定位与课程体系建设探索［J］. 武汉职业技术学院学报，2021，20（3）：40-45.

彭娟，张光磊，刘善仕. 高绩效人力资源实践活动对员工流失率的协

同与互补效应研究 [J]. 管理评论，2016，28（5）：175-185.

彭瑞华. 大众创业 万众创新 助推国家自主创新示范区建设 [J]. 中国高新区，2016，183（18）：68-71.

彭雪梅. 新课程背景下教学的转向 [J]. 天津师范大学学报（基础教育版），2003（2）：4-7.

彭正梅等. 培养具有全球竞争力的美国人：基于21世纪美国四大教育强国战略的考察 [J]. 比较教育研究，2018，40（7）：11-19.

彭正梅等. 培养具有全球竞争力的中国人：基础教育人才培养模式的国际比较 [J]. 全球教育展望，2016（8）：67-79.

皮普金. 拦截黑客：计算机安全入门 [M]. 2版. 朱崇高，译. 北京：清华大学出版社，2003.

戚聿东，丁述磊，刘翠花. 数字经济时代新职业发展与新型劳动关系的构建 [J]. 改革，2021，331（9）：65-81.

钱程. 人格特质、组织职业生涯管理与职业成长的关系研究 [D]. 杭州：浙江工商大学，2016.

钱晓蓉. 理工类高校学生国际交流项目工作现状与对策研究 [D]. 西安：西安电子科技大学，2019.

乔建永. 信息化时代大学的教育教学改革 [J]. 中国高等教育，2016，568（Z2）：61-63.

瞿晓理. "大众创业，万众创新"时代背景下我国创新创业人才政策分析 [J]. 科技管理研究，2016，36（17）：41-47.

芮志彬. 职业技能竞赛对构建技能型社会的价值研究 [J]. 职业教育研究，2021，216（12）：54-59.

商宪丽，张俊. 欧盟全民数字素养与技能培育实践要素及启示 [J]. 图书馆学研究，2022，520（5）：67-76.

上超望，韩梦，刘清堂. 大数据背景下在线学习过程性评价系统设计研究 [J]. 中国电化教育，2018，376（5）：90-95.

邵江梅. 【地评线】飞天网评：为数字经济发展提供数字人才支撑 [EB/OL].（2022-07-23）[2024-07-01].http://opinion.gscn.com.cn/system/2022/07/23/012798227.shtml.

沈燕华. 信息技术类技能竞赛对职业教育专业教学的改革研究：以数字影音后期制作项目为例 [J]. 科学大众（科学教育），2019，1164

（11）：172.

施建军，王丽娟，韩淑伟. 实施"本土国际化"战略 培养具有国际竞争力的复合型精英人才［J］. 中国大学教学，2011，249（5）：19-22.

施乐. 基于信息化背景下产教融合办学模式探究［D］. 南昌：江西科技师范大学，2020.

施洋. 论校企合作与高等院校国际化人才培养［J］. 齐齐哈尔大学学报（哲学社会科学版），2014，209（1）：142-143.

石伟平. 职业教育国际化水平和国际竞争力提升：战略重点及具体方略［J］. 现代教育管理，2018，334（1）：72-76.

石纬林，王轶. 信息技术视野下国际交流与合作项目整合及优化研究［J］. 中国电化教育，2015，343（8）：128-132.

时勘，王继承，李超平. 企业高层管理者胜任特征模型评价的研究［J］. 心理学报，2002（3）：306-311.

宋发富. "一带一路"视角下国际化人才培养的目标与路径［J］. 黑龙江高教研究，2018，36（12）：53-59.

宋合义，尚玉钒. 人力资源管理的发展新趋势：从基于工作的人力资源管理到基于能力的人力资源管理［J］. 系统工程理论与实践，2001（1）：83-87.

宋红霞，郑庆华. 着眼创新潜质 建立招生多元评价体系［J］. 中国高等教育，2012，491（22）：43-44，49.

宋卿清，穆荣平. 创新创业：政策分析框架与案例研究［J］. 科研管理：2022（11）：83-92.

苏光明. 数字化、网络化背景下的国际人才交流：态势与展望［J］. 中国人事科学，2020，33（9）：53-56.

苏珊，马志强. 高等教育数字化转型的国际经验：基于CIPP模型的实践案例［J］. 中国教育信息化，2022，28（8）：18-24.

苏治，李媛，谭蕊. 奥利·阿申费尔特劳动经济学思想述评［J］. 经济学动态，2012（10）：95-99.

苏治，李媛，谭蕊. 奥利·阿申费尔特劳动经济学思想述评［J］. 经济学动态，2012（10）：95-99.

隋美荣. 罗特的社会行为学习理论研究［D］. 济南：山东师范大学，2004.

孙冰. 无人科技助力乡村振兴，京东宣布将打造智慧农业共同体[EB/

OL].（2018-04-09）［2024-07-01］．https：//www.ceweekly.cn/2018/0409/222051.shtml［^61^］.

孙建勇.基于 RBV 的 MICK-4FI 资源运营模式研究［D］.天津：天津大学，2007.

孙进，付惠."博洛尼亚进程"下的德国高等教育改革动向［EB/OL］.（2023-08-18）［2024-05-01］.http：//www.jyb.cn/rmtzcg/xwy/wzxw/202308/t20230818_2111081313.html.

孙婧，张蕴甜.我国大学课程研究的知识基础和热点问题：基于高等教育领域 13 本 CSSCI 期刊 2007—2017 年刊载文献的分析［J］.高等教育研究，2018，39（11）：79-84.

谭雪燕等.基于系统管理理论视角下的毕业实习与就业联动机制研究［J］.经济研究导刊，2015，265（11）：79-81.

汤勇.产教融合发展要求下应用型人才培养课程体系优化［J］.宜春学院学报，2021，43（10）：100-105.

唐松林，赵书阁.论知识经济条件下的人力资本［J］.黑龙江高教研究，2000（5）：26-28.

唐雁.全球胜任力视角下的高校学生全球化视野培养［J］.教育教学论坛，2021，521（22）：5-8.

陶晓环.基于大数据思维培养数字化人才的途径研究［J］.辽宁高职学报，2019，21（3）：96-99，108.

滕珺，曲梅.联合国未来胜任力模型分析及其启示［J］.中国教育学刊，2013，239（3）：5-7.

田山俊.美国研究型大学的学术治理理念及其启示［J］.学术交流，2014，248（11）：207-211.

童丽玲，戴日新，彭宣红.任务型教学设计视角下高职英语教师专业发展研究与实践［M］.西安：西安交通大学出版社，2017.

涂永前.第三方教育认证初探：概念、内涵、程序及我们的选择［J］.社会科学家，2020，273（1）：137-148.

宛楠，杨利.以学科竞赛为驱动的计算机类专业应用型创新人才培养模式研究［J］.电脑知识与技术，2020，16（6）：143-145.

万诗婕，高文书.数字化对企业劳动收入占比的影响研究［J］.贵州社会科学，2023（2）：131-143.

汪群，王建中. 多层次科技人才综合测评的研究分析［J］. 中国科学基金，1996（1）：45-50.

汪永安. 让世界"聆听"中国声音［N］. 安徽日报，2024-06-25（001）.

王广慧，吴琦. 智能技术时代中国劳动力市场就业趋势分析［J］. 通化师范学院学报. 2021（5）：62-67.

王泓荔. 多维创新人才评价及升学测评体系研究［D］. 黄石：湖北师范大学，2016.

王华东，胡光武. 教学资源门户统一认证系统设计与实现［J］. 郑州轻工业学院学报（自然科学版），2007，83（1）：76-79.

王欢，田康. 教师跨学科素养的现实问题与应然追求［J］. 教育理论与实践，2022，42（2）：39-41.

王记彩，刘若竹. 现代学徒制模式下"教师+师傅"型师资队伍建设的研究与实践［J］. 教育教学论坛，2016，261（23）：39-40.

王建平等. 激发人才活力 建设全球人才高地［J］. 中国人才，2021，572（8）：19-21.

王俊美. 有效应对数字化对劳动力市场影响［N］. 中国社会科学报，2023-02-15（002）.

王俊勇，王冀宁. 大学生创新创业行为演化路径研究：基于大众创业、万众创新时代背景［J］. 企业经济，2016，429（5）：69-74.

王科，李业平，肖煜. STEM 教育研究发展的现状和趋势：解读美国STEM 教育研究项目［J］. 数学教育学报，2019，28（3）：53-61.

王兰. 基于云教学和大数据的高职学生学习行为研究［J］. 无线互联科技，2019，16（16）：95-96.

王李晓. 数字工程师资格认证的制度形成及能力标准识别［D］. 杭州：浙江大学，2022.

王琳琳等. 校企深度合作专业实习实践教学新模式探索［J］. 教育教学论坛，2022，555（4）：1-4.

王玲玲. 现代职业教育产教融合模式构建及实施途径［J］. 湖北社会科学，2015，344（8）：160-164.

王萌萌. 终身学习对数字化和新技能的回应：基于《数字教育行动计划》和《欧洲技能议程》的分析［J］. 现代远距离教育，2022，200（2）：90-96.

王茜. 新时代数字化工程人才培育路径研究 [J]. 中阿科技论坛 (中英文)，2022 (12)：157-161.

王蔷等. 重构英语课程内容观，探析内容深层结构：《义务教育英语课程标准》(2022 年版) 课程内容解读 [J]. 课程·教材·教法，2022，42 (8)：39-46.

王世伟. 以高端数字化人才引领并推动全民数字素养与技能行动 [J]. 图书馆论坛，2022，42 (3)：11-13.

王书晖，谭福河. 中国现代学徒制中的师徒关系：特征、困境与重构 [J]. 高等职业教育探索，2019，18 (3)：33-40.

王晓星. 竞赛激励制在企业团队建设中的运用 [J]. 中国集体经济，2015，476 (36)：92-93.

王馨誉. 数字职业发展的新特征与着力点 [J]. 人民论坛，2023 (10)：71-73.

王雪松. 非认知能力对劳动力市场的影响研究综述 [J]. 中国物价，2021，385 (5)：99-101.

王莹. 新时代具有全球竞争力的人才培养目标定位研究 [J]. 经济研究导刊，2018，384 (34)：151-152.

王永洁. 数字化领域国际发展合作与中国路径研究 [J]. 国际经济评论，2022，159 (03)：102-124，6-7.

王佑镁，杨晓兰，胡玮，等. 从数字素养到数字能力：概念流变、构成要素与整合模型 [J]. 远程教育杂志，2013，31 (3)：24-29.

王元玮，王啸楠. 面向实践类课程的在线平台过程化考核评价体系探究 [J]. 黑河学院学报，2020，11 (1)：145-147.

王云华，饶文碧，石兵，等. 产教融合背景下的 ICT 创新人才培养模式改革与实践 [J]. 计算机教育，2022，328 (4)：9-12.

魏丹霞，赵宜萱，赵曙明. 人力资本视角下的中国企业人力资源管理的未来发展趋势 [J]. 管理学报，2021，18 (2)：171-179.

魏非，李树培. 微认证之认证规范开发：理念、框架与要领 [J]. 中国电化教育，2019，395 (12)：24-30.

魏非，闫寒冰，李树培，等. 基于教育设计研究的微认证体系构建：以教师信息技术应用能力为例 [J]. 开放教育研究，2019，25 (2)：97-104.

魏兴华，徐筱淇，毛丹，等. 产学研对接活动模式的分析研究：以深圳大学对接模式为例 [J]. 科技与创新, 2023, (S1): 119-122, 126.

温金海等. 如何借力数字化改革创新人才服务? [J]. 中国人才, 2022, 582 (6): 40-44.

邬爱其, 刘一蕙, 宋迪. 跨境数字平台参与、国际化增值行为与企业国际竞争优势 [J]. 管理世界, 2021, 37 (9): 214-233.

邬群勇等. "数字中国" 建设创新创业人才现状与对策研究: 以福建为例 [J]. 中国人事科学, 2022, 55 (07): 75-81.

吴禀雅. 赋能数字经济的人才培养模式探索 [J]. 科技视界, 2020, 306 (12): 98-100.

吴春玉. 基于现代学徒制试点实践的职业院校产教融合机制探索与研究 [J]. 教育现代化, 2020, 7 (12): 71-73.

吴砥等. 学生数字素养培育体系的一体化建构: 挑战、原则与路径 [J]. 中国电化教育, 2022, 426 (7): 43-49+63.

吴鼎铭, 吕山. 数字劳动的未来图景与发展对策 [J]. 新闻与写作, 2021, 440 (2): 29-35.

吴贺俊, 吴迪, 左金芳. 校企合作的物联网实践教学模式探索 [J]. 教学研究, 2014, 37 (4): 103-108.

吴画斌等. 数字经济背景下创新人才培养模式及对策研究 [J]. 科技管理研究, 2019, 39 (8): 116-121.

吴江. 关于构建具有全球竞争力的人才制度体系的几点思考 [J]. 中国人才, 2020, 561 (9): 17-19.

吴金星等. 校企合作实践教学为培养应用型人才打开一扇窗 [J]. 大学教育, 2014, 39 (3): 99-101.

吴军. 数字化人才发展的问题及对策 [J]. 人才资源开发, 2021, 440 (5): 22-24.

吴立保. "学习范式" 下美国研究型大学本科教育改革的经验及启示 [J]. 现代大学教育, 2017, 168 (6): 45-52.

吴文群. 探索顶岗实习校企合作的新型职业教育模式 [J]. 吉林工程技术师范学院学报, 2011, 27 (9): 35-37.

吴小妹. 基于企业视角的 "订单式" 人才培养分析 [J]. 企业科技与发展, 2019, 457 (11): 215-216.

吴雪萍, 袁李兰. 美国研究型大学研究生创新人才培养的基础、经验

及其启示 [J]. 高等教育研究, 2019, 40 (6)：102-109.

吴志刚, 张书钦, 王海龙. 基于工程实践能力培养的物联网综合实训教学模式研究 [J]. 物联网技术, 2017, 7 (10)：118-120.

习近平. 习近平谈治国理政：第三卷 [M]. 北京：外文出版社, 2020.

习近平. 在庆祝改革开放 40 周年大会上的讲话 [EB/OL]. (2018-12-18) [2024-06-01]. http://politics. people. com. cn/n1/2018/1218/c1024-30474793. html.

夏春琴等. 以竞赛为载体的电子信息类创新人才培养模式探索与实践 [J]. 实验室研究与探索, 2019, 38 (12)：173-176, 181.

肖鹏, 赵庆香. 通往数字人才强国之路：《提升全民数字素养与技能行动纲要》与大学生数字素养教育战略 [J]. 农业图书情报学报, 2021, 33 (12)：6-15.

肖轶. 欧盟建设欧洲数字创新中心的主要做法和启示 [J]. 全球科技经济瞭望, 2022, 37 (6)：19-23.

肖颖, 高雅. 计算机网络技术专业国际人才培养的探索与实践 [J]. 现代职业教育, 2019, 174 (36)：94-95.

消费日报网. 海尔 COSMOPlat 打造共创共赢建陶生态助力产业转型升级 [EB/OL]. (2019-03-05) [2024-07-01]. https://baijiahao. baidu. com/s? id=1627144955430514287&wfr=spider&for=pc.

谢从晋等. 大数据时代科技创新人才个性化激励机制研究 [J]. 新课程研究, 2019, 511 (11)：89-90.

谢昱. 全球数字化人才培养趋势及对职业教育的启示 [J]. 创新人才教育, 2021 (2)：82-86.

熊安萍, 龙林波, 邹洋, 等. 基于开放创新实践平台的大数据人才培养模式探 [J]. 教育现代化, 2020, 7 (50)：32-35.

熊伟, 熊淑萍. 论知识经济时代对人力资源管理的挑战 [J]. 企业经济, 2004 (1)：78-79.

徐坤. 建构行业特色鲜明的卓越工程师培养体系 服务网络强国战略和数字经济发展 [J]. 学位与研究生教育, 2022, 356 (7)：6-12.

徐冉. 高职院校技能大赛背景下计算机类专业人才培养模式构建 [J]. 中国新通信, 2022, 24 (9)：131-133.

徐万山. 论课程价值的实现 [J]. 中国教育学刊, 2008, 178 (2)：58-61.

徐晓飞，张策. 我国高等教育数字化改革的要素与途径［J］. 中国高教研究，2022，347（7）：31-35.

徐岩. 技能大赛推动教学的实证研究：以数字影音后期制作技术为例［J］. 职教通讯，2016，433（30）：35-38.

徐晔华. 利用好教材促进学生英语学习的自我建构［D］. 苏州：苏州大学，2008.

徐盈群. 实施"订单式"人才培养模式的深层次思考［J］. 职业教育研究，2006（10）：146-147.

徐媛媛. 基于职业技能竞赛的高职人才培养方案构建［J］. 中国职业技术教育，2013，480（8）：74-77.

许戈魏. 加强国际交流与合作，提升高校科技创新能力［J］. 中国高校科技，2018，357（5）：22-24.

许力生等. 跨文化能力递进—交互培养模式构建［J］. 浙江大学学报（人文社会科学版），2013，43（4）：113-121.

许晓川，王爱芬. 大数据与多元智能在教育教学中的深度融合［J］. 教育理论与实践，2017，37（25）：32-35.

许艳丽，樊宁宁. 新一代信息技术产业高技能人才核心能力建构及其培养路径［J］. 职教论坛，2017，673（21）：5-9.

薛洁，胡苏婷. 中国数字经济内部耦合协调机制及其水平研究［J］. 调研世界，2020（9）：11-18.

押男，徐盟盟. 微认证：非正式学习成果的认定方式［J］. 高等继续教育学报，2018，31（5）：17-21，75.

闫广芬，刘丽. 教师数字素养及其培育路径研究：基于欧盟七个教师数字素养框架的比较分析［J］. 比较教育研究，2022，44（3）：10-18.

严丹妮. 企业数字化转型背景下的人才生态系统构建［J］. 财经界，2019，522（23）：245.

颜爱民，赵德岭，余丹. 高绩效工作系统、工作倦怠对员工离职倾向的影响研究［J］. 工业技术经济，2017，36（7）：90-99.

彦清. 基于CIPP模型的教师信息化教学能力培训项目评估研究［D］. 兰州：西北师范大学，2017.

晏文隽，陈辰，冷奥琳. 数字赋能创新链提升企业科技成果转化效能的机制研究［J］. 西安交通大学学报（社会科学版），2022，42（4）：51-60.

燕楠，田丽．"政产学研用"协同创新下高校应用型人才的培养研究[J]．对外经贸，2018（6）：138-140.

杨宝明．数字建造技术应用现状与展望[J]．建筑施工，2006（10）：840-844.

杨光军，曹林．数字化转型背景下基于云班课的高职教学模式变革[J]．中国教育信息化，2022，28（11）：90-97.

杨桂松，彭志伟，何杏宇．面向新工科的物联网工程实践教学模式探索[J]．实验室研究与探索，2020，39（8）：160-165.

杨海峰等．导师组制研究生培养模式构建的探讨[J]．教育教学论坛，2015，228（42）：105-106.

杨洁．浅析前概念在课程设计中的作用[D]．南京：南京师范大学，2006.

杨静等．校企合作、产学研结合培养应用型人才[J]．实验室科学，2022，25（2）：175-178.

杨柳，唐德根．试论跨文化交际能力的培养[J]．湖南农业大学学报（社会科学版），2005（3）：103-105.

杨明杏，徐顽强，夏志强．完善优化创新创业体制机制与环境 努力推进湖北科学发展与跨越发展[J]．湖北社会科学，2013，322（10）：48-51.

杨仁树．本科生全程导师制：内涵、运行模式和制度保障[J]．中国高等教育，2017，582（6）：58-60.

杨胜宏．论提升中职学生终身学习能力的"师徒制"教学模式的改革．[J]．教育研究，2020，3（9）：23-24.

杨天山等．数字化转型、劳动力技能结构与企业全要素生产率[J]．统计与决策，2023（15）：17-26.

杨为民，李龙澍．基于竞技对抗的计算机创新人才培养模式的探讨[J]．实验技术与管理，2015，32（6）：21-24.

杨阳，王琼，毛无卫．基于实验室导师制的本科生培养模式探索[J]．教育教学论坛，2020，477（31）：51-53.

杨烨军，石华安，余华银．企业数字化转型对人工成本影响效应研究：来自中国沪深A股上市企业的经验证据[J]．工业技术经济，2023，42（8）：70-79.

杨月坤．创新型科技人才多元评价系统的构建与实施[J]．经济论坛，2018，580（11）：90-95.

叶萌. 基于深化科技交流合作需要的计算机人才培养路径 [J]. 中阿科技论坛（中英文），2021，33（11）：139-142.

伊馨. 数字新业态人才创业胜任力的培养范式与路径 [J]. 中国成人教育，2021，518（13）：35-39.

殷朝晖，李瑞君. 美国研究型大学教师学术创业及其启示 [J]. 教育科学，2018，34（3）：88-94.

尹波，宋君. 数字智能时代职业技能内涵与培养路径研究 [J]. 职教论坛，2019，711（11）：21-27.

于洪，张洁，张美琳. 促进科技创新的税收优惠政策研究 [J]. 地方财政研究，2016，139（5）：23-27，34.

于苗苗，马永红. 英国交叉学科人才培养模式对我国的启示：以数字媒体交叉学科为例 [J]. 中国高校科技，2021（1）：66-69.

于洋，程宇辉，刘颖等. 基于培养方案探索物联网专业应用型人才培养新模式 [J]. 科技与创新，2018，97（1）：12-14.

于洋. 线上、线下与现代物流融合"新零售"推动商业模式变革[N/OL].人民网—人民日报，2017-08-31[2021-07-01].http://finance.people.com.cn/GB/n1/2017/0831/c1004-29505947. html？ivk_sa=1024320u[^60^].

余丽生，贾志轩，张梦滟. 外出瓜农产业发展的实践启示 [J]. 当代农村财经，2023（7）：53-55.

余少祥. 智能时代对劳动价值的影响与重塑 [J]. 人民论坛·学术前沿，2022（8）：24-32.

俞鹤伟，牟艳华. 创新型计算机人才培养模式的探索与实践 [J]. 计算机工程与科学，2014，36（S2）：1-5.

俞鹤伟. 具有国际视野的计算机精英人才培养模式探索 [J]. 华南理工大学学报（社会科学版），2012，14（5）：146-150.

袁学松，张静. 基于"多元绩点"的高职软件人才评价机制改革与研究 [J]. 无线互联科技，2016（7）：89-91.

岳辉，和学新，钱森华. 课堂教学中的价值教育：实质与内容 [J]. 当代教育科学，2016，444（21）：19-22.

张春良，刘长红，江帆，等. "多元协同、多维评价"工程人才培养模式探索 [J]. 高等工程教育研究，2022，194（3）：112-116.

张政清. 智能化工作模式下职业教育人才培养变革探究：深化产教融合、

校企合作新路径探索 [J]. 中国职业技术教育，2018，674 (22): 66-71.

张华春，季璟. 习近平关于高等教育发展的重要论述及其主要特征 [J]. 西昌学院学报 (社会科学版)，2019，31 (2): 19-23.

张健，于泽元. 现代学徒制中师生关系的钩沉与重塑 [J]. 职教论坛，2018，689 (1): 140-144.

张军凤. 有效学习：基于行为主义学习理论 [J]. 天津市教科院学报，2012，132 (4): 59-61.

张俊桂等. 基于校企双赢合作建设新型专业实习基地 [J]. 实验室研究与探索，2013，32 (6): 353-355，436.

张丽. 产教融合校企双元育人下的现代学徒制模式的探索与实践 [J]. 创新创业理论研究与实践，2019，2 (8): 127-128.

张琳，王李祥，胡燕妮. 我国数字化人才短缺的问题成因及建议 [J]. 信息通信技术与政策，2021，330 (12): 76-80.

张明亲. 高科技企业关键员工流失的影响因素研究 [J]. 科技管理研究，2008，28 (12): 372-373，376.

张莫，王璐，祁航. "数字人才"需求旺盛 [N/OL]. 经济参考报，2023-06-09 [2024-05-01]. http://www.jjckb.cn/2023-06/09/c_1310725849.htm.

张其香. 论大众创业、万众创新政策背景下中国创业教育的新格局 [J]. 新疆师范大学学报 (哲学社会科学版)，2017，38 (3): 140-146.

张锐昕. 人才工作数字化建设的需求及其影响因素 [J]. 中国科技人才，2021，60 (4): 19-24.

张瑞林等. 基于绩效评估的本科生导师工作考核评价指标体系构建 [J]. 教育教学论坛，2020，462 (16): 24-26.

张彤芳. 基于云班课平台的过程性考核评价体系探索与实践 [J]. 陕西青年职业学院学报，2019，127 (1): 20-22.

张伟罡，翁伟斌. 远程企业导师制：推进现代学徒制的新探索 [J]. 职业技术教育，2019，40 (35): 53-56.

张文雪，王孙禺. 从全球竞争力评价看工程教育改革方向 [J]. 高等工程教育研究，2009，114 (1): 6-10，58.

张玺，程志会. 天津出台数字人才培育实施方案 [N]. 工人日报，2022-12-12 (006).

张鲜华，秦东升，杨阳. 数字化转型对企业收入分配的影响研究 [J].

西部论坛，2024，34（1）：63-80.

张显等．基于学科竞赛的创新人才培养模式研究［J］．电脑知识与技术，2018，14（35）：115-117，127.

张晓报．跨学科专业发展的机制障碍与突破：中美比较视角［J］．高校教育管理，2020，14（2）：62-70.

张晓明等．计算机类专业的国际化合作教育模式创新探索［J］．计算机教育，2022，28（4）：103-109.

张晓雯，杜万里，杜双．数字化人才研究热点与发展趋势研究［J］．价格理论与实践，2023（1）：70-73，183.

张啸尘．劳动价值论的基本内涵和当代启示［J］．中国社会科学报，2022（4）：17-23.

张新．从职业技能竞赛视角审视技术技能型人才培养［J］．中国商论，2016，676（9）：185-187.

张新科等．"1+1+1专业导师制"创新人才培养模式的构建与实践［J］．教育与职业，2012，738（26）：36-38.

张兴华．现代学徒制中的师徒关系［J］．教育科学论坛，2020，501（15）：45-48.

张兴敏，周治平．利用国际科研合作开辟人才培养之路［J］．高等教育研究，1993（1）：71-74.

张耀铭．数字人文的张力与困境：兼论"数字"内涵［J］．吉首大学学报（社会科学版），2020，41（4）：1-11.

张颖，李利杰，孙统达．基于网络的项目化课程多元化过程性评价系统设计与实现［J］．中国教育信息化，2014，326（11）：72-74.

张影，史宪睿．能力重构视阈下数字化转型对商业模式创新的影响研究［J］．商场现代化，2022，（7）：7-9.

张永飞，杜玉雪，朱国良．基于制造业数字化场景的人才培养探索［J］．中国仪器仪表，2022，375（6）：36-40.

张宇，徐国庆．我国现代学徒制中师徒关系制度化的构建策略［J］．现代教育管理，2017，329（8）：87-92.

张远龙等．能力产出导向的本科全程导师制培养模式研究［J］．教育教学坛，2021，504（5）：141-144.

张远索，崔娜，董恒年．基于导师制的本科生科研能力培养模式研究

[J]．西部素质教育，2016，2（9）：1-2．

张岳等．以学科竞赛驱动大数据专业应用创新型人才培养实践［J］．电脑知识与技术，2021，17（33）：251-253．．

张占珍．构建优化实践教学体系 增强学生实践创新能力［J］．甘肃高师学报，2018，23（3）：69-73．

章晓莉．战略性新兴产业高层次人才培养体系构建［J］．黑龙江高教研究，2013，31（12）：123-125．

赵彩灵．浅谈马克思的异化劳动理论：解读《1844年经济学哲学手稿》第一手稿［J］．哲学进展，2021，10（2）：110-114．

赵春明，班元浩，李宏兵，等．企业数字化转型与劳动收入份额［J］．财经研究，2023，49（6）：49-63，93．

赵婀娜．深入推进新一轮"双一流"建设（人民时评）［N/OL］．人民网—《人民日报》，2022-02-22［2024-07-01］．http://m.people.cn/n4/2022/0222/c1188-15450396.html［^82^］．

赵宏瑞，孟繁东．"人力要素资本化"的理论核心与政策路径［J］．中国人力资源开发，2014，303（9）：94-100．

赵秋玥．发挥数字人才赋能作用 助推中小企业数字化转型［N/OL］．新华网，2023-11-03［2024-05-01］．http://www.xinhuanet.com/tech/20231103/24788ab37c6f4072b8bb38aa065caa7c/c.html．

赵锐．德国数字化行动的思维模式和启示［J］．中国信息界，2018，325（1）：80-90．

赵曙明．人力资源管理理论研究新进展评析与未来展望［J］．外国经济与管理，2011，33（1）：1-10．

赵文理，董丽丽．爱尔兰提升全民数字技能最新举措述评［J］．世界教育信息，2022，35（6）：60-65．

赵学清，王仕军．制度创新与创业环境优化［J］．南京社会科学，2004（S2）：296-301．

赵永乐．人才强国战略实现途径和动力的选择［J］．济南大学学报（社会科学版），2005（1）：1-4，91．

赵章靖．美国为何全方位促进STEM教育［N/OL］．光明网—《光明日报》，2021-04-29［2024-07-01］．https://news.gmw.cn/2021-04/29/content_34808673.htm．

郑爱彬. 以竞赛驱动信息设计能力培养 [J]. 计算机教育, 2015, 229 (1): 33-35.

郑庆华, 董博, 钱步月, 等. 智慧教育研究现状与发展趋势 [J]. 计算机研究与发展, 2019, 56 (1): 209-224.

郑石明. 世界一流大学跨学科人才培养模式比较及其启示 [J]. 教育研究, 2019, 40 (5): 113-122.

郑治国, 刘建平. 认识你自己: 自我建构理论相关研究述评 [J]. 福建师范大学学报 (哲学社会科学版), 2018, 208 (1): 160-167, 172.

中国科学技术部国际合作司调研组. 借助国际合作提升我国制造业信息化软件水平: 山东华天软件公司国际合作成果调研报告 [J]. 全球科技经济瞭望, 2013, 28 (5): 24-29.

中央网信办等部门. 《2022 年提升全民数字素养与技能工作要点》: 促进全民终身数字学习 [J]. 中国教育信息化, 2022, 28 (3): 3.

钟庆才, 朱翙敏. 人力资本在知识经济中的作用及形成途径 [J]. 广东经济, 2003 (7): 37-40.

仲理峰. 高绩效人力资源实践对员工工作绩效的影响 [J]. 管理学报, 2013, 10 (7): 993-999, 1033.

仲云香. 高校 "订单式" 人才培养优化路径 [J]. 中国成人教育, 2022, 544 (15): 33-36.

周文斌, 后青松. 创业投资税收优惠政策与创投企业资金流向 [J]. 税务研究, 2021, 438 (7): 44-51.

周文霞, 辛迅, 潘静洲等. 职业成功的资本论: 构建个体层面职业成功影响因素的综合模型 [J]. 中国人力资源开发, 2015, 335 (17): 38-45.

周月容. 企业导师研究回顾、评述与展望 [J]. 全国流通经济, 2021, 2271 (3): 99-102.

周志青, 李圣普, 吕海莲. 基于项目驱动的物联网工程专业实践教学体系构建研究 [J]. 教育教学论坛, 2015, 228 (42): 129-130.

朱华, 周玉霞. 智力资本理论: 人力资本在知识经济时代的新发展 [J]. 武汉大学学报 (哲学社会科学版), 2009, 62 (5): 673-677.

朱凌, 施锦诚, 吴婧姗. 培养工程师的数字化能力 [J]. 高等工程教育研究, 2020, 182 (3): 60-67.

朱雅兰, 何开辉, 黄素贞. 培养国际组织人才提升科技外交实力 [J].

全球科技经济瞭望，2016，31（10）：62-67.

朱熠晟，吕柳. 新时代背景下人力资源管理的特点与趋势［J］. 经济研究导刊，2019，392（6）：119-122，146.

朱永永. 技能竞赛与实践教学融通整合思路和契合切入研究［J］. 高等农业教育，2014，281（11）：64-67.

朱永永. 职业教育技能竞赛与实践教学整合对接研究［J］. 高等工程教育研究，2015，154（5）：169-172，178.

朱昭霖. 培训评估模型研究：基于 CIPP 的动态型循环圈［J］. 河南社会科学，2018，26（4）：121-124.

宗爱东. 马克思的劳动观及其当代价值：基于《1844 年经济学哲学手稿》和《德意志意识形态》的考察［J］. 马克思主义理论学科研究，2021（2）：19-27.

ALEKSANDROV A A, TSVETKOV Y, MIKHAIL M Z. Engineering education: key features of the digital transformation［J］. ITM Web of Conferences, 2020, 35（21）：1-10.

AL-JANABI S T F, SVERDLIK W. Towards long-term international collaboration in computer science education［J］. EDUCON, 2011（1）：86-90.

AL-SMADI M, GÜTL C, et al. Towards a standardized e-assessment system: motivations, challenges and first findings［J］. International Journal of E-merging Technologies in Learning, 2009：6-12.

ANDRIOLE S. Skills and competencies for digital transformation［J］. IT Professional, 2018, 20（1）：78-81.

ANDRIOLE S. Skills and competencies for digital transformation［J］. IT Professional, 2018, 20（1）：78-81.

Balandin D, Kuzenkov O, et al. Project-based learning in training it-personnel for the digital economy［J］. E3S Web of Conferences, 2023：1-35.

BERNAVSKAYA M V, IVANOVA V A, et al. Methodology for formation of professional communicative competence of future IT specialists［C］. In IOP Conference Series: Materials Science and Engineering, 2020, 771（1）：12-21.

BLUSTEIN D L, NOUMAIR D A. Self and identity in career development: implications for theory and practice［J］. Journal of Counseling and Development, 1996（74）：433-441.

BOSTROM R P, OLFMAN L, SEIN M. The importance of learning style in end-user training [J]. MIS Quarterly, 1990, 14 (1): 101-119.

BOWEN D E, OSTROFF C. Understanding HRM-firm performance linkages: the role of the "strength" of the HRM system [J]. Academy of Management Review, 2004, 29 (2): 203-221.

BRUSAKOVA I. Problems of an innovation project management for a formation of digital engineer [C] //In Proceedings of the 2018 XVII Russian Scientific and Practical Conference on Planning and Teaching Engineering Staff for the Industrial and Economic Complex of the Region (PTES), 2018: 172-174.

CALITZ A, WATSON M, et al. Identification and selection of successful future IT personnel in a changing technological and business environment [J]. Proceedings of the 1997 ACM SIGCPR Conference on Computer Personnel Research 1997 (1): 87-97.

CHANG S, GOMES C. Why the digitalization of international education matters [J]. Journal of Studies in International Education, 2022, 26 (2): 119-127.

COLBERT B A. The complex resource-based view: implications for theory and practice in strategic human resource management. Academy of Management Review, 2004: 29 (3): 517-549.

DAMAYANTI E, MALIK M, et al. Evaluation of online learning programs at universities using the CIPP model [J]. Journal of Educational Studies, 2022, 6 (1): 95-109.

DEARDORFF D. Identification and assessment of intercultural competence as a student outcome of internationalization [J]. Journal of Studies in International Education, 2006, 10 (3): 181-192.

DERY K, SEBASTIAN I M. Managing talent for digital [J]. Association for Information Systems, 2017 (1): 1-5.

DIAMANTIDIS A D, CHATZOGLOU P. Factors affecting employee performance: an empirical approach [J]. International Journal of Productivity and Performance Management, 2019, 68 (1): 171-193.

DIZON A G. Historical development of CIPP as a curriculum evaluation model [J]. Historia de la Educación, 2022, 40 (2): 109-128.

DOYLE S, GENDALL P, et al. An investigation of factors associated with student participation in study abroad [J]. Journal of Studies in International Education, 2010, 14 (5): 471-490.

EISENHARDT K M, MARTIN J A. Dynamic capabilities: what are they? [J]. Strategic Management Journal, 2000, 21 (10-11): 1105-1121.

GAGE M, POLATAJKO H J. Enhancing occupational performance through an understanding of perceived self-efficacy [J]. American Journal of Occupational Therapy, 1994, 48 (10): 452-461.

GILCH P, SIEWEKE J. Recruiting digital talent: the strategic role of recruitment in organisations' digital transformation [J]. German Journal of Human Resource Management, 2020 (35): 53-82.

GODWIN-JONES R. Telecollaboration as an approach to developing intercultural communication competence [J]. Language Learning & Technology, 2019, 23 (3): 8-28.

GUNUNG I N, DARMA I K. Implementing the context, input, process, product (CIPP) evaluation model to measure the effectiveness of the implementation of teaching at Politeknik Negeri Bali (PNB) [J]. International Research Journal of Engineering, IT & Scientific Research, 2019, 5 (3): 1-13.

GUO S, LI M. Probe into the training path of local college it talents based on international perspective [J]. DEStech Transactions on Economics, Business and Management, 2019 (2): 95-100.

HABERMAN B, YEHEZKEL C, et al. Making the computing professional domain more attractive: an outreach program for prospective students [J]. Proceedings of the 2009 ACM Workshop on Computer Science Education, 2009 (1): 534-546.

HARTER J K, SCHMIDT F L, et al. Business-unit-level relationship between employee satisfaction, employee engagement, and business outcomes: a meta-analysis [J]. Journal of Applied Psychology, 2002, 87 (2): 268-279.

HONG J. Emerging scientific and technical challenges and developments in key power electronics and mechanical engineering. Electronics, 2023, 12 (13): 29-58.

HUSELID M A. The impact of human resource management practices on turnover, productivity, and corporate financial performance [J]. Academy of

Management Journal, 1995, 38 (3): 635-672.

KALOGIANNAKIS M, ZOURMPAKIS A I, MENŠÍKOVÁ M, et al. Use of an e-toolkit in the development of digital competencies in Weeks of International Teaching [J]. Advances in Mobile Learning Educational Research, 2023, 3 (1): 702-717.

KARSTINA S. Engineering training in the context of digital transformation [J]. IEEE: 2022: 1062-1068.

KEHOE R R, WRIGHT P. The Impact of high-performance human resource practices on employees' attitudes and behaviors [J]. Journal of Management, 2013, 39 (7): 366-391.

KETUT K I, ASTUTI P. The linkage between individual value and knowledge creation in human capital [J]. Business: Theory and Practice, 2023 (2): 23-34.

KNUTH D E. The art of computer programming, volume 1. MA: Addison-Wesley Professional, 1997.

KRAIGER K. Third-generation instructional models: more about guiding development and design than selecting training methods [J]. Industrial and Organizational Psychology, 2008 (1): 501-507.

KRAMPEN G. Toward an action-theoretical model of personality [J]. European Journal of Personality, 1988, 2 (1): 39-55.

LAROCHE M, MÉRETTE M, RUGGERI G C. On the concept and dimension of human capital in a knowledge-based [J]. Canadian Public Policy-analyse De Politiques, 1999, 25 (1): 87-100.

LECUN Y, BENGIO Y, HINTON G. Deep learning [J]. Nature, 2015, 521 (7553): 436-444.

LEE F K, JOHNSTON J A., et al. Using the five-factor model of personality to enhance career development and organizational functioning in the workplace [J]. Journal of Career Development, 2000, 27 (2): 419-427.

LEE J I, LEIBOWITZ J, et al. The impact of international virtual exchange on participation in education abroad [J]. Journal of Studies in International Education, 2021, 25 (1): 202-221.

LERNER J. Government incentives for entrepreneurship [J]. Social Science Research Network，2020：213-235.

LEVY S. In the plex：how google thinks，works，and shapes our lives. New York：Simon & Schuster，2011.

LIN H C，SHIH C T. How executive SHRM system links to firm performance：the perspectives of upper echelon and competitive dynamics ［J］. Human Resource Management，2008，47（3）：853-881.

LOCKWOOD D，ANSARI A. Recruiting and retaining scarce information technology talent：a focus group study ［J］. Industrial Management and Data Systems，1999，99（6）：251-256.

LYNHAM S. Theory building in the human resource development profession ［J］. Journal of Human Resource Development，2000：3（2）：159-178.

MACHWATE S，BENDAOUD R，et al. Virtual exchange to develop cultural，language，and digital competencies ［J］. Sustainability，2021，13（11）：1-16.

MCCARTHY J，MINSKY M，ROCHESTER N，et al. A proposal for the Dartmouth summer research project on artificial intelligence ［J］. AI Magazine，1955，27（4）：12-14.

MILENKOVA V，MANOV B. Digital competences and skills in the frame of education and training. In Proceedings of the 2nd International Conference on Contemporary Education and Economic Development，October 26，2019 ［C］. Beijing，2019.

MOHAMAD A，RIZAL A M，et al. Embracing digital interactive platforms for rapid internationalization ［J］. Journal of Southwest Jiaotong University，2022，57（3），2-15.

MOKHTARZADEGAN M，AMINI M，et al. Inservice trainings for Shiraz University of Medical Sciences employees：effectiveness assessment by using the CIPP model ［J］. Journal of Advances in Medical Education and Professionalism，2015（3）：77-83.

MUSHKUDIANI Z，GECHBAIA B，et al. Global，economic and technological trends in human resource management development ［J］. Journal of Management and Organization，2020，26（5）：53-60.

PEIRÓ J M，MARTÍNEZ-TUR V. Digitalized competences：a crucial challenge beyond digital competences ［J］. Journal of Work and Organizational Psychology, 2022, 38（3）：189-199.

PELINESCU E, CRACIUN E. The human capital in the knowledge society：theoretical and empirical approach[J]. Manager Journal, 2014, 20（1）：7-18.

PLOYHART R E, MOLITERNO T P. Emergence of the human capital resource：a multilevel model [J]. Academy of Management Review, 2011, 36（1）：127-150.

RISNER M E. Building global competence and language proficiency through virtual exchange [J]. Hispania, 2021, 103（1）：10-16.

RODRÍGUEZ-SÁNCHEZ J L, MONTERO-NAVARRO A, GALLEGO-LOSADA R. The opportunity presented by technological innovation to attract valuable human resources [J]. Sustainability, 2019, 11（20）：1-17.

SAKHNYUK P, SAKHNYUK T I. Intellectual technologies in digital transformation [C]. In IOP Conference Series：Materials Science and Engineering, 2020, 760（1）：12-45.

SCHENKER T. The effects of a virtual exchange on students´ interest in learning about culture [J]. Computers & Education, 2013（68）：491-507.

SHEN J. Principles and applications of multilevel modeling in human resource management research [J]. Human Resource Management, 2016（55）：951-965.

SIDDIQUI F H, THAHEEM M J, ABDEKHODAEE A. A review of the digital skills needed in the construction industry：towards a taxonomy of skills [J]. Buildings, 2023（13）：2705-2711.

ŠTOFKOVÁ J, POLIAKOVÁ A, et al. Digital skills as a significant factor of human resources development [J]. Sustainability, 2022, 14（20）：13-17.

SUN L Y, ARYEE S, et al. High-performance human resource practices, citizenship behavior, and organizational performance：a relational perspective. Academy of Management Journal, 2007, 50（3）：436-449.

VILLELA K, HESS A, et al. Towards ubiquitous re：a perspective on requirements engineering in the era of digital transformation [J]. IEEE International Requirements Engineering Conference, 2018：205-216.

WANG K, YAN C. An evaluation model for the cultivation and improvement of the innovation ability of college students [J]. International Journal of Emerging Technologies in Learning, 2020, 15（17）：181-194.

WERITZ P. Hey leaders, it's time to train the workforce：critical skills in the digital workplace ［J］. Administrative Sciences, 2022, 12（3）：89-94.

WHEATON J S, HERBER D R. Seamless digital engineering：a grand challenge driven by needs ［J］. ArXiv, 2024：1-17.

WOZNIAK G D. Human capital, information, and the early adoption of new technology ［J］. Journal of Human Resources, 1987（22）：101-112.

WRIGHT M, HMIELESKI K M, SIEGEL D S, et al. The role of human capital in technological entrepreneurship ［J］. Entrepreneurship Theory and Practice, 2007, 31（5）：791-806.

YAMAMURA K, SHIRASE K. Editorial：advanced precision engineering for digital transformation ［J］. International Journal of Automation Technology, 2021：15（6）：745-753.

ZHANG J, PEARLMAN A M G. Preparing college students for world citizens through international networked courses ［J］. International Journal of Technology in Teaching and Learning, 2018, 14（1）：1-11.